微小型变厚齿轮减速装置的关键技术研究

于广滨　温建民　钟坦谊　陈巨辉　著

曹政才　主审

科 学 出 版 社

北 京

内 容 简 介

本书介绍了微小型变厚齿轮减速装置的相关技术。首先对国内外现有减速装置的多种方案进行了全面深入分析，为了实现输入输出轴垂直和苛刻的技术要求，确定了采用可调隙旋转矢量减速传动形式，确定了圆弧锥齿轮传动（高速级）和变厚齿轮传动（低速级）的旋转矢量减速装置方案。根据传统设计方法初步确定了减速装置的结构参数，运用有限元理论及 ANSYS 软件对其关键零部件进行了强度和模态分析；然后采用基于改进的双群体差分多层文化粒子群融合算法对其结构进行了多目标设计；在综合考虑齿侧间隙、时变啮合刚度、传递误差等多种非线性因素的情况下，建立了弧齿锥齿轮副的非线性动力学分析模型并进行了求解；讨论了非渐开线变厚齿轮的相关理论；最后对研制的样机进行了效率和振动特性的试验。

本书可供齿轮传动应用领域的科研技术人员参阅，亦可作为机械工程相关专业的本科生及研究生辅导教材。

图书在版编目（CIP）数据

微小型变厚齿轮减速装置的关键技术研究 / 于广滨等著. —北京：科学出版社，2021.7

ISBN 978-7-03-050432-6

Ⅰ. ①微…　Ⅱ. ①于…　Ⅲ. ①齿轮减速器－研究　Ⅳ. ①TH132.46

中国版本图书馆 CIP 数据核字（2016）第 265314 号

责任编辑：姜　红　常友丽 / 责任校对：樊雅琼
责任印制：吴兆东 / 封面设计：无极书装

科学出版社 出版
北京东黄城根北街 16 号
邮政编码：100717
http://www.sciencep.com
北京凌奇印刷有限责任公司 印刷
科学出版社发行　各地新华书店经销
*
2021 年 7 月第 一 版　开本：720×1000　1/16
2022 年 1 月第二次印刷　印张：12 1/2
字数：252 000

定价：99.00 元

（如有印装质量问题，我社负责调换）

前　言

目前，相交轴和交错轴变厚齿轮传动被广泛应用在各种现代机械设备中，如在高速包装机械、快速游艇、精密机器人等的传动与变速装置中，均含有相交轴和交错轴变厚齿轮传动装置。但由于这种渐开线变厚齿轮传动在相交轴和交错轴情况下属于空间点接触啮合，承载能力低，磨损严重，因此普遍出现了该种齿轮副频繁破损、使用寿命短、需要更换的量很大等问题，目前国内尚无任何厂家和研究所能够解决这些问题。因此，研究在相交轴和交错轴情况下实现线接触的非渐开线变厚齿轮传动来提高其承载能力，具有重要的现实意义。

外啮合非渐开线变厚齿轮副的加工问题长期以来一直没有得到有效的解决。本书首次提出用滚齿机加工一对相互啮合的非渐开线变厚齿轮副的加工方法。利用该方法实际加工出一对高精度的相交轴外啮合非渐开线变厚齿轮副。最后针对该加工方法设计了接触区检验台架，并对实际接触区进行了试验分析，证明所加工的非渐开线变厚齿轮副完全可以在整个齿宽实现线接触。

本书提出的非渐开线变厚齿轮的加工方法不需要开发专用装置，利用国内现有的加工设备就完全可以解决外啮合变厚齿轮副的加工问题。该方法不仅适用于加工外啮合非渐开线变厚齿轮，而且还可以用来加工渐开线变厚齿轮。该加工方法填补了空间外啮合非渐开线变厚齿轮副加工方法研究领域的空白。

航空航天领域减速装置的技术指标要求近乎苛刻，迫切需求开发出一种具有体积小、重量轻、输出扭矩大、动力学特性好、传动效率高、传动平稳等诸多优点的微小型变厚齿轮减速装置（简称微小型减速装置）。本书从 2010 年初开始计划撰写，旨在用简单易懂的语言介绍一种精确的多目标优化算法——基于双群体差分进化算法的改进文化粒子群算法，用科学的语言描述该优化算法的研究思路及模拟过程。目前专门针对传统的多目标优化算法必须通过线性加权的方式处理目标函数，而且只能达到近似优化的目的。

本书分为两部分。第一部分（第 1 章～第 3 章）是基础知识部分。第 1 章介绍微小型减速装置的概念、分类及应用，总结了国内外专家、学者对微小型减速装置的研究现状。第 2 章介绍微小型减速装置的设计方案和结构设计。针对航空用微小型减速装置的实际技术要求，在分析谐波减速装置、少齿差减速装置、传统的 RV 减速器等多种方案的基础上，初步确定了微小型减速装置的结构和参数。为准确验证所设计的减速装置能否实现预定的设计要求，本章首先采用 Pro/ENGINEER 建立了减速装置各零部件的三维实体模型；然后对微小型减速装置的回差和效率进行了理论计算，并采用有限元分析的方法对微小型减速装置关键零部件进行静力学分析和动力学分析(模态分析)，以验算其强度是否满足要求，确定输入、输出轴正常工作时能否受激共振；最后针对内啮合少齿差变厚齿轮的设计公式非常复杂、设计过程中难以修改参数、设计周期过长等问题，基于 VF 和 MATLAB 开发了内啮合少齿差变厚齿轮智能计算软件。第 3 章介绍多目标优化算法的研究和应用。多目标优化问题中各目标之间通常相互制约，对其中一个目标优化必须以其他目标劣化为代价，因此很难评价多目标问题解的优劣性。多目标优化算法的核心就是协调各目标函数之间的关系，找出使各目标函数能尽量达到比较大（或比较小）的最优解集，一个解可能在其中某个目标上是最好的，但在其他目标上是最差的，不一定有在所有目标上都是最优的解。因此，在有多个目标时，通常存在一些无法简单进行相互比较的解。这种解通常称作非支配解或 Pareto 最优解。第二部分（第 4 章～第 10 章）是微小型减速装置齿轮的计算及仿真分析部分。第 4 章从理论出发，详细介绍计及齿侧间隙、时变啮合刚度的弧齿锥齿轮动力学分析。第 5 章介绍基于 ICPSDPNN 和 Monte Carlo 的微小型减速装置可靠性分析。第 6 章利用空间啮合理论和微分几何知识，研究在相交轴情况下可以实现线接触的非渐开线变厚齿轮的啮合方程、齿廓方程和接触线方程，并计算其齿形差与齿向差，研究其变化规律，为下一步通过对渐开线变厚齿轮进行轮齿修形以加工出非渐开线变厚齿轮的加工方法的研究奠定基础。本章还计算了非渐开线变厚齿轮副沿任意方向的诱导法曲率，通过诱导法曲率的计算表明，本书所推导出的非渐开线变厚齿轮副两齿面不会发生曲率干涉。第 7 章利用空间啮合理论和微分几何知识，研究在交错轴情况下可以实现线接触的非渐开线变厚齿轮的啮合方程、齿廓方程和接触线方程，并计算其齿形差与齿向差，研究其变化规律，为下一步非渐开线变厚齿轮的加工方法的研究奠定基础。第 8 章介绍非渐开线变厚齿轮齿面修形及优化。第 9 章分别通过轮齿接触分析（TCA）方法对相交轴和交错轴非渐开线变厚齿轮副的接触区进行计算分析，并且利用大型三维实体造型系统 Pro/ENGINEER 对相交轴和交错轴情况下的非渐开线变厚齿轮副分别进行三维实体仿真，并以 IGES 格式导入 ANSYS 中，然后调用显式动力分析程序 LS-DYNA 模块进行有限元轮齿接触分析。通过与传统的轮齿接触分析对比，表明有限元方法在解决非渐开线变厚齿轮接触问题上是非常有效的。第 10 章介绍微小型减速装置的制造及试验研究。

本书中提出的算法采用“多层空间、择优选用”的策略，避免了因更新后的信仰空间比原来差而导致算法陷入局部极值的缺点；在群体空间的进化过程中，该算法采用改进的双群体进化差分的方式，避免了因大量的、高适应度的不可行解被丢弃而导致算法结果不理想的缺点，提高了群体的多样性和算法的收敛速度。它更加完善了文化粒子群多目标优化算法。本书旨在使读者对微小型变厚齿轮减速装置的多目标优化设计及关键性能分析的研究有一个清晰的认识，更好地掌握微小型变厚齿轮减速装置的多目标优化设计及关键性能分析方法。此外，本书还运用齿轮啮合原理和微分几何的知识对相交轴和交错轴情况下非渐开线空间变厚齿轮传动实现线接触的啮合理论进行了一系列的研究工作：建立了实现线接触的相交轴和交错轴非渐开线变厚齿轮的数学模型，并推导其啮合方程、齿廓方程和接触线方程；在此基础上首次提出了利用改进的大平面砂轮磨齿机对非渐开线齿轮进行修形的方法，通过把砂轮的工作面修成一个外锥面，用双曲线拟合齿向曲线，求出了拟合曲线的方程；并利用优化的方法编制程序，对相交轴、交错轴非渐开线变厚齿轮的拟合曲线误差进行计算，求出了砂轮的锥底角和位置参数。

本书由哈尔滨工业大学于广滨教授（负责第 1、2、4 章）、哈尔滨工业大学（威海）温建民教授（负责第 6~8 章）、哈尔滨理工大学钟坦谊副教授（负责第 3、5、9 章）和哈尔滨理工大学陈巨辉教授（负责第 10 章）共同撰写，于广滨教授负责统稿，全书由北京化工大学曹政才教授主审。

本书得到了国家重点研发计划项目“工程机械大扭矩轮毂驱动关键技术及应用示范”（2019YFB2006400）、国家自然科学基金面上项目“考虑空间因素的航天器变齿厚行星传动耦合行为机理研究”（51675118）和哈尔滨工业大学人才计划科研启动经费的支持，在此表示感谢。

由于作者水平有限，书中难免存在不妥之处，恳请读者提出宝贵意见与建议。

作　者

2021 年 1 月于哈尔滨

目 录

第1章 绪　　论

1.1 研究目的和意义

随着科学技术的进步和国民经济的发展，减速装置正沿着小型化、高速化、标准化、低振动、低噪声的方向发展[1-2]。各行各业对微小型减速装置的要求越来越高，特别是航空航天领域中对微小型减速装置的需求越来越大，要求也越来越苛刻。航空用微小型减速装置必须同时具备体积小、重量轻、输出扭矩大、噪声低、回差小、传动平稳、可调间隙、传动效率高和可靠性高等特点，这使得传统减速装置的性能一直很难满足航空航天领域的发展需要。

航空航天产业属于战略性先导产业。世界航空航天市场总额已高达数千亿美元，并且正以每年10%左右的速度稳步增长。我国政府近年来在该领域的投入明显增加，一系列鼓励航空航天产业发展的配套政策陆续出台并实施。由于在航空航天设备中应用着大量的微小型减速装置，这些装置的性能直接决定着航空航天设备的工作性能。因此，微小型减速装置的设计与制造技术的发展，在一定程度上标志着一个国家航空航天业的发展水平[3-4]。开拓和发展微小型减速装置技术具有重要的战略意义和广阔的发展前景。

根据某型导弹尾翼控制系统调整装置的特殊需要（垂直输入输出、外径100mm、轴向小于80mm、输出扭矩150N·m、输出轴弯矩1500N·m和回差≤8′等），在旋转矢量（rotate vector，RV）减速器的基础上，创造性地将一种新型的RV传动方式应用于微小型减速装置中，本书所研究的微小型RV减速器具有重量轻、体积小、传动效率高、传动比大、刚度大和传动平稳等优点，而且为了减小系统的回差，将渐开线变厚齿轮（简称变厚齿轮，它具有在不同端截面上变位系数不同的特点，若将变位系数设计成沿轴线呈线性变化，则其外形体现为齿顶沿轴向具有一定的锥度，这样，通过控制其轴向位移就可以调节齿轮的啮合侧隙，实现调隙或消隙的目的[5-6]）应用于RV减速器中，通过专门设计的消隙机构，方便地调节两啮合齿轮的啮合侧隙[7]，减少系统回差，实现精密传动，使该减速装置成为具有自动调隙的微小型可调隙变厚齿轮RV减速器。该装置适用于对径向尺寸要求苛刻的各种场合，具有很高的实用价值。

1.2 传动装置的研究现状

1.2.1 谐波传动装置研究现状

谐波传动自 20 世纪 50 年代中期出现后成功地用于火箭、卫星等的传动系统中，实际应用证实了这种传动较一般的齿轮传动具有运动精度高、回差小、传动比大、重量轻、体积小、承载能力大并能在密闭空间和辐射介质的工况下正常工作等优点，是一种比较理想的传动装置。因此美国、苏联、日本等技术先进国家对这方面的研制工作一直都很重视，并开展了广泛的研究。如美国国家航空航天局刘易斯研究中心、美国空间技术实验室、美国电能设备集团有限公司、贝尔航空空间公司、麻省理工学院，苏联科学院机械学研究所、莫斯科国立鲍曼技术大学等单位都大力开展谐波传动的研究工作。它们对该领域进行了较系统、深入的基础理论和试验研究，在谐波传动的类型、结构、应用等方面有较大贡献。西欧一些国家也在航空航天、机器人、数控机床等领域采用谐波齿轮传动，并取得了较好的效果。我国从 1961 年开始这方面的研制工作，并在研究、试制和使用方面取得了较好的成绩。典型的谐波传动装置结构如图 1-1 所示[8-9]。

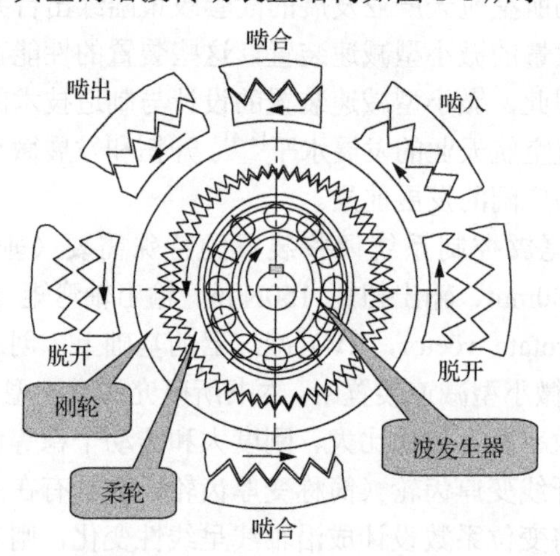

图 1-1 谐波传动装置结构示意图

由于其本身固有的结构特点，作为决定传动寿命的柔轮强度问题是研究的重心，谐波传动是通过柔轮的弹性变形来实现运动传递的，变形的柔轮与刚轮啮合并非共轭齿廓啮合，可能导致过量的柔顺、过量的间隙，造成刚度不够，在传递载荷时弹性变形回差较大，不可避免地影响传动的精度和寿命。而且随着使用时间的增长，其运动精度还会显著降低。

因此，在航空航天领域采用具有较高的运动精度且使用刚性大、回差小的精密传动装置代替刚性小的谐波传动，具有十分深远的意义。

1.2.2 少齿差传动装置研究现状

少齿差传动是行星齿轮传动中的一种，而且代表着行星齿轮传动的一个发展方向。少齿差内啮合行星传动，就是指内外齿轮齿数差很小的内啮合的变位齿轮传动，因组成其啮合副的内外齿轮的齿数相差较少（一般为1～4）而得名，通常简称为少齿差传动[1]。按照齿轮齿形的不同，可以将少齿差传动分为渐开线少齿差传动、摆线少齿差传动、圆弧齿少齿差传动、活齿少齿差传动、锥齿少齿差传动、双曲柄输入式少齿差传动等类型[10-11]。

目前在工程上已广泛采用的渐开线少齿差行星传动均属K-H-V型行星传动[12-13]。K-H-V型少齿差行星传动机构具有传动比大、结构紧凑、体积小和重量轻等优点，因而得到了广泛的应用。该种传动装置通常都带有W运动输出机构，行星齿轮既做公转运动又做自转运动。公转运动是减速装置的输入运动，自转运动是输出运动，两者又汇集在行星轮上，如图1-2所示。这种传动机构刚度低、附加动载荷大，特别是传递较大功率时，振动和噪声大，严重影响了它的应用和推广。基于上述问题，国内外学者进行了深入广泛的研究，在K-H-V型行星齿轮传动的基础上又发展出双曲柄输入式少齿差行星传动机构，其机构简图如图1-3所示。这样，一方面省去了等角速度比机构W，避免了由它所带来的弊病；另一方面用一个平行四边形机构（双曲柄）代替行星架，设置了同步啮合的定轴齿轮副，经减速后再将运动输送给少齿差轮系，这样可获得更大的速比，使机构更为紧凑和有效，当总速比相同时，动轴上齿轮的速度较低，运转比较平稳，动载荷和噪声较小。

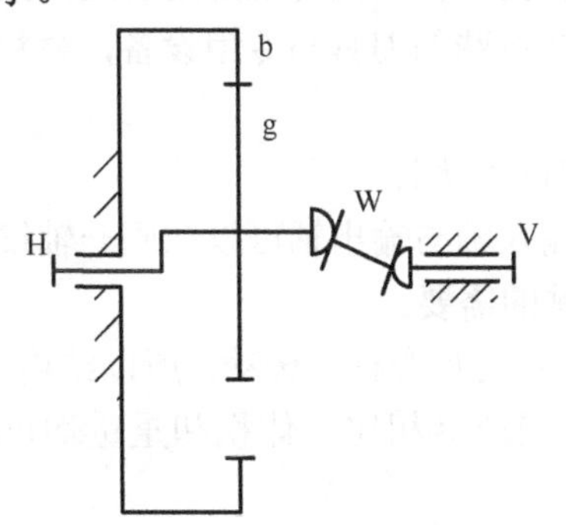

图1-2 K-H-V型行星传动

b-内齿轮；g-行星轮；H-行星架；

W-等角速度比机构；V-输出轴

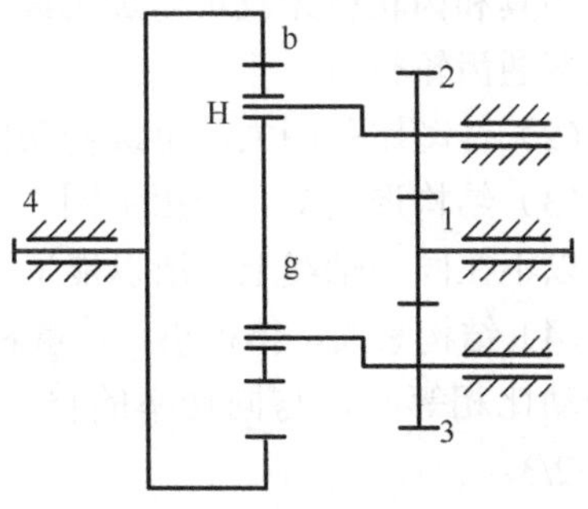

图1-3 双曲柄输入式少齿差行星传动

1-太阳轮；2,3,g-行星轮；4-输出轴；

b-内齿轮；H-行星架

德国学者首先提出以外摆线为齿廓曲线，而且其中的一个齿轮采用摆线针轮少齿差行星传动原理，并于 20 世纪 30 年代后期在日本研制生产。中国从 1958 年开始研究摆线针轮减速器，20 世纪 60 年代投入工业化生产，目前已形成系列，制定了相应的标准，并被广泛应用于各类机械设备中[14]。摆线针轮行星齿轮传动由于其主要零部件皆采用轴承钢并且经过磨削加工制成，传动时又是多齿啮合，故其承载能力高、运转平稳、效率高、寿命长，但其精度要求高、结构复杂。渐开线少齿差传动的内外齿轮的齿廓曲线采用渐开线，但是因为内外齿轮的齿数差很小而容易引起各种干涉，但早在 1949 年苏联学者 Skvolzova 就从理论上解决了实现一齿差传动的几何计算问题，但直到 60 年代以后才得到了较迅速的发展[15]。1961 年，日本开始从事双曲柄输入式行星传动装置的开发和生产，这种传动具有刚性高、超负荷能力强等优点。1983 年，日本又开始进行高刚性、高精度、低振动的机器人用传动装置（RV 传动机构）的研究[16-17]。20 世纪 70 年代，联邦德国 Chrisholm-Moore 制造公司生产的两种起重用卷扬机也采用了双曲柄输入式少齿差行星传动机构。1986 年，法国专利局也公布了与 RV 传动机构类似的摆线齿形、渐开线齿形两种行星减速器专利[6,12]。

我国太原理工大学的朱景梓教授所提出的双曲柄输入式少齿差减速器，其理论分析和实验研究工作在 1985 年即已完成，并于同年在太原工学院机械厂试制出第一台样机。1983 年，天津卷扬机厂成功把输入功率为 7.5kW 的双曲柄输入式二齿差减速器应用于该厂生产的一吨快速卷扬机上。1990 年，华东化工学院与天津职业技术师范学院共同研制双曲柄输入式渐开线行星减速器，并应用在北京人民机器厂生产的 PZ4-880 型双开四色胶印机上[6,12]。

实践证明，与工况相同的其他机械传动形式相比较，渐开线少齿差传动具有以下优点：

（1）加工方便、制造成本较低。渐开线少齿差传动的特点是用普通的渐开线齿轮刀具和齿轮机床就可以加工齿轮，不需要特殊的刀具与专用设备，材料也可采用普通齿轮材料。

（2）传动比范围大，单级传动比为 10～1000 以上。

（3）结构形式多，应用范围广。由于其输入轴与输出轴可以在同一轴线上，也可以不在同一轴线上，所以能适应各种机械的需要。

（4）结构紧凑、体积小、重量轻。由于采用内啮合行星传动，所以结构紧凑。当传动比相等时，与同功率的普通圆柱齿轮减速器相比，体积和重量均可减少 1/3～2/3。

（5）效率高。当传动比为 10～200 时，效率为 80%～94%，效率随着传动比的增加而降低。

（6）运转平稳、噪声小、承载能力大。由于是内啮合传动，两啮合轮齿一为凹齿、一为凸齿，两者的曲率中心在同一方向，曲率半径又接近，因此接触面积大，使轮齿的接触强度大为提高；又因采用短齿制，轮齿的弯曲强度也提高了。此外，少齿差传动时，不是一对轮齿啮合，而是3～5对轮齿同时接触受力，所以运转平稳、噪声小，并且在相同的模数情况下，其传递力矩比普通圆柱齿轮减速装置大。

由于历史原因，双曲柄输入式少齿差传动一直没有得到应用发展，直到近二十年才逐渐为人们所重视。1985年，冶金工业部重庆钢铁设计院李宗源高级工程师提出了平行轴式少齿差内齿行星齿轮传动——三环减速器，该装置继承了双曲柄输入式少齿差传动的优点，但是，按这种原理设计出来的减速器具有如下的缺点：

（1）不适合高速运转。由于三环减速器本身传动机构由三块大的环板组成，其运动惯量很大，在高速运行的时候，其不稳定性会凸现出来，运转噪声会随着速度的加快而上升。同时高速运行情况下，会对轴承和轴产生很大的剪切力，缩短使用寿命。

（2）加工成本高。现在三环减速器需要比较精密的加工设备，才能达到其加工和装配精度的要求，同时加工周期也需要很长的时间。

（3）重量大。由于三环减速器必须有三个互相平行的轴，其空间要求比较大，材料浪费比较严重。

1.2.3 RV传动装置研究现状

20世纪80年代中期，日本出现了在双曲柄输入式少齿差行星传动机构基础上完善起来的RV传动机构，并由日本帝人株式会社成功研制出应用于机器人的摆线针轮RV减速器。自1986年投放市场以来，其独特的优越性能引起学术界的关注，系列产品也得到用户的青睐。同年，日本专利局公开了日本住友重机械工业株式会社研制的应用在油压机上的RV减速器专利[18]。

1986年，法国专利局也公布了两种与RV传动机构类似的摆线齿形、渐开线齿形行星减速器专利。综上所述，在双曲柄输入式少齿差行星传动机构基础上发展起来的RV系列减速器具有许多独特的性能，适应现代机械发展的要求，是少齿差行星传动的一个新的发展方向。

RV传动与其他少齿差传动相比较，其优点为刚度大、弹性回差小、抗冲击能力强，具有突出的优势。此外，RV减速器是机器人用减速器中刚性最高的低振动减速器，对提高传动的精度和动态特性非常有利，因此在航空航天领域、高精度机器人关节传动中，RV减速器已成为谐波减速器的换代产品。目前，RV技术主要用于航空航天和高端机器人领域，以日本公司为主基本垄断商业市场。主要生产商有日本帝人株式会社、三菱集团和住友重机械工业株式会社等，世界年销量超过五十万台，占据工业机器人关节传动市场的 60%以上。图 1-4 为日本帝人制造的 RV 系列减速器外形图。

图 1-4　日本帝人制造的 RV 系列减速器外形图

日本生产的 RV 减速器，均采用一级渐开线齿轮和一级摆线针轮传动，为了得到小回差和使载荷均匀分布，要求很高的制造精度，所以售价也比较高。

机器人用 RV 减速器采用一级渐开线齿轮传动和一级少齿差内啮合变厚齿轮传动，是哈尔滨工业大学李瑰贤教授领导的团队在国家 863 项目的资助下，针对机器人关节等精密传动的需要而开发的一种新型的具有完全自主知识产权的传动装置[19]。该团队首次成功地将变厚齿轮应用于减速装置中，用变厚齿轮来代替 RV 传动中的摆线针轮，使该减速装置具有体积小、传动比大、承载能力大、刚度大、运动精度高以及传动效率高等优点，为 RV 减速器的国产化奠定了基础，样机如图 1-5 所示。

图 1-5　RV30-AⅡ型变厚齿轮减速器

1.3　齿轮动力学研究现状

齿轮传动装置是各种机器和机械装备中应用最广的动力和运动传递装置，其力学行为和工作性能对整个机器有重要影响。因此，齿轮动力学问题是近年来一直受到人们广泛关注的问题。

对齿轮动力学的研究首先是从研究直齿圆柱齿轮啮合传动的振动开始的，将直齿轮简化为单自由度或两自由度研究其扭转振动。1984年，日本学者Umezawa等[20]建立了单自由度数学模型，对直齿轮传动系统的扭振特性进行分析，并将分析结果与实验结果进行了对比。Umezawa等[21]、Tsuta[22]、Neriya等[23]通过对斜齿轮的动力学特性的研究，求解了轮齿的变形，并利用此结构将斜齿轮简化为质量-弹簧系统，研究了斜齿轮系统的扭转振动。

在以后的研究中，研究者又发现了齿轮系统中包含了许多非线性因素，一直到现在，齿轮非线性问题都是科研的热点。20世纪70年代末至80年代，Neriya等[24]、Iida[25]利用数值仿真的方法，考虑齿轮惯性、时变刚度、齿面摩擦等的影响研究了直齿轮系统间隙非线性问题，开启了人们研究齿轮非线性动力学理论的先河。在过去的30年里，齿轮非线性问题已经成为当代科研工作的热点，国内外学者在综合考虑时变啮合刚度、传动误差、齿侧间隙和轮齿啮合表面的摩擦和阻尼等多种非线性因素的前提下，重点讨论了模型的建立、激励形式的确定、求解方法的选择、系统的动态特性及参数对动态特性的影响，并取得了可喜的成果。Kahraman等[26]探讨了直齿轮的非线性动力学行为，在综合考虑齿侧间隙、时变啮合刚度和滚动轴承径向间隙等非线性因素的前提下，建立了一个3自由度的转子-轴承非线性动力学模型，研究了直齿轮啮合中的间隙非线性动态特性及由传递误差引起的内部激励的影响，并且发现了次谐周期、拟周期稳态解和混沌解及两个典型的通向混沌的道路，给出了产生各种分叉和混沌响应的参数区域。Raghothama等[27]等用增量谐波平衡法研究了Kahraman等[26]的3自由度模型的分叉与混沌，并计算了拟周期道路的Lyapunov指数。董金城等[28]认为齿面摩擦、齿侧间隙及时变啮合刚度是导致齿轮副产生复杂非线性振动的主要因素，建立了计及摩擦、间隙及时变刚度等因素的直齿轮副非线性动力学模型，用5～6阶变步长Runge-Kutta法求得系统的各类周期响应和混沌响应。李润方等[29]、孙涛等[30]通过不同的方法对直、斜齿轮非线性动力学进行了研究。

目前，对直齿圆柱齿轮和斜齿轮的非线性动力学研究已经非常深入，但在弧齿锥齿轮方面，由于其几何上的复杂性，有关非线性动力学方面的研究很少。王三民等[31]推导了包含时变啮合刚度和齿侧间隙的弧齿锥齿轮传动系统的多自由度非线性振动模型，采用A算符算法（A-operator method，AOM）进行数值计算和分析，得到了不同工况下弧齿锥齿轮系统的扭转、横向及轴向振动位移和速度，发现随着啮合频率的变化，系统经倍周期分叉进入混沌，并存在跳跃现象，而随着支承刚度的变化，系统经拟周期分叉进入混沌振动。王立华等[32]考虑了传动轴和轴承的弹性变形，以及每个齿轮在回转方向与各支承方向的振动自由度，在激励方面还全面考虑了齿轮的啮合刚度激励、误差激励和啮合冲击激励的情况下，采用集中参数法建立了弧齿锥齿轮和准双曲面齿轮传动系统的弯-扭-轴-摆耦合振动动力学模型并进行了分析。杨宏斌等[33]假设输入、输出轴与齿轮刚性连接，提出了一个包含时变啮合刚度、传动误差和齿侧间隙的简化的4自由度弧齿锥齿轮和准双曲面齿轮振动模型，通过对振动方程的求解，可以得到时间历程、相图、快速傅里叶变换（fast Fourier transform，FFT）频谱图。

弧齿锥齿轮技术日益成熟，在航空航天器中也得到了广泛的应用，但专门针对航空航天器的螺旋锥齿轮的振动和非线性振动的研究还少有报道，特别是综合考虑齿侧间隙及时变啮合刚度等复杂非线性振动因素的研究成果更少。所以，以弧齿锥齿轮传动系统为研究对象，将弧齿锥齿轮的几何分析、力学分析和传动系统在内外激励下的动态响应相结合，进行理论和实验综合分析研究是有较高的学术价值的。

1.4 基于神经网络的可靠性分析研究现状

1.4.1 结构可靠性的研究现状

可靠性作为产品设备的固有属性之一，越来越受到人们的重视。近半个世纪以来，工业发达的国家已经将可靠性运用于航空航天、原子能、机械、电气、化工、铁道、船舶、建筑、通信、医药等领域，结构可靠性被称为当今世界科技中仅次于环境科学和计算机的一门非常活跃的学科。

结构的可靠性高低是结构设计的主要评价指标。由于结构中存在各种不确定因素，如结构所承受的载荷、结构参数（材料、几何尺寸等）都具有随机性，产生了具有随机参数的随机结构系统。结构的可靠性作为产品质量的主要指标和重要的技术指标之一，越来越受到国内外学者的普遍重视，因此结构可靠性理论和设计方法得到了迅速发展[34]。

从研究的对象来说，结构可靠性可分为点可靠性和体系可靠性。目前，结构点可靠性的计算方法日趋完善，并且已经进入了实用阶段。随着可靠性理论的进一步深入，结构可靠性的计算已经不能满足实际工程的需要，人们最关心的往往是由众多构件组成的结构体系的可靠性。结构体系可靠性是可靠性理论中重要且复杂的内容之一。结构体系可靠性的计算分三步进行：①寻求结构的主要失效模式；②失效模式间相关性的计算；③体系可靠性的计算。文献[35]、[36]阐述了寻求结构主要失效模式的方法。文献[37]、[38]对失效模式间相关性问题进行了研究。目前，结构体系可靠性的计算方法可分为以下几种：①Monte Carlo 法；②近似计算方法；③界限估计法。直接采用 Monte Carlo 法计算体系可靠性可以获得较高的计算精度，但计算量太大。

1.4.2 神经网络的研究现状

目前得到广泛应用的人工神经网络（artificial neural network，ANN），又称连接机制模型（connectionism model）或并行分布处理模型（parallel distributed model），是由大量简单的元件连接而成的用以模拟人脑行为的复杂网络系统。人工神经网络反映了人类大脑功能的许多基本特征，但并不是人脑神经网络系统的真实写照，而只是对其作某种简化、抽象和模拟。

神经网络系统是一个复杂的非线性动力学系统，其特色在于信息的分布式存储和并行协同处理。不仅具有一般非线性系统的共性，而且它还具有大规模的并行处理和分布式的信息存储特性，高度非线性映射功能，良好的自组织、自适应、自学习能力，高度的容错性和记忆、联想等特性。虽然单个神经元的结构极其简单，功能有限，但大量神经元构成的网络系统所能实现的行为却是丰富多彩的。和数字计算机相比，神经网络系统具有集体运算的能力和自适应的学习能力。此外，它还具有很强的容错性和鲁棒性，善于联想、综合和推广。

神经网络的发展，大致分为四个时期：探索时期、第一次研究热潮时期、低潮时期和第二次研究热潮时期。神经网络的研究始于 20 世纪 40 年代初，并经历了一个曲折的发展过程。1943 年，Meculloeh 等[39]首先提出了人工神经网络的数学模型——MP 模型，第一次用数理语言描述了脑的信息处理过程，为以后的研究工作提供了依据。1949 年，Hebb[40]提出了突触联系可变的假设，并根据这一假设给出了相应的学习规则，为神经网络的学习算法奠定了基础。1958 年，Rosenblatt[41]提出了具有学习能力的“感知机”模型，完成了从单个神经元到三层神经网络的过渡，给出了第一个完整的人工神经网络模型。文献[42]提出了自适应线性元 Adaline（adaptive linear element）网络，并将它应用于自适应滤波、预测和模式识别，至此人工神经网络的研究工作进入了第一个高潮。1969 年，Minsky 等[43]出版了 *Perceptrons：An Introduction to Computational Geometry* 一书，从理论上证明单层感知机的能力有限，使神经网络研究陷入低潮。1980 年，Fukushima[44]将单层感知机增加了隐含层，通过抑制性反馈和兴奋性前馈作用实现自组织学习，从而使多层感知机实现了联想学习和模式分类识别。1982 年，Kohonen[45]提出了具有竞争机制的自组织特征映射（self-organizing feature mapping，SOM）理论，反映了大脑神经细胞的自组织特性、记忆方式以及神经细胞兴奋刺激的规律。1982 年，HoPfield[46]采用全互联型神经网络模型并应用能量函数的概念，成功地解决了数字电子计算机不善于解决的经典人工智能难题——旅行商问题（travelling salesman problem，TSP），这是神经网络研究史上一次重大突破，引起了全世界的极大关注并使神经网络研究热潮再度兴起。1985 年，Ackley 等[47]提出了“隐单元”概念，并推出了大规模并行处理的 Boltzlnann 机，使用多层神经网络并行分布改变各单元连接权，克服了单层网络的局限性，为神经网络进入非线性处理领域奠定了基础。1986 年，Ackley 等[48]提出多层前馈网络的误差逆传播（back propagation，BP）算法，成为至今为止应用最广、研究最多、发展最快的算法，证实了人工神经网络具有很强的运算能力，标志着 ANN 研究进入第二次高潮[49-50]。2000 年，何新贵院士提出了过程神经元和过程神经网络的概念[51-52]，放宽了对系统输入的同步瞬时限制，从而使问题更为一般化，进一步拓宽了人工神经网络的应用领域。

近 30 年来，神经网络在理论和应用上的研究取得了飞速进展。由于神经网络是在许多学科的基础上发展起来的，因此它的研究也带动了其他相关学科的发展，并与其他学科相结合产生了大量的交叉学科。随着神经网络技术的发展，国内外学者也将它引入结构分析和结构可靠性研究领域并取得了初步的成果[53-56]。文献[53]首先将人工神经网络中的 Monte Carlo 仿真算法应用于框架的可靠性分析中，为结构可靠性分析的神经网络方法开辟了道路。文献[54]对结构分析中的若干问题应用神经网络方法进行了研究。文献[55]给出了结构参数识别的神经网络方法。文献[56]提出了基于人工神经网络的结构可靠性仿真方法，并对神经网络模型的建立及网络训练的有关问题进行了探讨。

1.5 多目标优化算法的研究现状

1.5.1 多目标优化问题的研究现状

多目标优化问题的最早出现应追溯到 1772 年，当时 Benjamin Franklin 就提出了多目标矛盾如何协调的问题。但国际上一般认为多目标优化问题最早是由法国的经济学家 Pareto[57]在 1896 年提出的。当时他从政治经济学的角度，把很多不好比较的目标归纳成多目标优化问题。1944 年，Neumann 等[58]又从对策论（博弈论）的角度，提出多个决策而又彼此互相矛盾的多目标决策问题。1951 年，Koopmnas[59]从生产与分配的活动分析中提出了多目标优化问题，并且第一次提出了 Pareto 最优解的概念。1965 年，Zadeh[60]又从控制论的角度提出了多目标控制问题。1968 年，Johnsen 系统地提出了关于多目标决策模型的研究报告，这是多目标最优化这门学科开始发展的一个转折点[61]。多目标优化问题从 Pareto 正式提出到 Johnsen 的系统总结，先后经过了六七十年的时间。但是多目标优化问题的真正兴旺发达，并且正式作为一个数学分支进行系统的研究，则是在 20 世纪 70 年代以后。到现在为止，多目标最优化不仅在理论上取得很多重要成果，而且在应用领域上也越来越显示出它的强大生命力[62]。

多目标优化问题的本质在于：在很多情况下，各个子目标之间是矛盾的，也就是存在着冲突，某个子目标的性能改善可能导致另一个或者另几个子目标的性能下降。这就意味着，通常要使所有的子目标都达到其个体的最优一般是不现实的也是不可能的，我们所要做的就是在各个子目标之间加以协调和折中，使得各个子目标尽可能达到系统所需的“最优”情况。

传统的多目标优化算法通常是利用较为成熟的单目标优化技术，把复杂的多目标优化问题转化成为单目标优化问题加以求解，比较成熟的方法有主要目标法、线性加权和法、平方和加权法、理想点法、乘除法、功效系数法、min-max 法等。

进化算法的出现为那些难以找到传统数学模型的难题指出了一条新的出路，对多目标优化这个领域而言同样如此，因为进化算法具有求解多目标优化问题的优点，因此它的出现受到了相当大的关注，从而产生了一类新的研究和应用，即多目标进化优化。传统的数学规划与模拟退火算法是以单点搜索为特征的串行算法，不可利用 Pareto 最优概念对解进行评估。多目标优化问题一直缺乏一种高效实用的求解方法。好在 20 世纪 90 年代开始流行的进化计算为求解多目标优化问题提供了有力的工具。进化算法搜索解的一个最大特点是它是一个群体搜索算法，很自然地解决了上述传统的多目标算法的并行化困难的问题，有效地利用 Pareto 最优解也变得非常合理。早在 1970 年，Rosenberg[63]曾提到可用遗传搜索算法来求解多目标优化问题，但直到 1985 年才出现第一个多目标进化算法——基于向量评估的遗传算法[64]（vector evaluated genetic algorithm，VEGA），不过 VEGA 本质上仍然是加权的方法。多目标优化问题得到了更多学者的关注，先后出现了多种基于进化和群体智能的多目标优化算法，例如：Srinivas 等的非支配排序遗传算法（non-dominated sorting genetic algorithm，NSGA）[65]、Knowles 和 Corne 的帕累托进化策略（Pareto archived evolution strategy，PAES）算法[66]、Zitzler 等的强度帕累托进化（the strength Pareto evolutionary, SPEA）算法[67]、Deb 等的非支配排序遗传算法 2（non-dominated sorting genetic algorithm-Ⅱ，NSGA2）[68]、超导磁储能器（superconductor magnetics energy storage，SMES）[69]、多目标粒子群优化算法（Multi-objective particle swarm optimization algorithm，MOPSOA）[70]等，以及这些算法的改进版本和一些新算法。多目标优化问题求解已成为进化计算的一个重要研究方向[70-74]。这些方法具有高度并行机制，可以对多个目标同时进行优化，在实际应用中取得了很好的效果，极大地促进了求解方法由目标组合方式逐步向基于 Pareto 的向量优化方法发展。但是进化算法求解多目标优化问题是近 20 年才发展起来的，还处于不断探索和继续发展阶段。这些算法各有其优点，但也均有美中不足的地方。例如，NSGA 的计算效率相对较低，未采用精英保留策略，共享参数 Q_{share} 需要预先确定；NSGA2 虽然克服了 NSGA 的缺点，但它除了需要设置共享参数外，还需要选择一个适当的锦标赛规模，限制了该算法的实际应用效果[75]。

1.5.2 多目标粒子群优化算法的研究现状

粒子群优化算法自 1995 年提出以来，以其结构简单、参数调整方便和收敛速度快的优点，只经过了二十几年的发展，就吸引了国内外学术界及工程技术人员的广泛关注，随后关于粒子群优化算法的研究报告和成果大量涌现[76-79]。

由于粒子群优化算法和进化算法在结构上有很多相似性（例如，种群搜索最优以及群内个体的信息共享等方面），所以扩展粒子群优化算法解决多目标优化问题应该是很自然的。在这方面，近几年比较有影响的研究成果包括 Hu 和 Eberhart[80] 提出的动态邻居粒子群优化（particle swarm optimization，PSO）算法，Mostaghim 和 Teich[81]在他们的算法中应用了一种新的个体极值更新方法，Coello 等[73]提出用外部集合保存非支配粒子集以及一种特别的变异算子，张利彪等[82]提出最优解评估选取的算法。但是，基于 PSO 的多目标优化算法不像遗传算法那样已经相对成熟，解决多目标优化问题的多目标粒子群优化算法的研究刚刚处于起步阶段，它的理论基础的研究还比较贫乏，研究者还不能对 PSO 的工作机制给出恰当的数学解释。

文化算法（cultural algorithm，CA）作为一种新的进化算法，由 Reynolds[83] 于 1994 年首次提出，其主要思想是明确地从进化种群中获得求解问题的知识（即信念），并将这些知识用于指导搜索过程。基于知识机制的引入能在进化过程中提取有用的信息，使种群以一定的速度进化和适应环境。文化算法是一种基于种群的多进化过程的计算模型，为进化搜索机制和知识存储的结合提供了一个构架。从进化角度看，任何一种符合文化算法要求的进化算法都可以嵌入文化算法框架中作为种群空间的一个进化过程。目前文化算法已应用于资源调度、函数优化、数据挖掘、遗传规划、动态环境建模、神经网络训练等领域。

在对照文化算法与粒子群优化算法时发现，粒子群优化算法完全可以看成是文化算法的简化形式。在粒子群优化算法中，信仰空间的信息简化为全局当前最优解，而群体空间中的个体就是单个粒子，信仰空间对群体空间的指导简化为在粒子速度进化公式中加入当前全局最优解信息。所以可以把粒子群优化算法看成是文化算法的特例。

1.6 变齿厚渐开线齿轮的发展现状

变齿厚渐开线齿轮简称为变厚齿轮，其几何特点是：在一个齿轮不同的端截面上，其齿形具有不同的变位系数，类似于渐开线插齿刀的齿形。变厚齿轮传动是渐开线齿轮传动的最一般情况，可以实现平行轴、相交轴和交错轴之间的传动。变厚齿轮从成形原理上看不同于锥齿轮，而属于圆柱齿轮的范畴[84]。

变厚齿轮可以是直齿也可以是斜齿。所谓直齿变厚齿轮，是说它的轮齿有一个通过齿轮轴线的对称面，其齿面则是和斜齿轮一样的渐开螺旋面。斜齿变厚齿轮则没有这样的对称面[85]。变厚齿轮的齿廓曲面与斜齿轮一样为渐开螺旋面，切于基圆柱的发生面上有与轴线成倾斜角为 β_b 的一条斜直线，当此平面在基圆柱上做纯滚动时，此斜直线即展开成渐开螺旋面，形成变厚齿轮的齿廓曲面[86-87]。

用齿条刀具加工变厚齿轮时，如图 1-6 所示，齿条刀具的分度平面与被切齿轮的轴线相交成 δ 角。但两者的相对运动仍然和加工斜齿圆柱齿轮时一样，即齿轮的分度圆柱与齿条上的节平面相切做纯滚动。在分度平面与节平面的交线处，斜齿条刀具的分度线与齿轮的分度圆相切，因而，该分度圆所在端截面上的齿形是标准（零变位）斜齿轮的齿形，这个端面称为中间端面。加工出来的变厚齿轮中间截面以上的变位系数为正，且其值由零逐渐增大，称该侧为轮齿的大端；中间截面以下的变位系数为负，且其值由零逐渐减小，称该侧为轮齿的小端。斜齿变厚齿轮端截面上牙齿两侧的齿形并不对称[88-90]。

这里需要提醒的是，斜齿变厚齿轮的左右齿廓由于其基圆半径并不相同，因而从几何外观上看，其左右齿廓的分度圆压力角及分度圆上的螺旋角也均不相同，这个特点与一般的渐开线斜齿圆柱齿轮明显不同。

另外还要指出的是，本书提到的变厚齿轮的左齿面或右齿面，均是指从变厚齿轮的大端（变位系数大的一端）观察得出的。

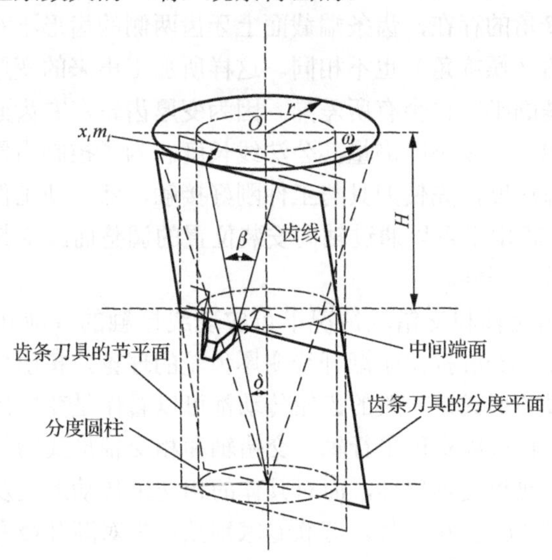

图 1-6 利用齿条刀具加工变厚齿轮示意图

变厚齿轮在不同端截面处的变位量为

$$x_t m_t = H\delta \tag{1-1}$$

式中，x_t——在所研究端面上变厚齿轮的变位系数；

m_t——变厚齿轮的端面模数；

H——所研究端面到中间端面的距离；

δ——分度平面与齿轮轴线的夹角。

在任何端截面上，齿条刀具的齿距均为

$$P_t = \pi m_t = \frac{\pi m_n}{\cos\beta} \tag{1-2}$$

式中，m_n——齿条的法向模数；

β——齿条齿线的倾斜角。

根据式（1-2），可得端面模数与法向模数的关系为

$$m_t = \frac{m_n}{\cos\beta} \tag{1-3}$$

变厚齿轮可以像斜齿轮一样测量其法向基圆齿距，其值为

$$P_b = P_{bL} = P_{bR} = \pi m_n \cos\alpha_n \tag{1-4}$$

式中，P_b——变厚齿轮的法向基圆齿距；

P_{bL}——从左齿廓测量的法向基圆齿距；

P_{bR}——从右齿廓测量的法向基圆齿距；

α_n——法向压力角。

由于δ角和β角的存在，齿条端截面上牙齿两侧的齿形不对称，节平面上牙齿两侧齿的倾斜角（螺旋角）也不相同。这样所加工出来的变厚齿轮，其左右两齿廓的渐开线和基圆半径也会有所差异。因为变厚齿轮左右齿面的基圆柱不同，不具有公共的法线，所以不能测量其公法线长度。为了控制齿厚，加工时可以在进刀时控制其切齿深度，先使刀具与工件刚好接触，然后使工件向刀具方向移动全齿高h。变厚齿轮由于可以通过轴向安装位置的调整而改变其侧隙，因此对切齿深度的要求不是很严格。

本书研究在相交轴和交错轴情况下可实现线接触的非渐开线变厚齿轮副传动。1954 年美国的 Beam 提出了渐开线变厚齿轮的理论，指出变厚齿轮是渐开线齿轮传动的最一般的形式，一般的齿轮传动都可以看作是变厚齿轮的特殊传动形式。他指出变厚齿轮可以实现平行轴、交错轴和相交轴形式的传动，但他只是提出变厚齿轮可以实现相交轴传动，而对具体的相交轴传动形式及几何计算则没有更多的说明[91]。20 世纪 60 年代，苏联专家别兹可夫对渐开线变厚齿轮进行了理论上的初步研究和几何计算，从此变厚齿轮传动的研究逐渐被重视起来[92-93]。但是国外也仅对平行轴和交错轴外啮合变厚齿轮进行了一般的几何计算，对实现相

交轴之间的变厚齿轮传动的研究非常少[93-94]。在国外也有一部分文献中将变厚齿轮称为锥面渐开线齿轮，但从其成形原理上看它不属于锥齿轮，而仍然属于变厚齿轮的范畴。在这方面，Mitome 针对变厚齿轮的成形原理及几何计算方面也做了不少有益的研究工作[95-97]。

国内对变厚齿轮的研究是从20世纪80年代开始的。1991年，哈尔滨工业大学机械原理教研室机械传动课题组李瑰贤教授首先将平行轴变厚齿轮副应用于RV减速器中，并针对内啮合变厚齿轮副进行了设计和加工方法的研究，同时还分析了该减速器的回差及动态性能等。通过试验及其在实际工况下的应用，表明了平行轴内啮合变厚齿轮副在减小回差、提高传动效率和运动精度等方面均优于日本同类产品，充分体现了变厚齿轮在传动领域中的优良特性[98]。

对于斜齿变厚齿轮，由于其变位系数沿轴向呈线性变化，导致从几何外观上看齿厚由轮齿大端向小端收缩，即齿厚也和锥齿轮一样沿着轴向收缩。但是变厚齿轮与螺旋锥齿轮是完全不同的两类齿轮。锥齿轮的齿廓齿面是由锥顶为中心、基圆半径不同的球面渐开线所组成的，其显著特点是在其球面渐开线曲面上，沿轴向各处的曲率半径不同，越接近锥顶，曲率半径越小。反映到具体齿轮上，就是锥齿轮的轮齿逐渐收缩变小，模数也逐渐变小[99-101]。而变厚齿轮的模数则沿轴向保持不变，其齿廓曲面的成形原理与一般的斜齿轮一样，即是由与基圆柱相切的平面上的一条与基圆柱轴线呈一偏斜角度 β_b 的直线，绕着基圆柱做纯滚动而形成的。所不同的是，沿轴向在垂直于轴线的各个剖面上，其齿形具有不同的变位系数，即类似于渐开线斜齿插齿刀的齿形，可见变厚齿轮实质上是一种变形的斜齿轮传动[102-103]。

从国内大部分现有资料来看，我国齿轮研究者主要针对弧齿锥齿轮的研究工作做得比较深入，西北工业大学的方宗德、邓孝宗等利用齿轮啮合理论针对弧齿锥齿轮的啮合接触特性方面取得了很多研究成果，通过对常规的轮齿接触分析方法进行局部改进，提出了描述螺旋锥齿轮边缘接触这一现象的方法，他们还对修形斜齿轮的齿面接触进行了计算，并且以刀具齿廓修形及计算机数字控制（computer numberical control，CNC）系统修形为例，讨论了齿面修形对改善齿轮传动性能的作用[104-108]。郑昌启、吴序堂等对弧齿轮锥齿轮和准曲面齿轮接触区的研究工作，已经破解了美国格利森（Gleason）公司长期对锥齿轮加工行业的垄断地位，对促进我国齿轮啮合理论的研究具有重要的意义。此外他们还利用三阶接触分析法的原理提出了针对曲线齿锥齿轮的加工调整方法，将该方法得到的齿面接触结果与传统的格利森公司的轮齿接触分析结果进行了对比，表明三阶接触分析法对曲线齿锥齿轮的调整方法是可行的[109-111]。但是国内大部分有关齿轮啮合原理方面的研究主要是以俄罗斯 Litvin 有关的齿轮啮合理论工作为基础，在锥齿轮的加工、接触区分析等方面取得了一定的进展[112-116]。张永红[117]等运用微分几何及啮合原理的理论，研究了二次曲面弧齿锥齿轮的齿面主曲率及主方向的求解方法，计算后得到的螺旋形成法弧齿锥齿轮啮合时的接触痕迹与格利森公司锥齿轮接触分析的结果比较接近。

我国学者在交错轴齿轮传动方面也做了大量工作。姚南珣等[118]提出了一种分析交错轴情况下渐开线齿轮啮合的新方法，他们利用等效啮合齿轮的带传动分析法来说明渐开线齿轮在空间传动中的本质，指出交错轴情况下线接触传动的本质是在每个法向截面中等效齿轮分别啮合，并通过将其中一个齿轮改成异形的渐开线齿轮，来进一步实现交错轴情况下渐开线齿轮由点接触转变为线接触的目的。但是这种异形的渐开线斜齿轮必须获得不同截面中等效齿轮沿轴线排列的转角规律，而且还要事先准备好沿齿向外径变化的毛坯，这使得加工异形齿轮非常困难。白少先等[119]利用弹性力学原理针对《双圆弧圆柱齿轮　基本齿廓》（GB/T 12759—1991）中的双圆弧齿轮在受到集中力时齿面各处的下陷量进行了计算，然后按照变形协调关系计算当一对轮齿法向靠拢时的接触边界形状和接触区内载荷的分布情况。但是齿轮在受载时往往齿面上并不能简化为集中力，将齿面载荷简化为集中力的算法显然是有一定误差的。段振云等[120]以圆矢量函数和媒介齿条为工具，推导了空间交错轴情况下斜齿轮副的接触迹线方程，指出交错轴斜齿轮副属于空间点啮合，空间瞬时啮合点的集合构成接触迹线，它是点啮合齿轮副本质属性的反映。

我国齿轮科研人员除了针对锥齿轮和交错轴斜齿轮副进行研究以外，还对其他形式的齿轮传动进行了研究，其中刘更等[121]针对内啮合直齿轮的接触应力进行了计算分析。近年来，随着电子计算机软、硬件性能的飞速发展，计算机仿真在各种齿轮中的应用也有了很大发展[122-125]。

综上所述，技术水平的进步使得发展新型齿轮的设计手段大为丰富和提高，而齿轮设计水平的提高又大大提高了其承载能力和使用寿命。

第2章 微小型减速装置方案设计及结构设计

RV传动由于同时具有径向尺寸小、承载能力高、结构紧凑、传动效率高等优点，因此在航空航天及精密机器人关节中具有广阔的应用前景。针对航空用微小型减速装置的实际技术要求，在分析谐波减速装置、少齿差减速装置、传统的RV减速器等多种方案的基础上，初步确定了微小型减速装置的结构和参数。为准确验证所设计的减速装置能否实现预定的设计要求，本章首先采用Pro/ENGINEER建立了减速装置各零部件的三维实体模型；然后对微小型减速装置的回差和效率进行了理论计算，并采用有限元分析的方法对减速装置关键零部件进行静力学分析和动力学分析（模态分析），以验算其强度是否满足要求，确定输入、输出轴正常工作时能否受激共振；最后针对内啮合变厚齿轮对设计公式非常复杂、设计过程中难以修改参数、设计周期过长等问题，提出并实现了一个基于VF和MATLAB软件的能对内啮合少齿差变厚齿轮进行智能计算的软件。

2.1 微小型减速装置方案设计分析

2.1.1 微小型减速装置的技术要求（样机）

（1）尺寸不能超过100mm×100mm×80mm；

（2）要求传动比为110；

（3）要求输出转数为50r/min；

（4）要求能满足额定输出扭矩150N·m，瞬间最大扭矩250N·m；

（5）总效率要在70%左右；

（6）要求满足输出轴抗弯1500N·m；

（7）要求回差<8′；

（8）输入轴、输出轴垂直。

2.1.2 谐波减速装置

谐波齿轮传动是一种依靠柔性齿轮所产生的可控弹性变形波来传递运动和力

的新型机械传动。其基本构件包括波发生器、柔轮和刚轮。当波发生器转动时，迫使柔轮产生弹性变形，使它的齿和刚轮齿相互作用，从而实现传动的目的。因而具有承载能力高、传动比范围大、体积小、重量轻、传动效率较高、运转平稳、无冲击等优点，并且谐波减速装置技术相对成熟且有系列化生产。

根据微小型减速装置的实际要求，拟采用第一级为圆弧齿轮，第二级采用谐波传动的设计方案，如图 2-1 所示。

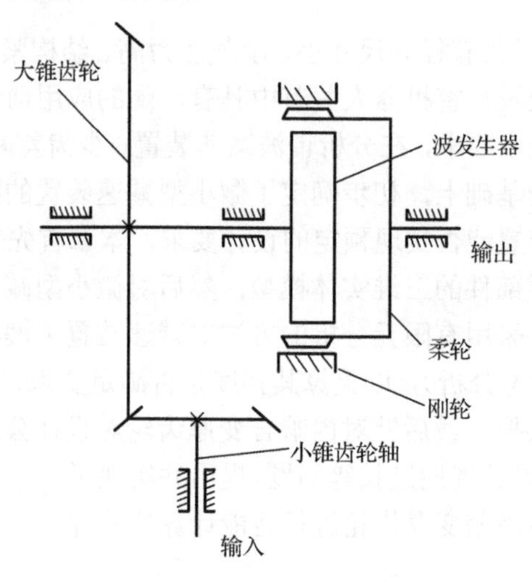

图 2-1 谐波减速装置机构简图

常规的谐波齿轮传动存在的问题很多。谐波传动虽然受力时轮齿间没有齿侧间隙，但轴承间隙等影响却可能引起 8′～9′ 的间隙回差，比 RV 传动间隙回差（1′～3′）要大，特别是其扭转刚度比 RV 传动要小很多倍，因弹性变形引起的扭转变形角较大。通常谐波传动在额定输出扭矩作用下，其扭转变形角能达到 20′～30′，甚至更大，起动力矩较大（且速比越小越严重），柔轮易发生疲劳破坏，装置发热较大，传动比下限值高（当使用钢制柔轮时约为 80），柔轮和波发生器的制造复杂，需要专门设备，特别是谐波传动在传递负载时，变形的柔轮与刚轮啮合并非共轭齿廓啮合，从而随着使用时间的增长，其运动精度还会显著降低。因此，为保证微小型减速装置的运动精度，用刚性大、回差小的精密传动装置代替刚性小的谐波传动，是微小型传动发展的需要[8-9]。

2.1.3 少齿差减速装置

目前在工程上已广泛采用的渐开线少齿差行星传动均属 K-H-V 型行星传动。K-H-V 型少齿差行星传动机构具有传动比大、结构紧凑、体积小和重量轻等优点，因而得到了广泛的应用。根据微小型减速装置的实际要求，拟采用第一级为圆弧齿轮，第二级采用 K-H-V 型少齿差行星传动的设计方案，如图 2-2 所示。

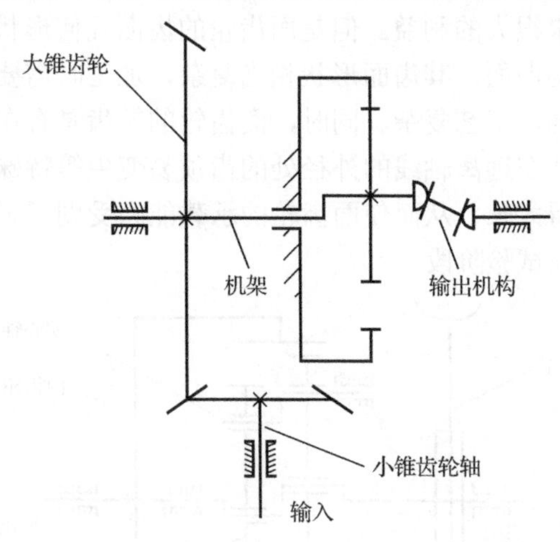

图 2-2 K-H-V 型少齿差减速装置机构简图

但是该种传动装置通常都带有 W 运动输出机构，行星齿轮既做公转运动又做自转运动，公转运动是减速装置的输入运动，自转运动是输出运动，两者又汇集在行星轮上。这种机构刚度低、附加动载荷大，特别是传递较大功率时，振动和噪声大，很难满足微小型减速装置的苛刻要求[11-13]。

2.1.4 RV 减速器

针对微小型减速装置空间小、精度高和承载能力高的要求，本节选用 RV 减速器。

（1）第一级拟采用蜗轮-蜗杆传动，第二级采用摆线针轮 RV 传动。

如图 2-3 所示，当采用蜗轮-蜗杆作为第一级传动时，其本身固有的体积较大、传动效率不高、精度不高等缺点无法满足微小型减速装置的要求。而且，这些方案中第二级采用的传统 RV 减速器——摆线针轮 RV 减速器的主要传动零部件均采用轴承钢并经磨削加工，传动时又是多齿啮合，故承载能力高、运转平稳、效率高、寿命长，但其加工过程难度相当大，精度要求较高，成本较高。并且经过计算整个减速装置的轴向尺寸也无法满足。

（2）第一级拟采用面齿轮传动，第二级采用 RV 传动。

如图 2-4 所示，面齿轮传动的小齿轮为渐开线圆柱齿轮，其轴向移动误差对传动性能没有影响，其他方向误差的影响也极小，无须防移位设计。面齿轮传动比锥齿轮传动具有更大的重合度，在空载下一般可达到 1.6～1.8。小齿轮为直齿圆柱齿轮时，小齿轮上无轴向力作用，可简化支承，减轻重量。小齿轮为渐开线齿轮，同时啮合齿对的公法线相同，对于动力传动极其有利。由此可见，面齿轮传动的使用能够带来很大的利益。但是面齿轮的齿面几何形状已不是常见的渐开线齿面或其他常见的曲面，其齿面形状相当复杂，加工时需要对现有的机床进行改造，加工成本较高，工艺复杂。同时，面齿轮的轮齿具有在靠近轴线的内径处的齿根易产生根切和在远离轴线的外径处的齿顶易变尖等特殊的几何现象，面齿轮的齿宽不能设计得太长，从而使面齿轮的承载能力受到了影响。并且，人们对面齿轮的研究仍处在试验阶段。

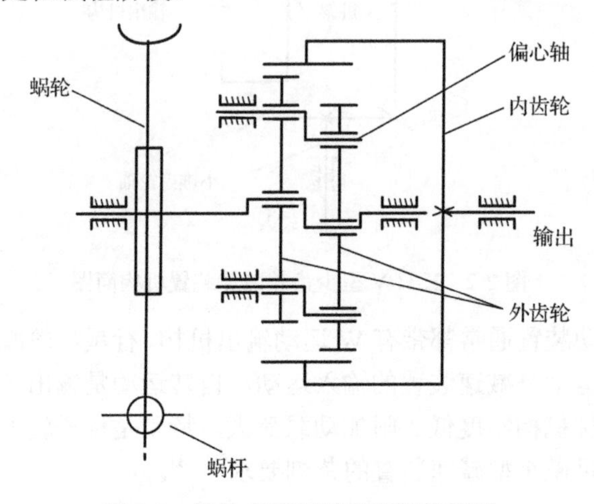

图 2-3　蜗轮-蜗杆减速装置机构简图

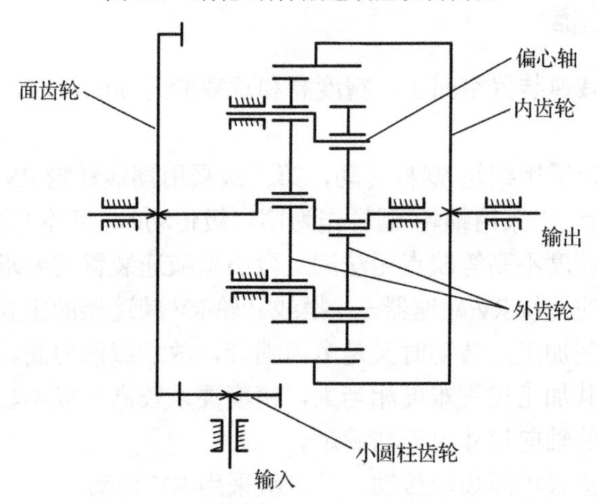

图 2-4　面齿轮减速装置机构简图

（3）第一级采用直齿锥齿轮传动，第二级采用 RV 传动。

当采用直齿锥齿轮作第一级传动时，经过计算锥齿轮的线速度超过了直齿锥齿轮所能承受的最大线速度（5m/s），因此也无法满足微小型减速装置的要求。

在微小型减速装置的设计过程中，除了谐波传动、K-H-V 减速装置、传统的 RV 减速器这几种方案外，设计者还对双曲柄减速装置、三环减速器等方案进行了分析，但经过计算它们均无法满足微小型减速装置的严格技术要求。

2.1.5 微小型可调隙内啮合变厚齿轮 RV 减速器

通过多种方案的比较和总结，本节提出了微小型可调隙内啮合变厚齿轮 RV 减速器，如图 2-5 所示。第一级采用弧齿锥齿轮传动，通过小弧齿锥齿轮将电机的回转运动传递给大弧齿锥齿轮，实现第一级减速传动。第二级由平行四边形机构和齿轮机构组成。第二级的输入轴和支承轴采用偏心布置，充当平行四边形机构的曲柄，内齿轮与输出轴固连或做成一体。运行时，大弧齿锥齿轮通过齿轮轴和两个小偏心轴，使变厚外齿轮做偏心运动。由于小偏心轴的限制，变厚外齿轮只做公转，推动变厚内齿轮做定轴转动，通过内齿轮输出其自转运动，再通过外、内齿轮啮合，由输出轴输出动力。

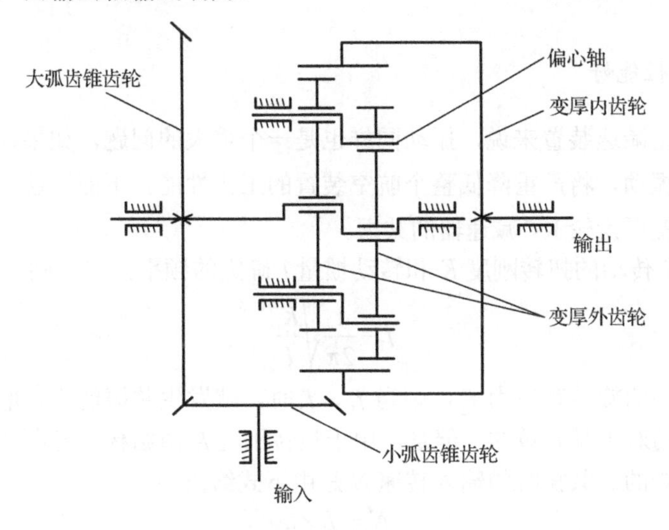

图 2-5 微小型可调隙内啮合变厚齿轮 RV 机构示意图

机构中有动力输入的曲柄轴称为输入轴，无动力输入的曲柄轴称为支承轴。在这种传动中，外齿轮不像普通行星齿轮传动中那样做行星运动，而是做平动，内齿轮做定轴转动。

该减速装置具有重量轻、体积小（外径≤100mm）、结构简单紧凑、传动效率高、传动误差小、润滑性能好、性能价格比高和可靠性高等优点，它可广泛应用于国防、冶金矿山、石油化工、汽车、电子仪表、建筑工程、机床等领域。将产品国产化后，加工成本低于同类进口减速器产品价格，具有很高的应用价值和广阔的应用前景。

本书提出的微小型减速装置（微小型可调隙内啮合变厚齿轮 RV 减速器）省去了少齿差行星齿轮必须采用的 W 运动输出机构，不但有效地克服了采用 W 运动输出机构给少齿差行星齿轮传动带来的激波器轴承寿命短的问题，而且传动链显著缩短，这给少齿差齿轮传动带来一系列优点，并且该减速器继承了机器人用 RV 减速器的优点，因此该微小型可调隙内啮合变厚齿轮 RV 减速器具有如下特点。

1. 结构新颖紧凑

省去了少齿差行星齿轮传动、摆线针轮传动所必需的 W 运动输出机构，微小型可调隙内啮合变厚齿轮 RV 传动的输出力矩通过内齿轮直接输出，不需要另外的输出机构，简化了结构，使传动装置的轴向和径向尺寸都很小，缩小了体积，减轻了重量。

2. 动态性能好

对微小型减速装置来说，振动同样也是一个重大的问题，如果在使用速度内产生较大的振动，将严重降低整个航空装置的工作性能。下面简述一下微小型可调隙内啮合变厚齿轮 RV 减速器的共振。

设由 RV 传动的扭转刚度 K 和转动惯量 I 确定的频率为 f_1，则

$$f_1=\frac{1}{2\pi}\sqrt{\frac{K}{I}} \tag{2-1}$$

设偏心轴的旋转频率为 f_2，则当 $f_1=f_2$ 时，就发生共振现象。增大 f_1 作为减小共振发生的对策是有效的，但是，由于扭转刚度 K 由结构本身所决定，所以增大 f_1 是很困难的。共振时的输入转速 N 是由下式给出的：

$$N=f_1\times i_1 \tag{2-2}$$

式中，i_1——第一级减速比。

从式（2-2）中可以看出，如果设法增大 i_1，就可以使共振时的输入转速转移到高速区域内。由此，就能防止在必须进行精密控制的低速区域的共振，从而可以减小振动。因而该减速装置通过一级减速后，使第二级偏心差动部分的输入转速大大降低，即偏心差动部分的离心惯性力得到降低，附加动载荷明显减小，相应地降低了附加动载荷引起的振动和噪声。

3. 多齿啮合承载能力高

多齿弹性啮合效应是少齿差传动所特有的多齿啮合、共同承载的现象[13]。微小型可调隙内啮合变厚齿轮 RV 减速器采用的是内啮合变厚齿轮一齿差传动，由于变厚齿轮具有可轴向调隙的特点，可使各齿对齿廓工作面间的间隙很小，当轮齿受载后发生弹性变形，使间隙消除形成多齿啮合效应。多齿啮合使齿轮传动对冲击负荷有较强的承载能力，一般短期超载能力为名义扭矩的 250%左右。变厚齿轮传动共轭齿形的连续接触形式，避免了啮入啮出的冲击，传动平稳无噪声。

4. 高刚度、耐冲击

微小型可调隙内啮合变厚齿轮 RV 减速器通过一级减速后，使第二级偏心差动部分的输入转速大大降低，即偏心差动部分的离心惯性力得到降低，附加动载荷明显减小，相应地降低了附加动载荷引起的振动和噪声。同时，RV 减速器采用圆柱输出机构，少齿差内齿啮合齿数多、抗过载能力强，且输出构件很粗短，故输出扭转刚度大，可实现高刚度、耐冲击的传动，能满足精密传动的要求。

5. 可调间隙、回差小

微小型可调隙内啮合变厚齿轮 RV 减速器第二级采用一齿差内啮合变厚齿轮传动，是我们针对航空设备的特殊需要而开发的一种新型传动装置，它不但继承了少齿差齿轮传动的体积小、传动比大、承载能力大、刚度大、运动精度高、传动效率高等优点，而且利用变厚齿轮的结构特点，通过设计专门的调隙机构调整变厚齿轮的轴向位置，可以方便地调节其啮合侧隙，减小回差，理论上可以达到零回差，实现精密传动。

6. 传动效率高、寿命长

微小型可调隙内啮合变厚齿轮 RV 减速器省去了 W 运动输出机构，使输入轴到输出轴之间的运动链缩短，减少了动力传递损失。而且，全部运动元件间，基本上是滚动接触，提高了传动的传动效率和寿命。

7. 有利于智能控制

微小型可调隙内啮合变厚齿轮 RV 减速器高速级惯量小，可用较高速的电机，有利于智能控制系统的灵敏度要求。

2.2 微小型减速装置部分关键参数分析与计算

2.2.1 传动比的计算

1. 传动比的分配

在设计两级减速装置时，合理地将传动比分配到各级非常重要，这将直接影响减速装置的尺寸、重量、润滑方式和维护等。对采用圆锥齿轮作为高速级的减速装置的传动比进行分配时，要尽量避免圆锥齿轮尺寸过大、制造困难，因而高速级圆锥齿轮的传动比 i_1 不宜太大，通常取 $i_1 \approx 0.25i$，最好使 $i_1 \leqslant 3$。

2. 微小型减速装置传动比的计算

RV 传动是复合行星传动，计算其传动比的方法很多，这里采用常用的方法，即相对角速度法。设图 2-5 中各构件的绝对角速度分别为 ω_1、ω_2、ω_3、ω_4、ω_ω，根据相对运动原理可以得到 RV 传动比的计算公式为

$$i_{1\omega} = \frac{\omega_1}{\omega_\omega} = \frac{z_2}{z_1} \cdot \frac{z_4}{z_4 - z_3} \tag{2-3}$$

当第二级传动为一齿差传动，即 $z_4 - z_3 = 1$ 时，有

$$i_{1\omega} = \frac{z_2 \cdot z_4}{1 \cdot z_1} \tag{2-4}$$

2.2.2 输入轴和输出轴的初步设计

1. 输入轴的初步设计

由于作用在输入轴上的弯矩很小，可以直接采用降低许用应力的方法加以考虑。轴上带有一个键槽，直径需增大 3%～7%。

$$d_1 \geqslant \sqrt[3]{\frac{5T}{[\tau]}} \tag{2-5}$$

式中，d_1 ——计算剖面处轴的直径；

T ——轴传递的额定扭矩；

$[\tau]$ ——轴的许用转应力。

2. 输出轴的初步设计

当轴的支承位置和轴所受载荷大小、方向、作用力以及载荷种类均已确定时，通常可按弯转合成的理论进行近似计算。轴上带有一个键槽，直径需增大3%～7%。

$$d_2 \geqslant \sqrt[3]{\frac{10\sqrt{M^2+(aT)^2}}{[\sigma_{-1}]}} \times \sqrt[3]{\frac{1}{1-v^4}} \tag{2-6}$$

式中，d_2——轴的直径；

T——轴传递的额定扭矩；

a——系数；

M——轴计算截面处的合成弯矩；

v——空心轴内径和外径之比；

$[\sigma_{-1}]$——许用疲劳应力。

3. 偏心轴的初步设计

本书所设计的偏心轴主要用于限制外齿轮自转使其仅进行平动，所以偏心轴的偏心量需与变厚齿轮中心距相等，偏心轴选择实心轴并且没有键槽，可按下式计算：

$$d_3 \geqslant \sqrt[3]{\frac{5T}{[\tau]}} \tag{2-7}$$

式中，d_3——计算剖面处轴的直径；

T——轴传递的额定扭矩；

$[\tau]$——轴的许用转应力。

2.2.3　弧齿锥齿轮初步设计

对于锥齿轮传动的主要尺寸可以按类比法或传动的结构要求进行初步确定，也可以根据下面的公式进行初步估算：

$$d_{e1} \geqslant 983\sqrt[3]{\frac{KT_1}{(1-0.5\phi_r)^2\phi_R\mu\sigma'^2_{HP}}} \approx 1636\sqrt[3]{\frac{KT_1}{\mu\sigma^2_{HP}}} \tag{2-8}$$

式中，K——载荷系数；

T_1——工作扭矩；

μ——齿数比；

ϕ_R——齿轮系统；

ϕ_r——小径齿宽系数；

σ'^2_{HP}——设计齿轮的许用接触应力。

2.2.4 关键部件强度分析

1. 轴接触疲劳强度和静强度分析

轴的安全系数校核计算包括两方面：疲劳强度安全系数校核和静强度安全系数校核。疲劳强度安全系数校核是经过初步计算和结构设计之后，根据轴的实际尺寸、承受的弯矩、扭矩图，考虑应力集中、表面状态、尺寸影响等因素，以及轴材料的疲劳极限，计算轴的危险截面处的疲劳安全系数，判断其是否满足条件。

（1）轴的疲劳强度安全系数校核计算公式为

$$S = \frac{S_\sigma S_\tau}{\sqrt{S_\sigma^2 + S_\tau^2}} \geqslant [S] \tag{2-9}$$

式中，S_σ——只考虑弯矩作用时的安全系数，$S_\sigma = \dfrac{\sigma_{-1}}{\dfrac{K_\sigma}{\beta\varepsilon_\sigma}\sigma_\alpha + \psi_\sigma \sigma_m}$；

S_τ——只考虑扭矩作用时的安全系数，$S_\tau = \dfrac{\tau_{-1}}{\dfrac{K_\tau}{\beta\varepsilon_\tau}\tau_\alpha + \psi_\tau \tau_m}$；

$[S]$——按疲劳强度计算时的许用安全系数。

（2）轴的静强度安全系数校核计算公式为

$$S_s = \frac{S_{s\sigma} S_{s\tau}}{\sqrt{S_{s\sigma}^2 + S_{s\tau}^2}} \geqslant [S_s] \tag{2-10}$$

式中，$S_{s\sigma}$——只考虑弯曲时的安全系数，$S_{s\sigma} = \dfrac{\sigma_s}{\dfrac{M_{\max}}{W}}$；

$S_{s\tau}$——只考虑扭转时的安全系数，$S_{s\tau} = \dfrac{\tau_s}{\dfrac{T_{\max}}{W_p}}$；

$[S_s]$——静屈服强度的许用安全系数。

2. 弧齿锥齿轮接触强度校核

$$\sigma_H = \sqrt{\frac{K_A K_V K_{H\beta} K_{H\alpha} F_t}{0.85bd_{ea1}} \frac{\sqrt{\mu^2+1}}{\mu}} Z_E Z_H Z_{\varepsilon\beta} Z_K \leqslant \sigma_{H\beta} \tag{2-11}$$

式中，F_t——分度圆的切向力；

K_A——使用系数；
K_V——动载荷系数；
$K_{H\beta}$——载荷分布系数；
$K_{H\alpha}$——载荷分配系数；
Z_E——节点区域系数；
Z_H——弹性系数；
$Z_{\varepsilon\beta}$——重合度、螺旋角系数；
b——齿宽；
d_{ea1}——分度圆直径；
μ——齿数比；
Z_K——锥齿轮系数。

根据上述条件初步确定几何参数，然后采用强度条件校核。初步确定部分主要参数如下：小锥齿轮齿数 $z_1=36$，大锥齿轮齿数 $z_2=90$，齿宽 $b_1=10\text{mm}$，变厚内齿轮齿数 $z_3=44$，变厚外齿轮齿数 $z_3=43$，偏心距 $e=1\text{mm}$。

2.2.5　微小型减速装置的效率计算

1. 第一级锥齿轮副效率计算

锥齿轮广泛应用于军用和民用领域，据国外研究报道，锥齿轮的理论效率比具有相同传动比和尺寸的直齿轮的理论效率要高。在峰值载荷下，精密制造和细心装配并由滚动轴承支撑的锥齿轮的效率，通常在 98%～99%，载荷较轻时，效率将稍微减小。在齿轮弯曲应力等于持久极限时，效率将超过 96%。

W. 柯尔蔓与纽约洛彻斯特锥齿轮效率计算方法：

$$\eta_1=\frac{100}{1.0+\sqrt{\dfrac{T_{MX}}{T_{b1}}}(\tan\psi_{a1}-\tan\psi_{b1}-0.15\cdot\mu\cdot\sec\varphi+0.01)} \tag{2-12}$$

式中，η_1——对齿啮合时，齿轮和轴承的综合效率；
T_{MX}——最大的齿轮扭矩，在这个扭矩作用下，产生的弯曲应力是持久极限弯曲应力的 2.75 倍；
T_{b1}——待求效率的大锥齿轮的扭矩；
ψ_{a1}——小轮中点螺旋角；
ψ_{b1}——大轮中点螺旋角；
μ——齿轮轮齿之间的摩擦系数；
φ——法向压力角。

这个公式考虑了载荷对齿轮效率的影响，但为了计算简单进行了简化。一般来说，在齿轮的详细设计时经常不考虑载荷影响和摩擦系数的不稳定，所以计算时常忽略不计。

2. 内啮合变厚齿轮少齿差传动效率计算

渐开线少齿差齿轮传动的效率主要决定于机构的啮合效率、输出机构效率以及偏心轴轴承效率。

总效率为

$$\eta_2 = \eta_H \eta_W \eta_P \tag{2-13}$$

式中，η_2——少齿差传动的总效率；

η_H——机构的啮合效率；

η_W——输出机构效率；

η_P——偏心轴轴承效率。

由于搅油损失及其他损失未计算在内，故上述计算值稍高于实测效率。

这样，我们得出微小型可调隙内啮合变厚齿轮 RV 减速器的总效率为

$$\eta_\Sigma = \eta_1 \eta_2 \tag{2-14}$$

2.2.6 微小型减速装置回差的分析和计算

齿轮传动装置的回差（或称虚动和空回）指的是：当输入轴开始反向回转后到输出轴亦跟着反向回转时，输出轴在转角上的滞后量。回差可以根据其产生的原因而分为三大类：一是单纯由于传动件几何尺寸、形状方面的原因所产生的回差；二是由于温度变形所产生的回差；三是传动件在工作时由于在负载的作用下存在弹性变形而产生的回差。这三类回差可以简单称为：几何回差、温度回差和弹性回差。回差的存在使齿轮系统变向传动时，输出轴与输入轴短时间内失去运动联系，造成输出的突然中断，出现输出损失。回差是衡量齿轮传动质量的一项重要的动态性能指标。

微小型可调隙内啮合变厚齿轮 RV 减速器是针对导弹用特种传动的需要而开发的一种新型减速装置，对回差的要求非常严格，必须根据系统对减速装置的要求对传动链的回差进行分析和计算，才能满足要求。该减速装置由两级传动组成：第一级为弧齿锥齿轮组成的传动部分，第二级为内啮合变厚齿轮组成的少齿差传动部分。内啮合变厚齿轮副少齿差传动部分的回差是直接反映到输出轴上的回差，影响程度最大，而锥齿轮副传动对整机回差还要考虑一个传动比，它对整机的影响的缩小比例相当于其传动比，因而影响要小得多。

1. 影响弧齿锥齿轮回差因素的综合分析

微小型可调隙内啮合变厚齿轮 RV 减速器中，一级传动部分是弧齿锥齿轮传动，弧齿锥齿轮副传动引起微小型减速装置输出轴的回差$\Delta\varphi_1$为

$$\Delta\varphi_1=\left(\frac{180\times 60}{i_2\pi r_{a1}}\left(\sum_{i=1}^{3}j_{Ei}+\mu+\sigma_\alpha\right)\right)\pm\frac{1}{2}\cdot\frac{180\times 60T\left(j_E\right)}{\pi r_{a1}i_2} \tag{2-15}$$

式中，$T\left(j_E\right)$——锥齿轮传动侧隙公差，$T\left(j_E\right)=6\sqrt{\sum_{i=1}^{3}D\left(j_{Ei}\right)}$，$j_{Ei}$和$D\left(j_{E1}\right)$分别为锥齿轮副轴交角平均偏差引起的圆周侧隙的均值和方差，$j_{E1}=-\dfrac{E_{\sum^s}+E_{\sum^i}}{2\cos\alpha}$，$D\left(j_{E1}\right)=\left(\dfrac{E_{\sum^s}-E_{\sum^i}}{6\cos\alpha}\right)^2$，$j_{E2}$和$D\left(j_{E2}\right)$分别为锥齿轮副轴间距离偏差引起的圆周齿隙的均值和方差，$j_{E2}=0$，$D\left(j_{E2}\right)=\left(\dfrac{\Delta F_a K_\alpha\tan\alpha}{3}\right)^2$，$K_\alpha$为换算系数，$K_\alpha=\dfrac{\sin\alpha'}{\sin\alpha}$，$\alpha'$为锥齿轮传动的啮合角，$j_{E3}$和$D\left(j_{E3}\right)$分别为锥齿轮轴向位移引起齿轮的圆周侧隙的均值和方差，$j_{E3}=0$，$D\left(j_{E3}\right)=\left(\dfrac{\Delta F_a K_\alpha\tan\alpha}{3}\right)^2$；

σ_α——齿廓弹性变形，$\sigma_\alpha=W_t/c_r$，$W_t=F_{ta1}/b$为单位齿宽载荷，F_{ta1}为小锥齿轮切向力，b为齿轮有效宽度，c_r为轮齿啮合刚度；

μ——齿轮半径r上的径向热变形，$\mu=(1+\nu)\dfrac{\varepsilon}{r}\int_0^r tr\mathrm{d}r+(1-\nu)\varepsilon\dfrac{r}{r_{a1}{}^2}\int_0^{r_{a1}}tr\mathrm{d}r$，$\nu$为材料的泊泊松比，$\varepsilon$为材料的热膨胀系数，$t$为齿轮半径 r 处的温度，$t=t_c+\left(t_s-t_c\right)\cdot r^2/r_{a1}^2$，$t_c$为齿轮轴心处的温度，$t_s$为齿轮分度圆处的温度，$r$为齿轮任一点的半径；

r_{a1}——齿轮分度圆半径。

2. 影响内啮合变厚齿轮副回差因素的综合分析

在影响侧隙的因素中，有的能够引起常值侧隙（弹性变形、温度变形等），有的能引起可变侧隙。对变厚齿轮来说，通过调整其轴向位移能够消除常值侧隙，而可变侧隙则无法消除。因此，在进行回差分析时，可以不考虑引起常值侧隙的因素，而只考虑引起可变侧隙的因素。综合各种因素对回差的影响，可得出内啮合变厚齿轮传动部分引起该减速装置输出轴的回差$\Delta\varphi_2$，式中各参数可

参见文献[7]。

$$\Delta\varphi_2=\frac{180\times 60}{\pi r_{a2}}\left(\pm 2K_\alpha\tan\alpha_t\sqrt{\left(F_{i1}''/2\right)^2+\left(F_{i2}''/2\right)^2+e_w^2+e_z^2+\left(\delta_s/2\right)^2+\left(\delta_u/2\right)^2+e_u^2}\right) \tag{2-16}$$

3. 减速系统总的回差计算

对于二级传动的微小型可调隙内啮合变厚齿轮 RV 减速器，依次将各级传动的回差通过传动比的缩放关系，得出传动的总回差为

$$\Delta\varphi_\Sigma=\Delta\varphi_1+\Delta\varphi_2 \tag{2-17}$$

一级锥齿轮副的各项误差列于表 2-1 中，二级变厚齿轮副的各项误差列于表 2-2 中。

表 2-1　影响一级锥齿轮副回差的各项误差　（单位：μm）

j_{E1}	j_{E2}	j_{E3}	μ	σ
2	0	0	8	2

表 2-2　影响二级变厚齿轮副回差的各项误差　（单位：μm）

j_{s1}	j_{s21}	j_{s22}	F_{i1}''	F_{i2}''	e_w	e_z	δ_s	δ_u	e_n
22.4	0	0	35	35	10	10	10	10	10

利用表中的数据可以计算得到$\Delta\varphi_1=0.2663'$，$\Delta\varphi_2=0.0967'$，根据式（2-17）得$\Delta\varphi_\Sigma=0.363'$。

2.3　微小型减速装置有限元强度分析和模态分析

有限元法（finite element method，FEM）是一种采用计算机求解结构静、动态力学特性等问题的数值解法，现已被广泛应用于结构、热、电磁场、流体等分析领域，成为现代机械产品设计中的一种重要工具。当前，国际上最权威的大型商用有限元分析软件是美国 ANSYS 公司的 ANSYS 软件。

要进行有限元分析，首先建立减速装置的三维实体模型，但 ANSYS 在三维实体建模方面并不比专业的计算机辅助设计（computer aided design，CAD）系统方便，甚至对于复杂的实体模型还要借助第三方软件才能完成。由于微小型 RV 减速器的弧齿锥齿轮和变厚齿轮等零部件的实体特征较复杂，故考虑采用第三方软件来完

成。工程用三维实体建模软件主要有 Pro/ENGINEER、Ideas、UG 等。其中美国 PTC 公司开发的 Pro/ENGINEER 是世界上第一个基于特征的参数化实体建模软件，其在三维建模尤其是复杂曲面的造型方面处于领先水平。所以减速装置各部件拟采用 Pro/ENGINEER 进行建模。

2.3.1 微小型减速装置部分关键零部件的有限元强度分析

1. 输入轴的强度分析

采用平台为 Pentium IV 2.8GHz CPU、1G DDR II 内存、Windows XP 操作系统和 ANSYS8.1 软件进行分析求解。

将 Pro/ENGINEER 中创建的输入轴模型以 IGES 格式导入 ANSYS 中，并进行适当拓扑修补，以完成预处理中实体模型的建立。

2. 输出轴的强度分析

同样将 Pro/ENGINEER 中创建的输出轴模型以 IGES 格式导入 ANSYS 软件中，并做适当拓扑修补，完成预处理中实体模型的建立。

各节点的综合应力等值图见图 2-6、图 2-7，其中平均综合应力为 89.036N/mm^2，远小于材料的许用应力。

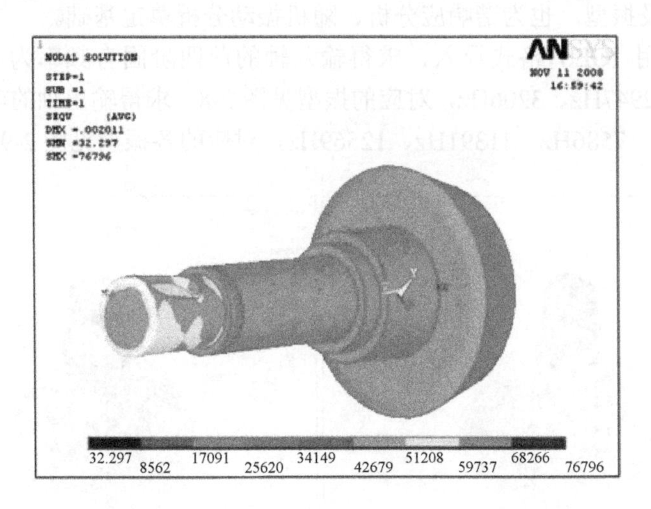

图 2-6 输入轴有限元分析

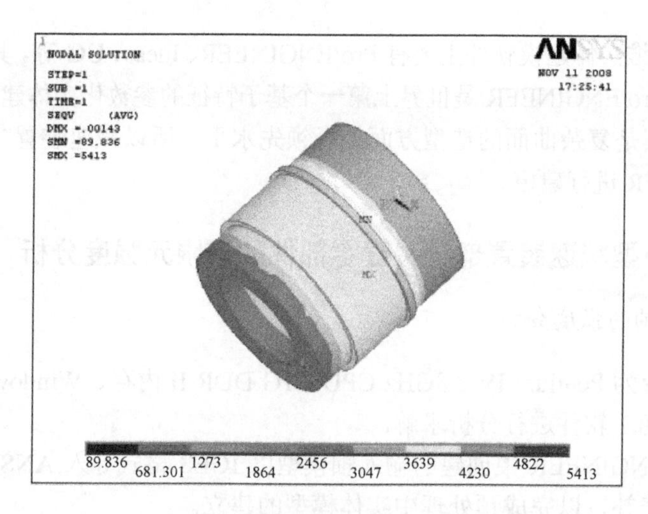

图 2-7　输出轴有限元分析

2.3.2　微小型减速装置部分关键零部件的有限元模态分析

在结构动力学分析中，模态分析用于确定所设计的结构或机器部件的振动特性（固有频率和振型）。由于输入轴和输出轴直接与电机及后续装置相连，其动力学表现直接影响它们的性能及寿命，所以应对输入、输出轴进行模态分析，确定其固有频率及振型，也为谐响应分析、随机振动分析奠定基础。

模型采用 IGES 格式导入，求得输入轴的前四阶固有频率为 850.643Hz、851.115Hz、2947Hz、3206Hz，对应的振型见图 2-8。求得输出轴的前四阶固有频率为 7568Hz、7586Hz、11391Hz、12569Hz，对应的各振型见图 2-9。

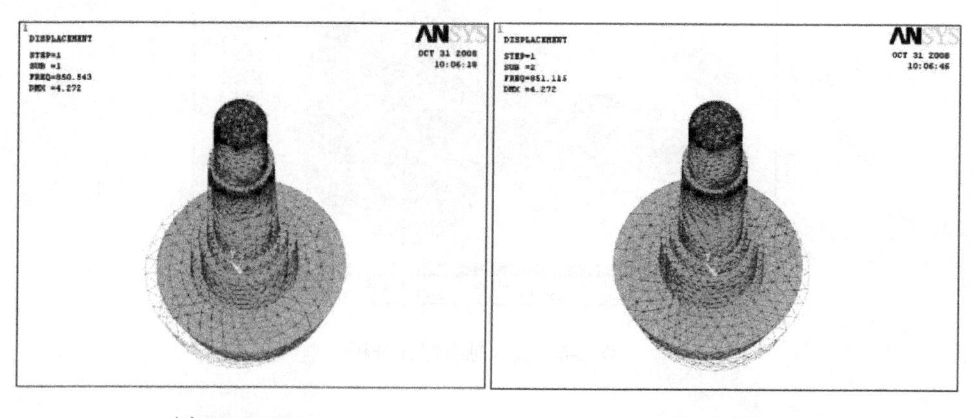

（a）850.643Hz　　　　（b）851.115Hz

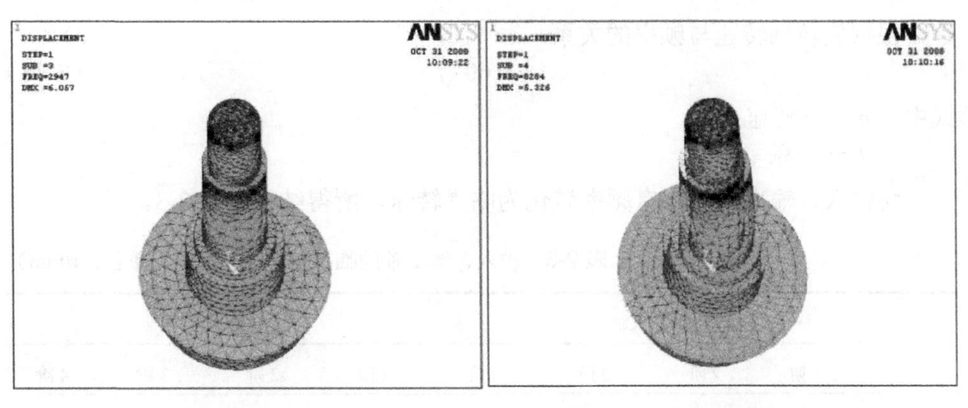

（c）2947Hz　　（d）3206Hz

图 2-8　输入轴的四阶振型

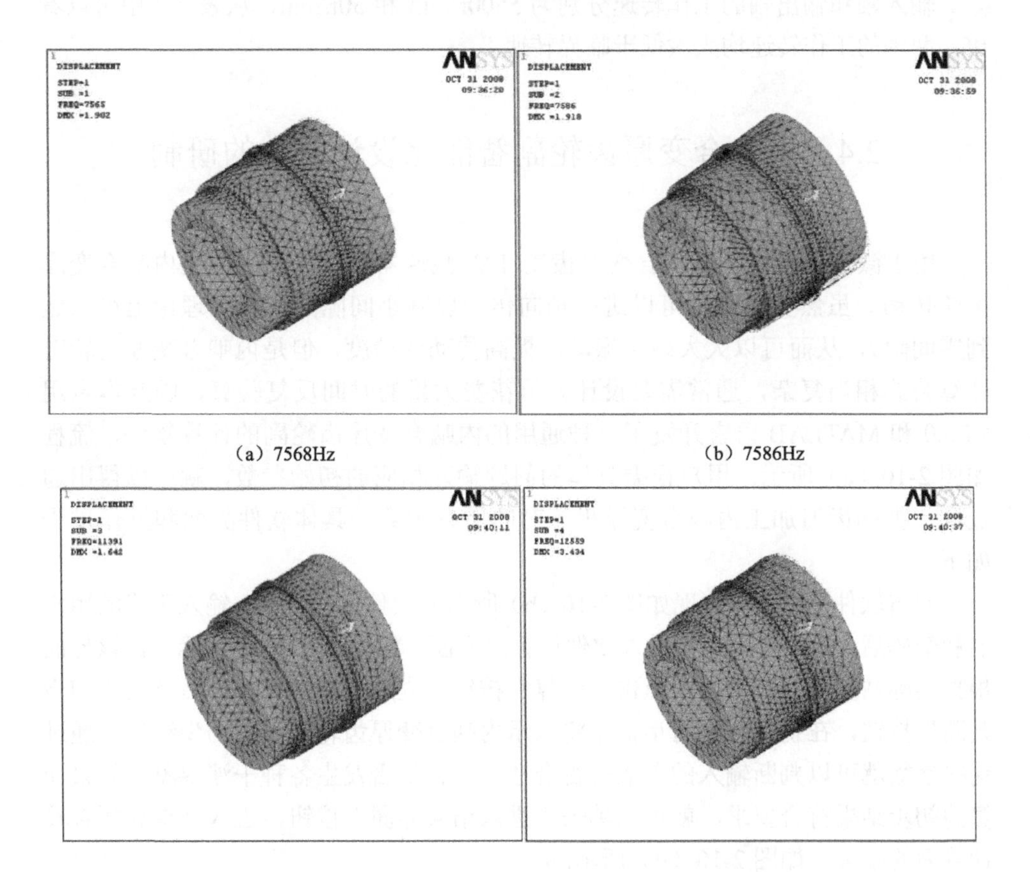

（a）7568Hz　　（b）7586Hz

（c）11391Hz　　（d）12569Hz

图 2-9　输出轴的四阶振型

根据旋转轴转速与频率的关系：

$$n = 60 \cdot f \tag{2-18}$$

式中，n——转速；

f——频率。

将输入、输出轴的固有频率转化为临界转速，所得结果见表 2-3。

表 2-3 输入、输出轴的临界转速 （单位：r/min）

	输入轴				输出轴			
	1 阶	2 阶	3 阶	4 阶	1 阶	2 阶	3 阶	4 阶
临界转速	51039	51067	176820	192360	453900	455160	683460	772140

输入轴和输出轴的工作转速分别为 5500r/min 和 50r/min，从表 2-3 中可以看出，两轴的工作转速均大大低于临界转速。

2.4 内啮合变厚齿轮副智能化设计软件的研制

由于微小型可调隙内啮合变厚齿轮 RV 减速器第二级采用的是内啮合变厚齿轮传动。虽然变厚齿轮可以进行轴向传动以减小间隙的作用（理论上可以达到零间隙），从而可以大大减小振动，提高传动的精度，但是内啮合变厚齿轮对计算公式相当复杂，通常需要设计人员花费大量的时间反复验算，因此本章用 VF6.0 和 MATLAB 语言开发了一种通用的内啮合变厚齿轮副的计算软件，流程如图 2-10（a）所示。用户根据具体的问题输入相应的初始参数，就可以得出通过同一把插齿刀加工内啮合变厚齿轮对的所有参数，具体软件界面和操作过程如下。

双击软件图标，将出现如图 2-10（b）所示的软件进入界面。输入正确的用户名和密码后，点击进入，将进入软件计算主界面，如图 2-10（c）所示。在该界面根据实际情况填写各参数，点击“计算”按钮，程序开始计算，稍后点击“初步判断”按钮，在初步判断对话框中将显示内啮合变厚齿轮计算的初步结果。通过这些参数就可以判断输入的参数是否合适，齿轮是否发生各种干涉现象。如果计算的初步结果符合要求，就可以单击“进入结果界面”按钮，进入结果界面查看计算后的结果，如图 2-10（d）所示。

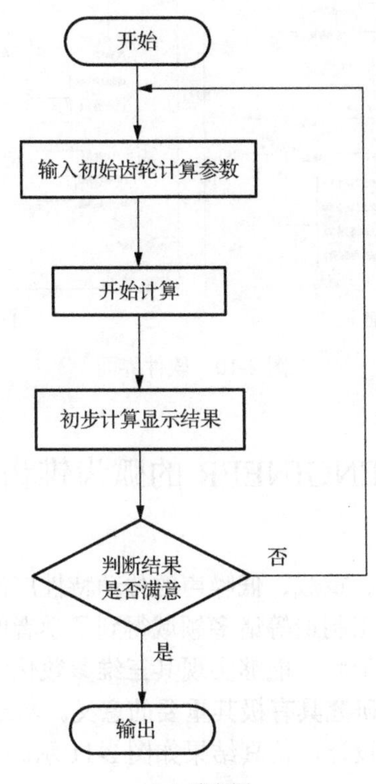
开始
输入初始齿轮计算参数
开始计算
初步计算显示结果
判断结果
是否满意
否
是
输出

(a) 流程图

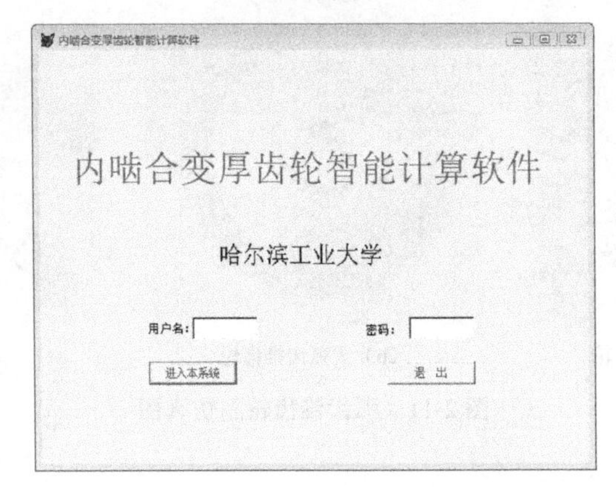
内啮合变厚齿轮智能计算软件
内啮合变厚齿轮智能计算软件
哈尔滨工业大学
用户名:
密码:
进入本系统
退 出

(b) 进入界面

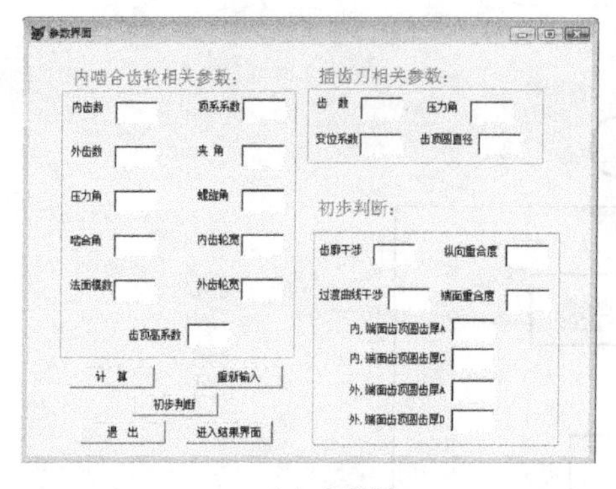

（c）主界面

内啮合变厚齿轮智能计算软件

计算结果

（d）结果界面

图 2-10　软件界面

2.5　基于 Pro/ENGINEER 的弧齿锥齿轮参数化设计

弧齿锥齿轮以其高速、重载、低噪声的传动特性广泛应用于各行业，因此其几何设计、传动分析、加工制造等诸多领域得到了学者的广泛关注。弧齿锥齿轮具有复杂的空间曲面齿廓形状，能够实现其三维参数化实体造型，对于其设计、分析、加工各领域的深入研究具有极其重要的意义。本章采用 Pro/ENGINEER 对弧齿锥齿轮进行了参数化设计，仿真结果如图 2-11 示。

（a）小弧齿锥齿轮

（b）大弧齿锥齿轮

（c）啮合模型

图 2-11　弧齿锥齿轮副仿真图

2.6　本 章 小 结

本章根据减速装置的要求，将有可能实现小空间、大传动比的几种减速器构的方案进行了分析比较，在机器人用 RV 减速器的基础上，提出了一种满足航空用微小型减速装置要求的新型减速装置——微小型可调隙内啮合变厚齿轮 RV 减速器。该装置第一级采用弧齿锥齿轮副传动，第二级采用内啮合变厚齿轮少齿差齿传动。

本章给出微小型减速器的传动方案简图，对减速装置的传动比、强度、效率和回差等进行了分析，初步确定出减速装置的结构参数。

本章采用 Pro/ENGINEER 建立了减速装置各零部件的三维实体模型，利用有限元分析软件 ANSYS 对样机中的关键零部件进行了强度分析和模态分析。

针对内啮合变厚齿轮的设计公式十分复杂、设计过程中难以修改参数、设计周期过长等问题，本章提出并实现了一个能对内啮合变厚齿轮进行智能设计计算的软件平台。在此平台下设计内啮合变厚齿轮对，可以极大地提高设计人员的工作效率。

第3章　多目标优化算法的研究和应用

在减速装置的结构设计中，由于各设计参数及参数间相互制约的条件较多，计算复杂，设计较为烦琐，依靠常规的设计方法和手段来确定各项参数，工作量相当大并且很难得到理想的设计结果。所以引入优化设计思想以减小系统的总体积，保证系统高质量和高效率地完成设计任务就显得十分重要。

以前，减速装置优化设计大多是对体积（或者质量）进行优化。但随着科学技术水平的发展，微小型减速装置不仅要求体积小，而且要求传动效率高，并尽可能减少侧隙对传动的影响。因此需要采用多目标优化设计方法对微小型减速装置进行设计。

但是多目标优化问题中各目标之间通常相互制约，对其中一个目标优化必须以其他目标劣化为代价，因此很难评价多目标问题解的优劣性[126]。多目标优化算法的核心就是协调各目标函数之间的关系，找出使各目标函数能尽量达到比较大（或比较小）的最优解集，一个解可能在其中某个目标上是最好的，但在其他目标上是最差的，不一定在所有目标上都是最优的解。因此，在有多个目标时，通常存在一堆无法简单进行相互比较的解。这种解通常称作非支配解（non-dominated solutions 或 non-inferior solutions）或 Pareto 最优解（Pareto optimal solutions）。这里所说的Pareto最优解[127]是由Pareto在1986年提出来的，定义如下：如果 $x^* \notin R^n$，不存在 $x \in R^n$ 和任何的 $i = 1,2,\cdots,m$，使得 $f_i(x) \leqslant f_i(x^*)$，并且至少在一点上 $f_i(x) < f_i(x^*)$，把 x^* 叫作 Pareto 最优解。

粒子群优化算法作为一种进化算法以其独有的特点得到了广泛的关注和应用，特别是在许多单目标优化问题中得到成功应用。另外，遗传算法在多目标优化问题中的成功应用以及 PSO 算法和遗传算法的相似性，说明 PSO 算法可能是一种处理多目标优化问题的方法，已经有学者用它来解决多目标优化问题[128-129]。受到基于算法融合的改进策略的启发，本章提出了一种解决多目标约束优化问题的改进的双群体差分文化粒子群优化算法。从文化算法和粒子群优化算法的各自特点出发，考虑两种算法的优缺点具有极强的互补性：文化算法具有很强的全局搜索能力，不易陷入局部最优，缺点是算法本身较为复杂，收敛速度慢；而粒子群优化算法则恰恰相反，全局搜索能力较差，易于“早熟”，优点是算法本身较为简单，收敛速度较快。本章将初步设计的参数通过改进的双群体差分文化粒子群优化算法进行了优化设计。

3.1 文化算法

文化算法（cultural algorithms，CA）是 Reynolds [83]在文献中描述的一种模拟人类社会进化过程的新的进化算法。文化算法的思想是先进的，它模拟了人类社会的进化模式，而人类社会是自然界最高级的组织形式，人类社会发展的关键在于文化的进化。因此模拟人类文化进化所产生的算法也应该是最高级、最复杂、最有效的[130]。

3.1.1 文化算法的基本理论

在人类社会中，文化是存在于社会及社会群体（尤其是在一个特殊的时代）中的包含了知识、习俗、信念、价值等的复杂系统。从人类学角度来看，文化被 Durham 定义为“一个通过符号编码表示众多概念的系统，而这些概念是在群体内部及不同群体之间被广泛和历史般长久传播的”[131-134]。学者 Renfrew [135]指出，随着时间的迁移，人类在进化过程中逐步掌握了提取、编码和传播信息和知识的能力，这种能力是区别其他物种的人类所特有的能力。简而言之，文化是一个将个体人的以往经验保存于其中的知识库，新的个体人可以在知识库中学到他没有直接经历的经验知识，没有这些信息，那么个体适应环境的唯一方法就是通过实验和犯错误来获取经验。可见，文化有效地指导并极大地促进和加快了人类社会的进化发展[136-138]。

受到这些想法的启发，Reynolds 于 1994 年基于文化系统的进化模型提出了文化算法[139]。近年来很多学者在此方面进行了理论和应用研究，文化算法被广泛应用在资源调度[131-132]、函数优化[133-134]、故障诊断[134]、欺骗探测[135]、数据挖掘[136]、遗传规划[137]、动态环境建模[138]、神经网络训练[139-140]等领域。

3.1.2 文化算法模型

文化算法以人类社会文化的概念为基础，是模拟人类社会进化过程的一种进化计算方法。在人类社会中，文化被看作信息的载体，可以被社会所有成员全面地接受，并用于指导每个社会成员的各种行为。同时，文化随时吸纳成员个体中的先进经验而不断地更新自己，并且一直为个体行为在社会中的表现提供解释和说明。文化算法框架将文化进化描述成一个双继承过程：微观层面（即群体空间）上，种群个体进化形成行为特性，这些特性在一组社会激励算子的作用下代代相传；宏观层面（即信仰空间）上，个体经验被评估，保存上述行为特性，并经过收集、合并、归纳及特殊化后，存储与共享在信仰空间中，通过与微观层面的交流进而对微观层面的继续进化进行引导，保存群体可接受的知识，抛弃不接受的知识。群体空间和知识空间通过通信协议相互联系，图 3-1 说明了文化算法的基本框架[141]。

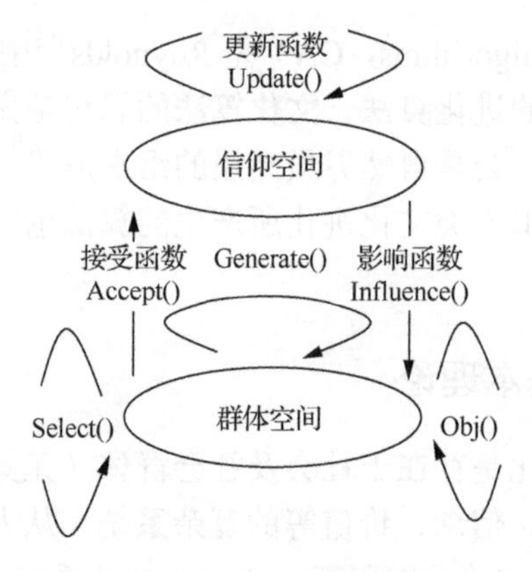

图 3-1　文化算法框架

文化算法总体上包括三大元素：群体空间（population space）、信仰空间（belief space）和沟通渠道（communication channel）。其中沟通渠道又包括：接受函数（acceptance function）、更新函数（update function）、影响函数（influence function）。群体空间是算法进行问题求解的主空间（又称主群体空间），通过性能函数评价其中个体的适应值，并将其中的个体在进化过程中所形成的个体经验，不断进行演化操作和性能评价以进行自身的迭代求解。群体空间不断产生知识信息，通过接受操作保存到信仰空间。信仰空间通过自身的演化操作进行更新，信仰空间用更新后的群体经验，通过影响函数修改群体空间中个体的行为规则，进而高效指引群体空间的进化。沟通渠道中的函数 Accept()用于搜集种群中个体的经验知识，形成群体经验传递到信仰空间；Influence()利用解决问题的知识指导种群空间的进化；Update()根据一定行为规则更新信仰空间；Generate()是群体操作函数，以使个体空间得到更高的进化效率；Obj()是目标函数；Select()根据规则从新生成个体中选择一部分个体作为下代个体的父辈[142]。

1. 基于多层信仰空间的文化算法

Jin 等[142]、Lin 等[143]对全局优化问题采用文化算法并取得较好的结果。他们先后提出了区间模式（interval schemata）和区域模式（regional based schemata）来表达问题的约束知识。如图 3-2 所示，以两个自变量的约束优化问题为例，解的域是二维平面内的某个区域，在搜索过程中提取一个最有可能产生优秀个体的区域。区域内的曲线表示约束边界，内部为不可行域，外部为可行域。把整个区域划分为许多子域，称为信念细胞，其中白色和黑色的信念细胞分别属于可行域和不可行域，灰色信念细胞属于半可行域，如图 3-2 所示，该区域的边界和内部的约束知识被作为信念保存下来指导以后的搜索。我们希望在可行域和半可行域内产生更多的个体，而不可行域内则抑制产生。许多传统进化计算结合文化算法来求解约束优化问题的文献相继出现[144]，但都是基于单层信仰空间的迭代，且前后信仰空间没有优劣之分，这样当更新后的信仰空间比原来差时就容易陷入局部极值。因此在文化算法中建立多层信仰空间，并根据一定的择优原则选出最优的信仰空间来指导以后的搜索，这样做的优点在于优秀的信念知识总是被择优保存下来，避免进入过早收敛。此外，在接受函数和影响函数的设计上也在前人的基础上做了改进。

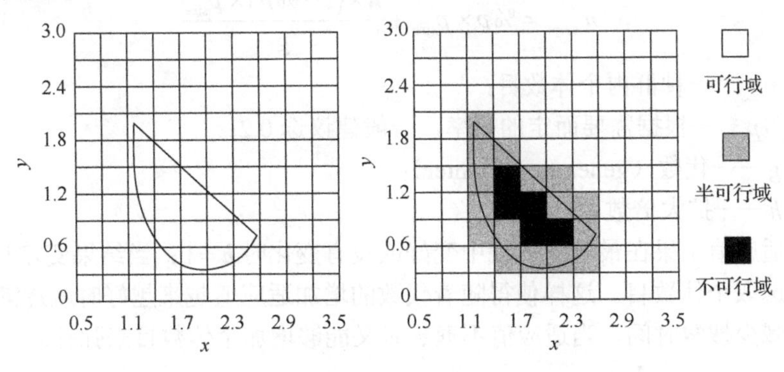

图 3-2　区域内约束知识的表达

2. 多层信仰空间的初始化

本书中将多层信仰空间定义为$\left\langle N^H[j],C^H[i],B^H[k]\right\rangle$，$H$ 表示第 H 层信念空间（以下类同），$H=1,2,\cdots,Z$，Z 表示信仰空间的层数。$N^H[j]$用来储存最能产生优秀个体的区域（称为优胜区域）的信息。$N^H[j]$中包含$\left\langle I_j^H,L_j^{t,H},U_j^{t,H}\right\rangle$三个参数，$j=1,2,\cdots,n$，$n$ 表示自变量的个数，t 表示第 t 代，其中参数 I_j^H 表示第 j 个自变量的优胜区间，$I_j^H=\left[l_j^{t,H},u_j^{t,H}\right]=\left\{x_i^{t,H} \mid l_j^{t,H}\leqslant x_i^{t,H}\leqslant u_j^{t,H},x_i^{t,H}\in R\right\}$，$x_{i,j}^{t,H}$ 表示第 t 代从接受函数选出的第 i 个优秀个体的数目。I_j^H 初始时设置为变量的定义域，以后在迭代中不断调整。$L_j^{t,H},U_j^{t,H}$ 分别表示第 t 代第 j 个自变量的下限、上限对应的适应值。$C^H[i]$ 中包含 $\text{Class}_i^H,\text{Cntl}_i^H,\text{Cnt2}_i^H,P_i^H,\text{Pos}_i^H,\text{Csize}_i^H$ 六个参数，$i=1,2,\cdots,m$，m 表示信念细胞的个数。Class_i^H 表示第 H 层信仰空间第 i 个信念细胞的类型，$\text{Cntl}_i^H,\text{Cnt2}_i^H$ 分别用于统计信念细胞内满足和不满足约束条件的个体数

目，初始化为0。P_i^H 表示信念细胞产生优秀个体的概率，不同类型的信念细胞有不同的概率。Pos_i^H 表示信念细胞坐标的起始位置。Csize_i^H 表示信念细胞的大小。$B^H[k]$ 中包含 $\text{Obj}^H\left(X_k^H\right), X_k^H$ 两个参数，$\text{Obj}^H\left(X_k^H\right), X_k^H$ 分别记录种群经 k 代后产生的最佳适应值及其对应的个体。

3. 接受函数

信仰空间中参数的形成和更新是对从种群中选出的适应值优秀的个体群进行统计而完成的，随着迭代次数的增加，如果每代产生的适应值比前面的更好则减少选取优秀个体的数目，如果不变则保持原数目，结果更差则增加数目。本节接受函数选出的优秀个体数目由下式得到：

$$n_{\text{accept}} = \%p \times p_{\text{size}} + \frac{h \times (1 - \%p) \times p_{\text{size}}}{g} \tag{3-1}$$

式中，p_{size} ——种群内个体数目；

$\%p$ ——根据需要而定的概率，一般建议选0.2；

g ——代数（generation counter）；

h ——扩大倍数。

当适应值结果在最近的 p 代中变好或没有变化时 $h=1$；当结果变差时 $h=2$，即增加选取个体数目。这样使得随着代数的增加适应值越来越好时就逐渐减少计算量、减少搜索时间，当适应值不理想时又能够增加个体数目来弥补。

4. 多层信仰空间的更新

多层信仰空间的主要思想是在进化过程中同时保留具有最佳适应值记录的前 Z 层信仰空间，实行分层管理。而每次通过影响函数指导进化的只有一层信仰空间，该层信仰空间是在这 Z 层当中通过一定的评价函数来择优选出。这种“多层空间、择优选用”的策略比以往只有单层信仰空间的迭代更趋完善。因为优秀信念知识不会被“劣质”的信念迭代，当新的信仰空间产生时必须通过严格的筛选才能启用，这样做能够更加准确地接近最优解，而流程上只是增加了评价选优这个环节，因此计算量增加很少。图3-3为基于多层信仰空间的文化算法示意图。

多层信仰空间的更新包括两部分：

（1）当前的信仰空间根据更新规则产生新的信仰空间；

（2）新的信仰空间与已有的 Z 层信仰空间经评价函数选出最佳的信仰空间来指导种群进化，同时去掉最差的，使信仰空间仍保持 Z 层。

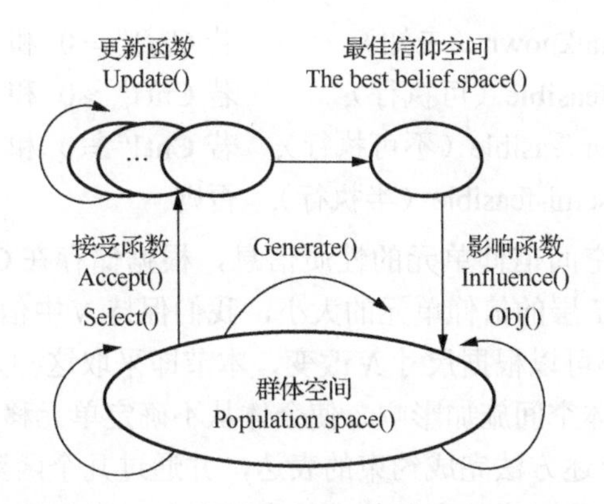

图 3-3 基于多层信仰空间的文化算法框架

5. *层信仰空间的更新规则*

Accept()在群体空间内选择可以直接影响当前信仰空间的个体。在文化算法中标准化的知识和约束知识被不同的个体所影响。本节中 Accept()按照评价函数值，选择前 20%的个体来重新修正信仰空间。文化算法通过 Update()对信仰空间 $\langle N^H[j],C^H[i],B^H[k]\rangle$ 进行更新，如图 3-3 所示。

假设第 H 层信仰空间中第 i 个个体影响 $N^H[j]$ 的下限，第 k 个个体影响 $N^H[j]$ 的上限，通过以下公式对 $N^H[j]$ 进行修正：

$$l_j^{t+1,H}=\begin{cases}x_{i,j}^{t,H}，\text{ 如果 } x_{i,j}^{t,H}\leqslant l_j^{t,H} \text{ 或 } \mathrm{obj}\left(x_{i,j}^{t,H}\right)<L_j^{t,H}\\ l_j^{t,H}，\text{ 否则}\end{cases} \tag{3-2}$$

$$L_j^{t+1,H}=\begin{cases}\mathrm{obj}\left(x_i^{t,H}\right)，\text{ 若 } x_{i,j}^{t,H}\leqslant l_j^{t,H} \text{ 或 } \mathrm{obj}\left(x_i^{t,H}\right)<L_j^{t,H}\\ L_j^{t,H}，\text{ 否则}\end{cases} \tag{3-3}$$

$$u_j^{t+1,H}=\begin{cases}x_{k,j}^{t,H}，\text{ 若 } x_{k,j}^{t,H}\geqslant u_j^{t+1,H} \text{ 或 } \mathrm{obj}\left(x_k^{t,H}\right)<U_j^{t,H}\\ U_j^{t}，\text{ 否则}\end{cases} \tag{3-4}$$

$$U_j^{t+1,H}=\begin{cases}\mathrm{obj}\left(x_k^{t,H}\right)，\text{ 若 } x_{k,j}^{t,H}\geqslant u_j^{t,H} \text{ 或 } \mathrm{obj}\left(x_j^{t,H}\right)<U_j^{t+1,H}\\ U_j^{t,H}，\text{ 否则}\end{cases} \tag{3-5}$$

式中，$l_j^{t,H}$ 和 $u_j^{t,H}$ ——第 H 层信仰空间中 $N^H[j]$ 的第 t 代的下限和上限；

$L_j^{t,H}$ 和 $U_j^{t,H}$ ——它们的评价函数值。

群体中的每个个体提供它们所在的信仰单元的约束信息。对于一个信仰单元 i，$\mathrm{Cnt1}_i^H$ 记录着可行个体数，$\mathrm{Cnt2}_i^H$ 记录着不可行个体数，而 class_i^H 纪录信仰单元的性质。

$$\text{class}_i^H = \begin{cases} \text{unknown（未知）}, & \text{若 } \text{Cnt1}_i^H = 0 \text{ 和 } \text{Cnt2}_i^H = 0 \\ \text{feasible（可执行）}, & \text{若 } \text{Cnt1}_i^H > 0 \text{ 和 } \text{Cnt2}_i^H = 0 \\ \text{unfeasible（不可执行）}, & \text{若 } \text{Cnt1}_i^H = 0 \text{ 和 } \text{Cnt2}_i^H > 0 \\ \text{semi-feasible（半执行）}, & \text{否则} \end{cases} \tag{3-6}$$

W_i 表示层信仰空间信仰单元的性质信息，根据储存在 Class_i^H 中的值直接更新。Csize_i^H 表示第 H 层的信仰单元的大小，我们保持 N 中信仰单元的数量不变，那么信仰单元的大小可以根据尺寸 N 改变，本节即采取这种方法。信仰空间通过 Influence()函数对群体空间施加影响，使个体从不确定单元移到确定单元中。

文化算法通过上述方法完成约束的表达，并通过几个函数实现群体空间和信仰空间的通信，算法通过群体空间的个体中蕴涵的信息来不断地修正信仰空间，同时信仰空间指导群体空间中的个体在最有希望的区域进行搜索。

6. *群体空间的进化*

群体空间与信仰空间的演化关系，类似于自然进化和文化发展之间的相互作用。群体空间的变化通过相应的传递函数影响文化的发展，两个空间的变化由此形成了一个有机的整体。本章以差分进化算法作为群体空间的进化方法来解决约束优化问题。

3.2 基于双群体差分进化算法的改进文化算法

3.2.1 差分进化算法

差分进化算法是一类简单而有效的进化算法，已被成功应用于求解单目标和多目标优化问题。该算法在整个运行过程中保持群体的规模不变，它也有类似于遗传算法的变异、交叉和选择等操作，其中变异操作定义如下：

$$C = P_{r1} + \alpha \cdot (P_{r2} - P_{r3}) \tag{3-7}$$

式中，P_{r1}，P_{r2}，P_{r3}——从进化群体中随机选取的互不相同的 3 个个体；

α——位于区间[0,1]中的参数。

式（3-7）表示从种群中随机取出的两个个体 P_{r2}, P_{r3} 的差，经参数 α 放大或缩小后被加到第 3 个个体 P_{r1} 上，以构成新的个体 $C = (c_1, c_2, \cdots, c_n)$。为了增加群体的多样性，交叉操作被引入差分进化算法，具体操作如下。

针对父代个体 $P_r = (x_1, x_2, \cdots, x_n)$ 的每一分量 x_i，产生位于区间[0,1]中的随机数，根据第 i 次迭代的父代个体 p_i 与评判参数 CR 的大小关系确定是否用 c_i 替换

x_i，以得到新的个体

$$P_r' = \left(x_1', x_2', \cdots, x_n'\right)，其中\ x_i' = \begin{cases} c_i,\ p_i < \mathrm{CR} \\ x_i,\ p_i \geqslant \mathrm{CR} \end{cases} \tag{3-8}$$

如果新个体 p_i' 优于父代个体 p_i，则用 p_i' 来替换 p_i，否则保持不变。在差分进化算法中，选择操作采取的是贪婪策略，即只有当产生的子代个体优于父代个体时才被保留，否则，父代个体被保留至下一代。

大量研究与实验发现，差分进化算法在维护群体的多样性及搜索能力方面功能较强，但收敛速度相对较慢，因此本章给出一种改进的差分进化算法。改进的差分进化算法既可增加原有算法的群体多样性，又可适当改善差分进化算法的收敛速度。

3.2.2　基于双群体的差分进化算法

对于一般的约束优化问题，一些不可行的个体解有可能位于全局最优解附近，因而具有较高的适应度。尽管在当前迭代步这些不可行解是违反约束的，但是在这些不可行解的基础上的进一步操作可能会使它们产生新的具有更高适应度的可行后代。保持一小部分不可行的个体解，但适应度较高的不可行个体对于求解全局最优解是有益的，因此，在搜索过程中遇到的不可行解不能简单丢掉。当然，由于最终目的是求得可行解，在群体中保持不可行解是为了更好地搜索可行的全局极小值，所以不可行解的比例要控制在一个适当的水平，这一点是很必要的。

另外，维持搜索群体的多样性与考虑群体的收敛速度是同等重要的。基于此考虑，本节采用基于双群体的差分进化算法，其中群体 $p_o p_f$ 用来保存搜索过程中遇到的可行解，$p_o p_c$ 用来保存搜索过程中遇到的占优不可行解，同时 $p_o p_f$ 具有较强的记忆功能，可记忆 $p_o p_f$ 中每一个个体搜索到的最优可行解和整个群体 $p_o p_f$ 到目前为止搜索到的最优可行解，分别记为 lbest 和 gbest，其中 lbest 表示个体对自身的思考和认知，gbest 表示个体间的信息交流，这一点和 PSO 算法类似。与此同时，我们还通过一种改进的差分进化算法产生新的群体，在产生新群体的过程中，群体 $p_o p_c$ 中的部分个体参与了个体再生，并通过新生成的个体更新 $p_o p_f, p_o p_c, \mathrm{lbest}, \mathrm{gbest}$。

为了避免性能较优的不可行解被删除，本节采用双群体搜索机制，其中群体 $p_o p_f = \left\{x_1, x_2, \cdots, x_{N_1}\right\}$ 用于记录可行解，群体 $p_o p_c = \left\{y_1, y_2, \cdots, y_{N_2}\right\}$ 记录不可行解，N_1，N_2 分别为群体 $p_o p_f$，$p_o p_c$ 的规模，满足 $N_1 > N_2$，$\mathrm{lbest} = \left\{z_1, z_2, \cdots, z_{N_1}\right\}$ 和 $\mathrm{gbest} = \left\{g_1, g_2, \cdots, g_{N_3}\right\}$ 分别为群体 $p_o p_f$ 中每一个个体 x_i 搜索到的最优可行解 z_i 和群体 $p_o p_f$ 迄今为止搜索到的最优可行解。

3.2.3 改进的双群体差分进化算法

1. 改进的差分进化算法

为了维护群体 $p_o p_f$ 的多样性和收敛性，同时有效地利用已搜索到的不可行解的某些优良特性，下面给出一种改进的差分进化算法，并通过以下方式产生新的个体。

$$C=X_{r1}+\alpha_1\left(z_{r2}-X_{r2}\right)+\alpha_2\left(g_{r4}-X_{r3}\right)+\alpha_3\left(z_{r2}-Y_{r2}\right)+\alpha_4\left(g_{r4}-Y_{r3}\right) \quad (3\text{-}9)$$

式中，X_{r1}，X_{r2}，$X_{r3}\in p_o p_f$；

$z_{r2}\in \text{lbest}$；

$g_{r4}\in \text{gbest}$；

$Y_{r2},Y_{r3}\in p_o p_c$；

$\alpha_1,\alpha_2\in[0.5,1]$；

$\alpha_3,\alpha_4\in[0,0.2]$。

这种操作的目的在于当$\alpha_3,\alpha_4\to 0$时，个体主要向最优个体学习，改善算法的收敛速度，而且在学习的过程中通过和不可行个体进行信息交流，共享不可行解的一些优良特性，增加群体的多样性。

在具体操作过程中，首先用改进的差分进化算法产生新的个体$C=\left(c_1,c_2,\cdots,c_n\right)$，然后针对父代个体$P_r=\left(x_1,x_2,\cdots,x_n\right)$的每一个分量$x_i$，产生位于区间[0,1]中的随机数$p_i$，根据$p_i$与参数CR的大小关系确定是否用$c_i$来替换$x_i$，得到新的个体$P_r'=\left(x_1',x_2',\cdots,x_n'\right)$。

如果P_r'是可行解，而且$p_o p_f$的规模小于给定规模N_1，则可直接将P_r'插入$p_o p_f$。如果插入后的群体的规模大于给定规模N_1，首先比较$p_o p_f$中的个体，如果存在两个个体$x_i,x_j\in p_o p_f$，满足$F\left(x_i\right)$Pareto优于$F\left(x_j\right)$，则将个体x_j删除；如果不存在，也就是说集合$p_o p_f$中任意两个个体所对应的目标向量都不可比较，则计算$p_o p_f$中任意两个个体间的距离，随机删除距离最小的两个个体中的一个。如果P_r'是不可行解，而且$p_o p_c$的规模小于给定规模N_2，则可直接将P_r'插入群体$p_o p_c$中。如果$p_o p_c$等于给定规模阈值N_2，计算插入P_r'后的群体$p_o p_c$中任意两个个体的约束向量。如果存在两个个体$y_i,y_j\in p_o p_f$，满足约束向量$\left(p\left(y_i\right),N\left(y_i\right)\right)$ Pareto优于约束向量$\left(p\left(y_i\right),N\left(y_i\right)\right)$，则删除$y_j$；如果不存在，则删除满足$p\left(y_i\right)=\max\limits_{y\in p_o p_c} P\left(y_i\right)$的个体$y_i$。

经过以上操作，群体$p_o p_f$和$p_o p_c$的规模不会大于给定规模阈值。最后利用新生成的群体$p_o p_f$更新最优个体集合lbest和gbest，群体gbest的更新方法和SPEA

算法中外部群体的更新方法相同，而 lbest 的更新方法如下：如果新生成的可行解 P_r' Pareto 优于对应的局部最优解 z_i，则用 P_r' 替换 z_i；否则不予替换。图 3-4 为多层信仰空间双群体的文化算法示意图。

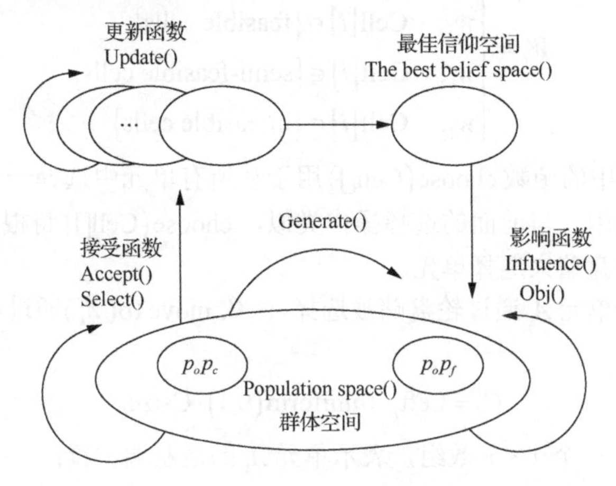

图 3-4　基于多层信仰空间双群体的文化算法框架

2. 基于区间的滑动窗口的变异操作

采用上述的变异操作，生成的新个体可能会有较多的不符合问题的约束条件。此时，我们进一步采用一种新的智能型的变异操作方法，这种智能方法采用文化算法中的基于区间的滑动窗口的概念。我们在公式（3-9）的变异基础上进行进一步操作，从而产生新的下一代个体：

$$C_i' = \begin{cases} \text{moveTo}\left(\text{choose}\left(\text{Cell}[l]\right)\right), & C_i \in \{\text{infeasible cells}\} \\ C_i + \gamma\left(u_j - l_j\right) \cdot N_{i,j}(0.1), & C_i \in \{\text{otherwise}\} \end{cases} \tag{3-10}$$

式中，l_j 和 u_j —— X_i 的第 j 维的下界和上界；

γ ——某一正数；

infeasible cells ——超出种群范围；

otherwise ——不超出种群范围；

Cell[] ——一个 r 维模板，称为区域模式（regional schemata），它由信仰空间维护，被用于记录搜索空间中每个特定区域的约束特征。

对一个给定单元 i，其对应于优化问题域空间中一个小区域，该区域可能是：

（1）包含有效个体的可行单元（feasible cells）；

（2）包含无效个体的不可行单元（infeasible cells）；

（3）包含有效个体和无效个体的半可行单元（semi-feasible cells）；

（4）不包含任何个体也无相关知识的未知单元（unknown cells）。

根据单元i所属的区域类型的不同，可以按如下公式来分配不同单元的权重[69]：

$$W_i=\begin{cases} w_1, & \text{Cell}[i]\in\{\text{unknown cells}\} \\ w_2, & \text{Cell}[i]\in\{\text{feasible cells}\} \\ w_3, & \text{Cell}[i]\in\{\text{semi-feasible cells}\} \\ w_4, & \text{Cell}[i]\in\{\text{infeasible cells}\} \end{cases} \tag{3-11}$$

式（3-10）中的函数$\text{choose}(\text{Cell}[])$用于从所有单元中选择一个目标单元以供moveTo()函数调用。与前面的选择操作类似，$\text{choose}(\text{Cell}[])$将根据式（3-11）确定的权重通过轮盘赌来选择单元。

假设第k个单元A_k通过轮盘赌被选择，函数moveTo(A_k)通过如下公式产生新一代个体：

$$C_i'=\text{Left}_k+\text{uniform}(0,1)\cdot\text{Csize}_k \tag{3-12}$$

式中，Left_k——一个$1\times r$数组，表示单元A_k的最左端位置；

Csize_k——一个$1\times r$数组，表示单元在每一维空间的尺寸；

uniform(0,1)——按照均匀分布产生的$1\times r$数组。

由此可见，个体不断地调整自己的位置使之进入问题的可行空间和半可行空间。这种基于文化进化的智能策略提高了算法的搜索能力。

3.3 基于双群体差分进化算法的改进文化粒子群优化算法

3.3.1 文化粒子群优化算法的基本思想

对照文化算法与粒子群优化算法可以发现，粒子群优化算法完全可以看成是文化算法的简化形式。在粒子群优化算法中，信仰空间的信息简化为全局当前最好解，而群体空间中的个体就是单个粒子，信仰空间对群体空间的指导简化为通过在粒子速度进化公式中加入当前全局最优解信息。所以可以把粒子群优化算法看成是文化算法的特例。基于此本书认为研究和学习文化算法对于粒子群优化算法的研究是有益和必要的补充。

求解多目标约束优化问题的双群体差分文化粒子群优化算法如图3-5所示。粒子群优化算法被集成到文化算法的框架中来解决优化问题，即粒子群优化算法的群体智能被用于群体空间的进化，考虑到总共有g个目标函数，在群体空间中包含有g个子种群，第f个子种群以目标函数$f_i(x)(i=1,2,\cdots,q)$作为单一优化目标函数。在每次迭代结束时，每一个子种群输出 20%的精英粒子到信仰空间。这些来自不同子种群的精英粒子构成了信仰空间，它们之间进一步采取交叉操作来生成 Pareto 最优解。

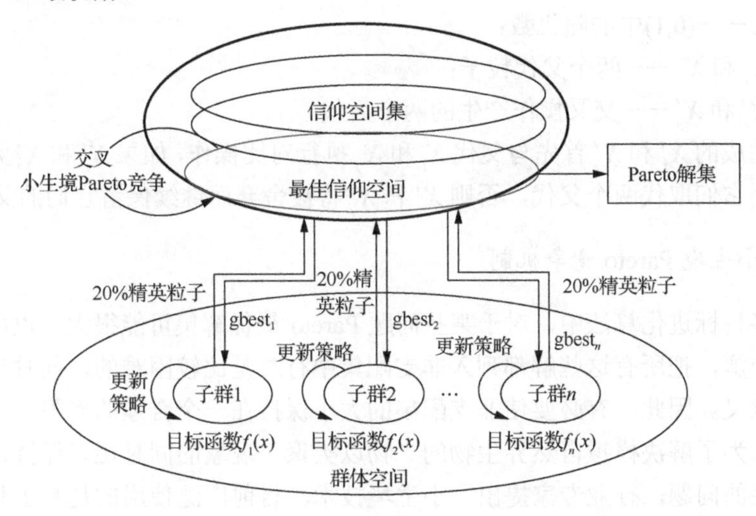

图 3-5 双群体差分文化粒子群优化算法的结构框图

一般来说，Pareto 最优解都是在算法的最后一代产生的，而在文化粒子群优化算法中，为了保持进化过程中的最优解，我们专门设计了一个 Pareto 解池，用来存储当前的最优解，即用当前代产生的最优解与 Pareto 解池中的解对比，用好的个体替代 Pareto 解池中不好的个体。这种操作具有两个效果：

（1）可以保持当前 Pareto 解集中个体的最优性，用最优秀的经验指导算法进化，能够提高算法的性能，加速收敛。

（2）能够保持种群的多样性，这是因为 Pareto 解池中的个体在每一代进化中都能够得到部分的替代，致使其可以包含算法进化过程中每一代的最优解，在很大程度上防止了算法的“早熟”现象的发生。

群体空间中的每一个子种群分别独立地进行进化操作，子种群之间没有信息交流关系，但是它们在进化的同时，都要接受来自信仰空间的经验指导，具体进化操作见以下各节详述。

3.3.2 交叉操作和小生境竞争机制

1. 改进的混沌粒子群优化算法简介

为了保持信仰空间中精英粒子的多样性，我们采用交叉操作增强各粒子之间的信息交流与共享，从而进一步提高算法的性能。粒子进化交叉操作策略按照以下公式进行：

$$X_i' = \alpha \cdot X_i + (1-\alpha) \cdot X_j \tag{3-13}$$

$$X_j' = \alpha \cdot X_j + (1-\alpha) \cdot X_i \tag{3-14}$$

式中，α——(0,1)中的随机数；

X_i和X_j——两个父代粒子；

X_i'和X_j'——交叉操作产生的两个后代。

新生成的X_i'和X_j'首先与父代X_i和X_j执行对比操作，如果X_i'和X_j'为非支配解，则用它们取代两个父代，否则X_i'和X_j'将被舍弃而继续保留它们的父代。

2. 小生境Pareto竞争机制

在多目标进化算法中，对于某些问题Pareto最优解集可能很大，也可能包含无穷多个解，把所有这些解都列入非支配集中有时是比较困难的，同时也没有多少实际意义。因此，有必要使非支配集的大小保持在一个合理的界限内。在进化算法中，为了解决模拟自然界生物的“物以类聚”现象的同时还要保持进化群体的多样性的问题，行业专家提出了小生境技术。目前广泛使用的是基于共享机制的小生境技术。在这种机制中定义了一个共享函数，它表示两个个体之间的相似程度，两个个体越相似，其共享函数值就越大，反之则越小。

在执行完交叉操作后，将执行一个基于小生境Pareto竞争的选择机制来挑选优秀的粒子进行复制。详细的选择步骤如下。

任意选取两个候选粒子，以及一个包含若干数量粒子的比较集作为对比。分别将每个候选粒子和比较集进行比较，存在着两种可能的情况和相应的对策：

（1）如果其中一个候选粒子被比较集支配，而另一个不是，那么这个非支配解将被选择进行复制操作。

（2）如果两个都被比较集支配或支配比较集，那么具有较小的小生境数的那个粒子将被选择进行复制，小生境数可以通过计算整个种群的共享函数的总和来获得：

$$m_j = \sum_{j=1}^{\text{swarm\_size}} \text{sh}\left(d_{i,j}\right) \tag{3-15}$$

式中，swarm_size——粒子群数量；

sh()——共享函数，其通常采用如下的幂函数的形式：

$$\text{sh}\left(d_{i,j}\right) = \begin{cases} 1-\left(\dfrac{d_{i,j}}{\sigma_{\text{share}}}\right)^a, & d_{i,j} < \sigma_{\text{share}} \\ 0, & \text{其他} \end{cases} \tag{3-16}$$

其中，σ_{share}——小生境半径；

a——常数；

$d_{i,j}$——在决策空间度量的粒子 i 和 j 之间的距离。

上述小生境 Pareto 竞争方法可以确保最后求出的解集能够收敛到 Pareto 前沿，避免出现早熟现象。

如前所述，信仰空间接受精英粒子，其目的就是为了使整个群体空间能够共享精英粒子中所包含的优秀信息。因此，在前述的交叉和选择操作完成后，信仰空间将指导群体空间的进化，其是通过在群体空间的速度迭代公式中增加一个修正项来实现的，即将标准的粒子群速度更新公式改为如下形式：

$$v_{i,j}^{(k+1)}=v_{i,j}^{k}+c_1r_1\left(\text{pbest}_{i,j}^{k}-x_{i,j}^{(k)}\right)+c_2r_2\left(\text{gbest}_{i,j}^{(k)}-x_{i,j}^{(k)}\right)+c_3r_3\left(\text{gbest}_{i,j}^{(k)}-x_{i,j}^{(k)}\right) \quad (3\text{-}17)$$

式中，$\text{pbest}_{i,j}$——粒子 i 经过的最好的位置（自身经验）；

$\text{gbest}_{i,j}$——粒子群最优位置，其中，gbest_i 为群体中所有粒子经过的最好位置（群体经验），gbest_j 为群体空间中精英粒子取得的较好位置之一，它是采用竞争机制从信仰空间中选择得到的[145-146]；

c_1, c_2——正常数；

r_1, r_2——[0,1]中的随机数；

c_3——加速度常数项；

r_3——[0,0.5]中的随机数。

如前所述，为了保持进化过程中得到的 Pareto 最优解，本书在 Pareto 解的处理过程中，采用 Pareto 解的保持机制，在算法结构中加入一个特别的池。Pareto 解池方法，即在程序中专门分配一块称为 Pareto 解池的独立外部存储区域，在每一次迭代中，为了保持解池中解的最优性，Pareto 解池都会通过删除所有的被支配解以及接受来自信仰空间的新的 Pareto 解来更新。

文化粒子群算法（cultural particle swarm algorithm，CPSA）算法实际是一种双进化机制，群体空间的各个子种群和信仰空间中的精英种群可以同步进化，基本流程如下所示。

步骤 1：初始化种群空间的各独立的粒子群和相关参数，初始化多层信仰空间。

步骤 2：评价个体适应值，符合要求停止，否则继续进行。

步骤 3：初始化信仰空间的精英种群及相关参数。

步骤 4：从群体空间中每个子群选出 30%的最好粒子更新信仰空间。通过当前信仰空间的更新、多层信仰空间的评价，选出最好的信仰空间，更新 Pareto 解池，更新设定参数估计精度 ε 的值，应用小生境技术对解集进行竞争操作，再次更新 Pareto 解池，信仰空间向群体空间子群输出全局最优解 gbest。

步骤 5：采用 Influence(pop(t))更新群体空间，通过双群体差分文化进化算法对群体空间进行进化，计算群体空间内各粒子群中个体 i 的适应值，更新群体空间内各粒子群中个体 i 的速度，更新群体空间内各粒子群中个体 i 的位置，更新群体空间内各粒子群中每个个体的当前最好位置 pbest，更新群体空间内各粒子群当前最好群体位置 gbest。

步骤 6：评价个体适应值，符合要求则结束；否则继续执行，转向步骤 3。

3.3.3 改进算法在多目标测试函数中的应用

为了进一步测试我们的算法性能，选取两个函数用以验证该算法的多目标优化性能。

多目标优化问题 1：

$$\min f_1(x) = 2\sqrt{x_1}$$

$$\min f_2(x) = x_1(1 - x_2) + 5$$

$$0 \leqslant x_1 \leqslant 2，\ 0 \leqslant x_2 \leqslant 2$$

利用上述改进的算法，得出的有效解集如图 3-6 所示，其中细弧线表示的是理想 Pareto 解集，“∘”表示算法求解出的有效解集。从图 3-6 中可以看出，所求的有效解几乎都在细弧线上，证明了该算法的有效性。

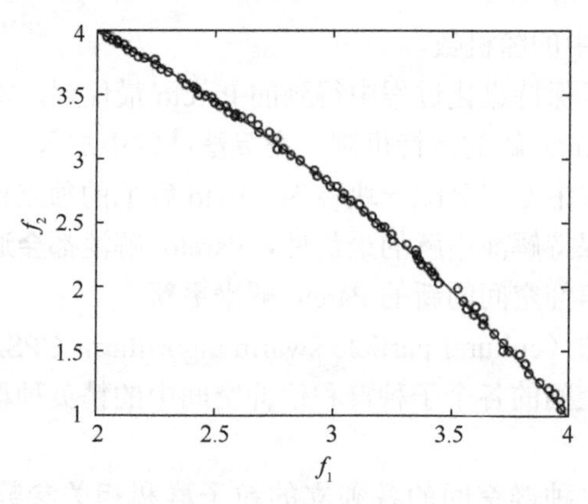

图 3-6 测试结果图 1

多目标优化问题 2：

$$f_1(x) = \sin(x_1^2 + x_2^2 - 1)$$

$$f_2(x) = \sin(x_1^2 + x_2^2 + 1)$$

$$0 \leqslant x_1 \leqslant \frac{\pi}{4}，\ 0 \leqslant x_2 \leqslant \frac{\pi}{4}$$

测试结果如图 3-7 所示，采用线性加权的方法对多目标进行优化与采用 CPSA 算法进行优化基本上得出了一致的结果，证明了该方法的正确性。

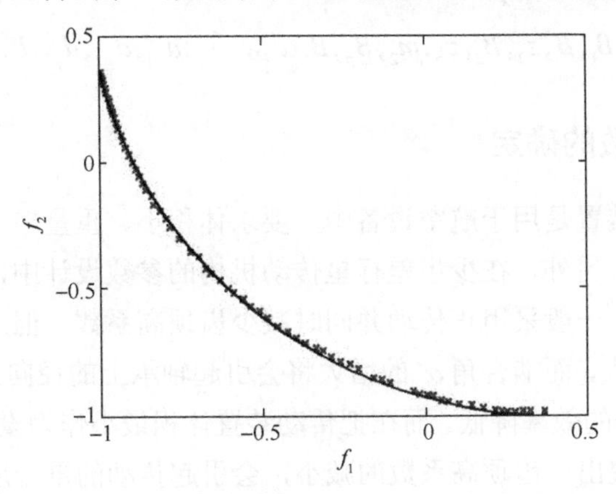

图 3-7　测试结果图 2

3.4　基于 CPSA 算法的微小型减速装置多目标优化设计

3.4.1　设计变量

影响微小型可调隙内啮合变厚齿轮 RV 减速器的参数有大锥齿轮齿数 z_1、大锥齿轮模数 m_1、大锥齿轮齿宽 B_1、中点螺旋角 β、小锥齿轮齿数 z_2、小锥齿轮齿宽 B_2、变厚外齿轮齿数 z_p、变厚外齿轮模数 m_2、变厚外齿轮齿宽 B_p、变厚内齿轮壁厚 B、啮合角 α'，变位系数分别是 y_1 和 y_2，另外六个设计变量是双偏心轴的参数，分别为 d_{p1}、d_{p2}、d_{p3}、l_{p1}、l_{p2}、l_{p3}，它们的含义见图 3-8。

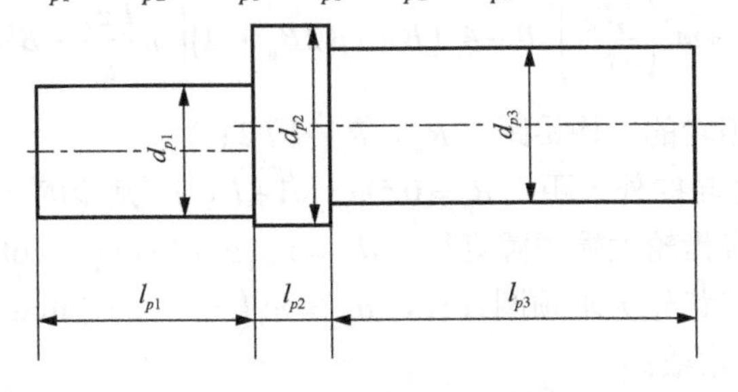

图 3-8　双偏心轴设计变量

在处理设计变量时，由于微小型可调隙内啮合变厚齿轮 RV 减速器结构非常复杂，因此只能做一定的简化处理，这不会影响计算结果的正确性。所以设计变

量为

$$
\begin{aligned}
x &= \left[x_1, x_2, x_3, \cdots, x_{19}\right]^{\mathrm{T}} \\
&= \left[z_1, m_1, B_1, \beta, z_2, B_2, z_p, m_2, B_p, B, \alpha', y_1, y_2, d_{p1}, d_{p2}, d_{p3}, l_{p1}, l_{p2}, l_{p3}\right]^{\mathrm{T}}
\end{aligned} \tag{3-18}
$$

3.4.2 目标函数的确定

由于该减速装置是用于航空设备中，要求体积小、重量轻，所以把体积小作为优化目标之一。另外，在少齿差行星传动机构的参数设计中，首先应满足齿廓不重叠干涉条件，一般采用正传动并同时减少齿顶高系数。但采用正传动会使传动的啮合角α'增大，而啮合角α'的增大将会引起轴承上的径向力增大，使轴承的寿命降低，使传动的效率降低。而在把传动装置体积最小作为设计目标的情况下，这种矛盾就更加突出。齿顶高系数的减小，会引起传动的重合度下降，使传动的承载能力下降，但由于在少齿差传动中存在多齿同时啮合现象，只要重合度满足设计的基本要求，能够正常运转，没有必要追求过大的重合度，所以啮合角小成为另一个优化目标。为使主减速器传递扭矩大，应使小锥齿轮按接触强度计算的许用功率最大，因此可以将小锥齿轮的接触强度作为第三个优化目标。

优化目标之一在于使微小型可调隙内啮合变厚齿轮 RV 减速器体积最小，影响其体积的主要参数是大、小锥齿轮体积V_1、V_2，变厚外齿轮体积V_3和变厚内齿轮体积V_4。为了简化计算，本节将弧齿锥齿轮的体积近似地用齿宽中点顶圆直径为直径、以锥齿轮齿宽为高度的圆柱来计算，建立目标函数为

$$
\begin{aligned}
\min f_1(x) &= V_1 + V_2 + V_3 + V_4 \\
&= 0.78539\left(\frac{R_m}{R_c}\right)^2 \times \left(d_{a1}^2 + d_{a2}^2\right) \cdot b / \cos\left(0.5\beta_m\right) \\
&\quad + m^2\left(\frac{i_z z_d}{i_1}\right)^2 B + 4 \cdot (B+1)\left(2B_p + \Delta\right)\left(m\frac{i_z z_d}{i_1} + B + 1\right)
\end{aligned} \tag{3-19}
$$

式中，R_m——锥齿轮的平均锥距，$R_m = R_e - b/2$；

R_c——锥齿轮的外锥距，$R_c = 0.5 m_i z_1 \sqrt{1+i}$，$i$为锥齿轮传动比；

d_{a1}——小锥齿轮大端顶圆直径，$d_{a1} = m_t\left(z_1 + 2\cos(\operatorname{arccot} i)\right)$；

d_{a2}——大锥齿轮大端顶圆直径，$d_{a2} = m_t\left(i z_1 + 2\cos(\arctan i)\right)$；

Δ——结构常数；

i_z——总传动比。

优化目标之二在于得到最小的啮合角，由无侧隙啮合方程建立目标函数$f_2(x)$为

$$\min f_2(x) = \mathrm{inv}\alpha' = \mathrm{inv}\alpha + 2\frac{(y_2 - y_1)\tan\alpha}{z_d} \tag{3-20}$$

式中，α——分度圆压力角；

z_d——齿差。

式中的$\mathrm{inv}\alpha' = \tan\alpha' - \alpha'$，在求出$\mathrm{inv}\alpha'$的大小后，采用数值逼近法求出$\alpha'$。

优化目标之三在于得到锥齿轮的最大接触强度，因此可以建立目标函数$f_3(x)$为

$$\begin{cases} \max f(x) = \dfrac{m}{1.91\times10^5} \times \dfrac{\sigma_{HP}^2 d_{Vm1} d_{m1}}{\left(Z_H Z_B Z_{\varepsilon\beta} Z_K\right)^2 K_A K_V K_{H\beta} K_{H\alpha}} \\ \sigma_{HP} = \dfrac{\sigma_{H\lim}}{S_{H\min}} Z_N Z_{LVR} Z_X Z_W \end{cases} \tag{3-21}$$

式中，m——模数；

d_{Vm1}——小轮齿宽中点处锥齿轮的当量齿轮的分度圆直径；

σ_{HP}——小锥齿轮许用接触应力；

$\sigma_{H\lim}$——接触疲劳强度极限；

Z_X——尺寸系数；

Z_B——中心区系数；

d_{m1}——小轮齿宽中点处锥齿轮的分度圆直径；

Z_H——节点区域系数；

Z_N——寿命系数；

Z_K——锥齿轮系数；

$Z_{\varepsilon\beta}$——接触强度计算的重合度与螺旋角系数；

K_A——使用系数；

K_V——动载系数；

$K_{H\alpha}$——接触强度计算的寿命系数；

$K_{H\beta}$——接触强度计算的尺寸系数；

Z_{LVR}——润滑油膜影响系数；

Z_W——工作硬化系数；

$S_{H\min}$——接触强度的最小安全系数。

3.4.3 约束条件的建立

设计中并非所有的组合都是可行的，可行方案必须满足设计规范和标准中所规定的条件和其他条件。这些条件主要分为两大类：几何约束，如尺寸约束，形状约束等；性能约束，如应力约束。部分约束条件如下。

1. 重合度约束

一级锥齿轮传动齿轮重合度约束条件为纵向重合度ε_β大于 1.25，即

$$g_1(x)=R_e b\tan\beta_m/(R_m\pi m_t)\geqslant 1.25 \tag{3-22}$$

二级变厚齿轮重合度约束条件为

$$g_2(x)=1.1-\frac{1}{2\pi}\left((z_c-z_p)\tan\alpha_t'+z_p\tan\alpha_{atp2}-z_c\tan\alpha_{atc0}\right)-b_c\sin\beta/(\pi m_t)>0 \tag{3-23}$$

式中，z_c——变厚内齿轮的齿数；

z_p——变厚外齿轮的齿数；

b_c——变厚内齿轮的齿宽；

β——变厚齿轮螺旋角；

α_{atp2}——变厚外齿轮大端截面齿顶压力角；

α_{atc0}——变厚内齿轮小端截面齿顶压力角。

其中，角标 p 代表变厚外齿轮，c 代表变厚内齿轮，2 代表变厚齿轮的大端截面，0 代表小端截面。α_{atp2}、α_{atc0} 可按下式计算：

$$\alpha_{atp2}=\arccos\frac{m_t z_p\cos\alpha_{tp}}{2r_{ap2}}，\quad \alpha_{atc0}=\arccos\frac{m_t z_c\cos\alpha_{tc}}{2r_{ac0}}$$

2. 齿顶厚约束

（1）一级锥齿轮传动渐开线轮齿顶厚约束条件为

$$g_3(x)=0.4m_{12}-s_{a1}>0 \tag{3-24}$$

式中，s_{a1}——大锥齿轮轮齿顶厚。

$$g_4(x)=0.4m_{12}-s_{a2}>0 \tag{3-25}$$

式中，s_{a2}——小锥齿轮轮齿顶厚。

（2）二级内啮合变厚齿轮齿顶厚约束。由于变厚外齿轮和内齿轮的大端截面变位系数大，因此大端的齿顶厚比其他截面薄。建立齿顶厚约束时只需考虑大端截面。变厚外齿轮和内齿轮的齿顶厚约束条件分别为

$$g_5(x)=0.4m_t-\frac{\cos\alpha_{tp}}{\cos\alpha_{atp2}}m_t\left(\frac{\pi}{2}+2x_{tp2}\tan\alpha_t\cos\sigma-z_p\left(\mathrm{inv}\alpha_{atp2}-\mathrm{inv}\alpha_{tp}\right)\right)>0 \quad (3\text{-}26)$$

$$g_6(x)=0.4m_t-\frac{\cos\alpha_{tc}}{\cos\alpha_{atc2}}m_t\left(\frac{\pi}{2}+2x_{tc2}\tan\alpha_t\cos\sigma-z_c\left(\mathrm{inv}\alpha_{atc2}-\mathrm{inv}\alpha_{tc}\right)\right)>0 \quad (3\text{-}27)$$

3. 内啮合变厚齿轮齿廓重叠干涉约束

传动装置中的内啮合变厚齿轮副是一齿差传动，很容易出现齿廓重叠干涉现象。由于变厚齿轮各截面的变位系数沿轴向呈线性变化，因此，建立齿廓重叠干涉约束时，只要其大、小端两个端截面不出现齿廓重叠现象，则其他截面也必然会满足要求。内啮合变厚齿轮副小端截面和大端截面不发生齿廓重叠干涉的约束条件分别为

$$g_7(x)=z_p\left(\delta_{p0}+\mathrm{inv}\alpha_{ap0}\right)-z_c\left(\delta_{c0}+\mathrm{inv}\alpha_{ac0}\right)+\left(z_c-z_p\right)\mathrm{inv}\alpha_t'>0 \quad (3\text{-}28)$$

式中，

$$\delta_{p0}=\arccos\left(\frac{d_{ac0}^2-d_{ap0}^2-4a^2}{4ad_{ap0}}\right)$$

$$\delta_{c0}=\arccos\left(\frac{d_{ac0}^2-d_{ap0}^2-4a^2}{4ad_{ac0}}\right)$$

其中，a——中心距。

$$g_8(x)=z_p\left(\delta_{p2}+\mathrm{inv}\alpha_{ap2}\right)-z_c\left(\delta_{c2}+\mathrm{inv}\alpha_{ac2}\right)+\left(z_c-z_p\right)\mathrm{inv}\alpha_t'>0 \quad (3\text{-}29)$$

式中，δ_{p2},δ_{c2} 可参照 δ_{p0} 和 δ_{c0} 的计算式。

4. 过渡曲线干涉约束

内、外齿轮的过渡曲线干涉主要取决于刀具和被切齿轮极限啮合点的曲率半径。曲率半径越大，干涉的可能性就越大；反之，干涉的可能性就越小。对变厚内、外齿轮来说，由于其各截面上变位系数沿轴向呈线性变化，刀具和被切齿轮的极限啮合点处的曲率半径随着变位系数的变化而变化。变位系数越大，极限啮合点离被切齿轮的基圆越远，该点的曲率半径越大，从而越容易发生过渡曲线干涉。也就是说，变厚内齿轮和外齿轮的大端易发生过渡曲线干涉，在建立约束时，只需考虑齿轮的大端截面。则变厚内齿轮和外齿轮大端截面不发生过渡曲线干涉的约束条件分别为

$$g_9(x)=\left(z_c-z_0\right)\tan\alpha_{0c2}'+z_0\tan\alpha_{a0}-\left(z_c-z_p\right)\tan\alpha_t'-z_p\tan\alpha_{ap2}>0 \quad (3\text{-}30)$$

$$g_{10}(x)=z_c\tan\alpha_{ac2}-\left(z_c-z_p\right)\tan\alpha_t'-\left(z_c+z_p\right)\tan\alpha_{0p2}'+z_0\tan\alpha_{a0}>0 \quad (3\text{-}31)$$

式中，z_0——刀具的齿数；

α_{a0}——刀具的齿顶压力角；

α'_{0c2}——切制变厚内齿轮时的切削啮合角；

α'_{0p2}——切制变厚外齿轮时的切削啮合角；

α_{ac2}——切制变厚内齿轮时的齿顶压力角；

α_{ap2}——切制变厚外齿轮时的齿顶压力角。

5. 齿轮强度约束

强度约束条件是所有约束条件中最重要的，也是计算工作量最大的。本章在计算齿轮强度的安全系数时，采用孙元饶在《圆柱齿轮减速器优化设计》中提出的计算公式，其强度公式中的各项系数均通过有关的公式进行详细计算，从而能够较为准确地反映齿轮的承载能力与各个影响因素之间的复杂关系。这虽然会使优化设计的程序变得复杂，使计算时间大大增加，但却可以保证优化计算的可信性，使优化设计方案具有实用性。

微小型减速装置的强度约束共有六个，它们分别为

$$g_{11}(x)=1.25-s_{h12}>0 \tag{3-32}$$

$$g_{12}(x)=1.25-s_{f1}>0 \tag{3-33}$$

$$g_{13}(x)=1.25-s_{f2}>0 \tag{3-34}$$

$$g_{14}(x)=1.25-s_{hcp}>0 \tag{3-35}$$

$$g_{15}(x)=1.25-s_{fp}>0 \tag{3-36}$$

$$g_{16}(x)=1.25-s_{fc}>0 \tag{3-37}$$

式中，s_{h12}——一级大锥齿轮与小锥齿轮的齿面接触疲劳强度安全系数；

s_{f1},s_{f2}——大、小锥齿轮根弯曲疲劳强度的安全系数；

s_{hcp}——二级变厚齿轮的齿面接触疲劳强度的安全系数；

s_{fp},s_{fc}——变厚外、内齿轮齿根弯曲疲劳强度的安全系数。

6. 边界约束

为了使优化的结果有实际意义，根据传动装置的设计经验和有关设计规范，我们对每个设计变量给予一定的取值范围，即得到边界约束条件为

$$\underline{x_i}\leqslant x_i\leqslant\overline{x_i}，\quad i=1,2,\cdots,19 \tag{3-38}$$

式中，$\underline{x_i}$——设计变量的下限；

$\overline{x_i}$——设计变量的上限。

3.5 优化程序设计

在设计变量中，模数和齿数是离散变量，计算时按连续变量处理，待求出优化结果后进行圆整，使模数符合荐用系列，齿数取整。在众多优化方法中，我们采用了改进的双群体差分文化粒子群融合算法。本优化程序用 Visual C++6.0 语言编写，其程序框图见图 3-9，优化程序略。

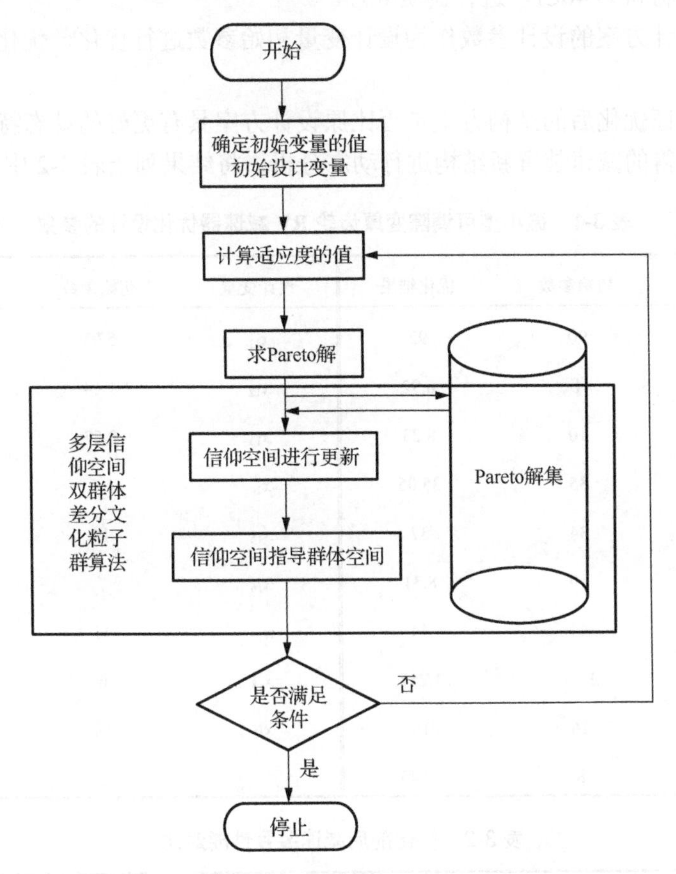

图 3-9 微小型可调隙变厚齿轮 RV 减速器优化程序框图

3.6 优化实例

微小型可调隙变厚齿轮 RV 减速器输出扭矩 150N·m，额定转速 5500 r / min，总传动比 110，齿轮精度等级为 6 级。一级大锥齿轮和小锥齿轮轮材料为 20CrMnTi，并进行渗碳淬火处理，齿面硬度为 HRC60，齿面接触疲劳极限应力 $\sigma_{\mathrm{Hlim1}} = 1450\mathrm{N/mm^2}$，齿根弯曲疲劳极限应力 $\sigma_{\mathrm{Flim1}} = 400\mathrm{N/mm^2}$；二级变厚内齿轮和外齿轮材料为 40Cr，进行调质处理。

将原设计方案的设计参数作为设计变量初始参数进行优化，优化前后的参数值见表 3-1。

为了验证优化后的结构方案是否比原设计方案具有更好的动态特性，对动态优化后所获得的减速装置新结构进行动态分析，将结果列于表 3-2 中。

表 3-1 微小型可调隙变厚齿轮 RV 减速器优化设计的参数 （单位：mm）

设计变量	初始参数	优化结果	设计变量	初始参数	优化结果
x_1	90	92	x_{11}	52.5	54.62
x_2	1	0.92	x_{12}	1.14	1.258
x_3	10	8.23	x_{13}	0.57	0.652
x_4	35	35.05	x_{14}	6.5	6.1
x_5	34	37	x_{15}	10	9.33
x_6	10	8.31	x_{16}	7	7.12
x_7	44	44	x_{17}	11	10.1
x_8	1.14	1.257	x_{18}	6	6.06
x_9	16	16	x_{19}	14	14.31
x_{10}	8	6.545			

表 3-2 优化前后减速装置性能对比

	径向尺寸/mm	最大模态柔度/[$\times 10^{-6}$ rad /(N·mm)]	模态柔度均度
优化前	81.5	2.78632	3.5764
优化后	79.5	2.33922	3.1262

对表 3-2 分析可知，优化后的减速装置设计方案径向尺寸优于优化前的设计方案。系统的四阶危险模态柔度从 2.78632×10^{-6}rad/(N·mm)降低到优化后的 2.33922×10^{-6} rad/(N·mm)，模态柔度均度从 3.5764 降低到优化后的 3.1262，说明各阶模态柔度的分布更为均匀。

3.7 本章小结

本章提出了双群体差分多层文化粒子群融合算法。针对微小型可调隙变厚齿轮 RV 减速器多参数、相互制约的条件多等特点，提出一种改进的双群体差分多层文化粒子群融合算法，该算法在信仰空间的进化过程中采用“多层空间、择优选用”的策略，在群体空间的进化过程中，采用改进的双群体进化差分的方式，避免了大量高适应度的不可行解被丢弃而导致的算法结果不理想的缺点，提高群体的多样性和算法的收敛速度。

本章提出了以改进的双群体差分进化算法作为群体空间的进化方法来解决约束优化问题。在群体空间的进化过程中，本书采用改进的双群体差分进化算法将群体空间划分为可行解群体和不可行解群体，保留了具有较高适应度的不可行解群体，从而提高了搜索可行解的效率。

基于 CPSA 对微小型减速装置进行多目标优化设计。利用 Visual C++ 6.0 编制了优化程序，对微小型可调隙变厚齿轮 RV 减速器进行了多目标优化设计。通过与原设计方案的比较可以看出，新设计方案的特性有了很大的提高，说明本章提出的基于改进的双群体差分多层文化粒子群融合算法的多目标优化设计方法是完全可行的。

第 4 章　计及齿侧间隙、时变啮合刚度的弧齿锥齿轮动力学分析

齿轮传动系统包括齿轮副、齿轮轴及轴承，其作为一种弹性的机械系统，在动态激励作用下会产生动态响应，动态激励是系统的输入。齿轮系统的动态激励有内部激励和外部激励两类，其中与一般机械系统的主要不同之处在于它的内部激励。由于同时啮合齿对数的变化、轮齿的受载变形、齿轮和轮齿的误差等引起了啮合过程的轮齿动态啮合力，即使外部激励为零（或为常值），齿轮系统也会受这种内部的动态激励而产生振动。在齿轮传动系统中，啮合轮齿间均存在着一定的齿侧间隙，因而在高速且频繁启动的情况下，就会导致轮齿间接触状态发生变化而出现轮齿间接触—分离—再接触这样的重复冲击的现象，使齿轮系统的动力学行为和性态产生质的变化。啮合动态激励是齿轮系统产生振动和噪声的基本原因，研究齿轮啮合过程中动态激励的基本原理，确定动态激励的类型和性质，是研究齿轮传动系统振动和噪声的首要问题[147-150]。

目前有关齿轮传动的非线性动力学研究文献中，多数集中在直齿圆柱齿轮传动动力学研究，锥齿轮动力学的研究目前还不多。因此，以锥齿轮传动系统为研究对象，考虑齿侧间隙、时变啮合刚度等非线性因素，建立锥齿轮传动系统非线性动力学模型，深入研究其非线性动态特性，既具有重要的理论意义，也具有重大的实际应用价值。这方面的研究将不仅为实现重量轻、效率高的齿轮系统的设计提供有益的理论依据和有效手段，而且对于进一步探究齿轮系统的动态特性，降低齿轮系统的振动、噪声具有重要的实用指导意义[151-153]。由于在微小型减速装置中，弧齿锥齿轮工作在高速级，其动态特性对减速装置的影响至关重要，内啮合变厚齿轮副工作在低速级，其转速很低，因此本章对弧齿锥齿轮进行动力学分析。

4.1　弧齿锥齿轮系统非线性动力学微分方程的建立

建立齿轮系统的理论分析模型是有效地对齿轮系统进行分析和动态设计的基础，目前常用的建模方法主要有传递矩阵法、集中参数法和有限元法等。对弧齿

锥齿轮传动系统的建模，本章采用集中参数法建立齿轮传动系统（齿轮、轴和轴承）的动力学模型，并将轴和轴承的质量向齿轮中心简化，对啮合齿用弹簧和阻尼器进行模拟，得到传动系统的振动常微分方程[146-156]。

弧齿锥齿轮系统非线性动力学模型如图 4-1 所示。该模型为弹性支承下锥齿轮传动的动力学模型。在该模型中，以两锥齿轮的轴线在理论位置的交点为原点，建立图示的全局坐标系 $\Sigma:\{O\text{-}x,y,z\}$（设两轮轴线间夹角为 90°）。支承两齿轮的轴段被等效处理为作用于齿轮的齿宽中点 O_p,O_g 沿三个坐标方向的移动和轮体绕其轴线的传动，即 $\{x_p,y_p,z_p,\theta_p,x_g,y_g,z_g,\theta_g\}^{\mathrm{T}}$。其中，$x_p,y_p,z_p,x_g,y_g,z_g$ 分别是主被动齿轮轴心沿 x 轴、y 轴和 z 轴横向振动位置；θ_p,θ_g 分别为主被动齿轮绕转动轴的扭转振动位移。

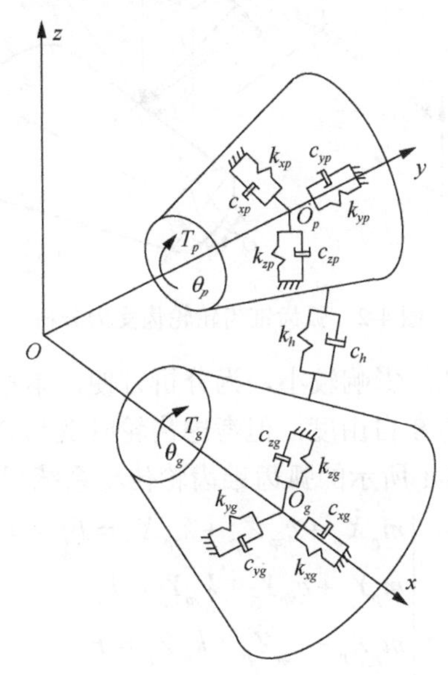

图 4-1 弧齿锥齿轮副动力学模型

两锥齿轮齿面啮合点间因振动和误差而产生的沿啮合点法线方向的相对位移 x_n 为

$$\begin{aligned}x_n=&(x_p\cos\delta_p-x_g\cos\delta_g)\sin\alpha_n-(y_p\cos\delta_p-y_g\cos\delta_g)\cos\alpha_n\sin\beta_m\\&-(z_p-z_g+r_p\theta_p-r_g\theta_g)\cos\alpha_n\cos\beta_m-e_n(t)\end{aligned}\tag{4-1}$$

式中，δ_p,δ_g——主被动锥齿轮节锥角；

α_n——法向压力角；

r_p,r_g——两轮啮合点半径；

$e_n(t)$——齿轮副的法向静态传动误差，$e_n(t)=\sum\limits_{l=1}^{N_e}A_{el}\cos(l\Omega_h t+\Phi_{el})$，$\Omega_h$ 为

啮合频率，A_{el} 为误差的 l 阶谐波幅值，Φ_{el} 为初相位。

为便于分析，对大齿轮进行受力分析，且将坐标系绕 y 轴旋转 90°，如图 4-2 所示。锥齿轮副在啮合时的法向动态啮合力及其沿各坐标方向的分力分别为

$$\begin{cases} F_n = k_m x_n + c_m \dot{x}_n \\ F_x = -F_n(\sin\alpha_n \cos\delta_p + \cos\alpha_n \sin\beta_m \sin\delta_p) \\ F_y = F_n(\sin\alpha_n \sin\delta_p - \cos\alpha_n \sin\beta_m \cos\delta_p) \\ F_z = F_n \cos\alpha_n \sin\beta_m \end{cases} \tag{4-2}$$

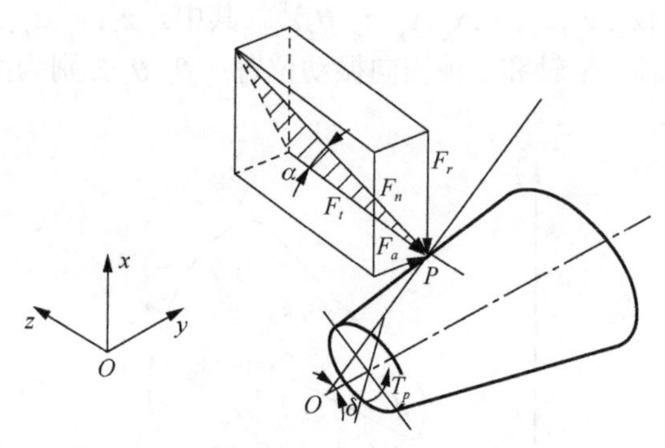

图 4-2　弧齿锥齿轮轮齿受力分析

由于扭摆振动对系统的影响较小，为分析方便，本章忽略扭摆振动，弧齿锥齿轮传动系统等效处理为 8 自由度，但考虑齿轮时变啮合刚度和齿侧间隙共存的非线性动力学模型，图 4-1 所示的弧齿锥齿轮传动系统振动方程为[32]

$$\begin{cases} m_p \ddot{X}_p + c_{xp}\dot{X}_p + k_{xp}X_p = F_x \\ m_p \ddot{Y}_p + c_{yp}\dot{Y}_p + k_{yp}Y_p = F_y \\ m_p \ddot{Z}_p + c_{zp}\dot{Z}_p + k_{zp}Z_p = F_z \\ J_p \ddot{\theta}_p = T_p - F_z r_p \\ m_g \ddot{X}_g + c_{xg}\dot{X}_g + k_{xg}X_g = -F_x \\ m_g \ddot{Y}_g + c_{yg}\dot{Y}_g + k_{yg}Y_g = -F_y \\ m_g \ddot{Z}_g + c_{zg}\dot{Z}_g + k_{zg}Z_g = -F_z \\ J_g \ddot{\theta}_g = -T_g + F_z r_g \end{cases} \tag{4-3}$$

式中，m_p, m_g ——主被动锥齿轮的集中质量；

J_p, J_g ——主被动锥齿轮的转动惯量；

$c_{jp}, c_{jg}(j = x, y, z)$ ——主被动锥齿轮沿 x、y、z 轴方向的平移阻尼系数；

$k_{jp}, k_{jg}(j = x, y, z)$ ——主被动锥齿轮沿 x、y、z 轴方向的刚度系数；

T_p ——作用在齿轮上的驱动力矩，它由不变 T_{pm} 和变化 T_{pv} 组成；

T_g ——作用在主被动齿轮上的阻抗力矩；

r_p, r_g ——锥齿轮齿宽中点相当基圆、节圆半径。

式（4-3）是 8 自由度的半正定、变参数、非线性二阶微分方程组。在式（4-3）中引入相对位移 x_n 作为新的自由度，将两扭转振动位移 θ_p, θ_g 消去，使系统的自由度由 8 个降为 7 个，处理后得[99-101]

$$
\begin{aligned}
&-m_e c_1 \ddot{X}_p + m_e c_2 \ddot{Y}_p + m_e c_3 \ddot{Z}_p + m_e c_1 \ddot{X}_g \\
&-m_e c_2 \ddot{Y}_g - m_e c_3 \ddot{Z}_g + m_e \ddot{x}_n + c_h c_6 \dot{x}_n + k_h c_6 x_n \\
&= F_{pm} + F_{pv} + m_e \ddot{e}_n(t)
\end{aligned} \tag{4-4}
$$

式中，m_e ——齿轮副的等效质量，$m_e = J_p J_g / (r_p^2 J_g + r_g^2 J_p)$；

F_{pm}, F_{pv} ——主动锥齿轮所受圆周力的不变部分和变化部分，并且有 $F_{pm} = T_{pm} / r_p = T_g / r_g$，$F_{pv} = T_{pv} m_c r_p / J_p = \sum_{l=1}^{N_F} A_{Fl} \cos(l\Omega_F t + \Phi_{Fl})$，$\Omega_F$ 为外载激励频率，A_{Fl} 为外载荷的 l 阶谐波幅值，Φ_{Fl} 为初相位。

将方程（4-4）进行量纲化处理，可得

$$
\begin{cases}
\ddot{x}_p + 2\zeta_{xp}\dot{x}_p + 2\zeta_{hp}c_4\dot{x}_n + k_{xp}x_p + k_{hp}\delta(x_n) = 0 \\
\ddot{y}_p + 2\zeta_{yp}\dot{y}_p - 2\zeta_{hp}c_5\dot{x}_n + k_{yp}y_p - k_{hp}\delta(x_n) = 0 \\
\ddot{z}_p + 2\zeta_{zp}\dot{z}_p - 2\zeta_{hp}c_6\dot{x}_n + k_{zp}z_p - k_{hp}\delta(x_n) = 0 \\
\ddot{x}_g + 2\zeta_{xg}\dot{x}_g - 2\zeta_{hg}c_4\dot{x}_n + k_{xg}x_g - k_{hg}\delta(x_n) = 0 \\
\ddot{y}_g + 2\zeta_{yg}\dot{y}_g + 2\zeta_{hg}c_5\dot{x}_n + k_{yg}y_g + k_{hg}\delta(x_n) = 0 \\
\ddot{z}_g + 2\zeta_{zg}\dot{z}_g + 2\zeta_{hg}c_6\dot{x}_n + k_{zg}z_g + k_{hg}\delta(x_n) = 0 \\
-c_1\ddot{x}_p + c_2\ddot{y}_p + c_3\ddot{z}_p + c_1\ddot{x}_g - c_2\ddot{y}_g - c_3\ddot{z}_g + \ddot{x}_n \\
+2\zeta_h c_6\dot{x}_n + k_h c_6 f(x_n) = f_{pm} + f_{pv} + f_e
\end{cases} \tag{4-5}
$$

式中，$x_j = X_j / b_m$，$y_j = Y_j / b_m$，$z_j = Z_j / b_m$，$x = x_n / b_m$；

$\zeta_{ij} = c_{ij} / (2m_j\omega_n)$，$k_{ij} = \omega_{ij}^2 / \omega_n^2$，$\omega_n = \sqrt{k_m / m_e}$，$\omega_{ij} = \sqrt{k_{ij} / m_j}$；

$\zeta_{hj} = c_h / (2m_j\omega_n)\arcsin\theta$；

$k_{hj} = k_h(\tau) / (m_j\omega_n^2)$；

$\zeta_h = c_h / (2m_e\omega_n)$；

$k_h = \dfrac{\overline{k}(t)}{k_m} = 1 + \sum_{l=1}^{N_k} \dfrac{A_{kl}}{k_m}\cos(l\omega_h\tau + \Phi_{kl})$，$\tau = \omega_n t$，$\omega_h = \Omega_h / \omega_n$；

$f_{pm} = F_{pm} / m_e b_m \omega_n^2$；

$f_{pv} = F_{pv} / m_e b_m \omega_n^2$；

$$f_e = \sum_{l=1}^{N_e} \frac{A_{el}}{b_m}(l\omega_h)^2 \cos(l\omega_h \tau + \varPhi_{el})；$$

$$i = x, y, z；$$

$$j = p, g。$$

上式中的 $\delta(x_n)$ 为具有齿侧间隙时轮齿实际变形的非解析函数，可将分段函数 $\delta(x_n)$ 表示为

$$\delta(x_n) = \begin{cases} x_n(t) - b, & x_n(t) > b \\ 0, & |x_n(t)| \leqslant b \\ x_n(t) + b, & x_n(t) < -b \end{cases} \tag{4-6}$$

按照国标《圆柱齿轮　精度制　第 1 部分：轮齿同侧齿面偏差的定义和允许值》（GB/T 10095.1—2008）的规定，侧隙定义为：装配好的齿轮副，当一个齿轮固定时，另一个齿轮的圆周晃动量，以分度圆上的弧长计算[153]。侧隙可以用沿节圆啮合或啮合线测得的线值来表示，也可以用在齿轮中心测得的角度值来表示。在齿轮动力学的模型中，由于是基于啮合线上的运动来分析，本书所说的侧隙都是指在啮合线上度量的侧隙，齿侧间隙为 $2b$，如图 4-3 所示。

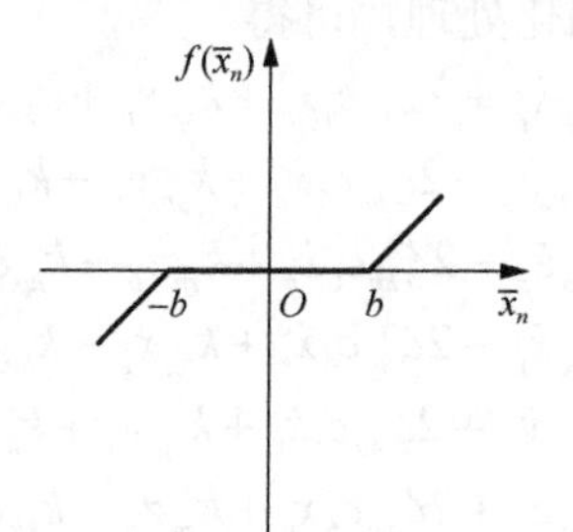

图 4-3　齿轮副的间隙描述函数

式（4-6）的无量纲形式如下：

$$f(\overline{x}_n) = \delta\left(\frac{x_n}{b}\right) = \begin{cases} \overline{x}_n(t) - 1, & \overline{x}_n(t) > 1 \\ 0, & |\overline{x}_n(t)| \leqslant 1 \\ \overline{x}_n(t) + 1, & \overline{x}_n(t) < -1 \end{cases} \tag{4-7}$$

式中，$f(\overline{x}_n)$ ——考虑齿侧间隙时轮齿的综合变形。

4.2　间隙非线性函数的多项式拟合

实际上齿轮齿侧间隙的影响因素非常复杂，因为轮齿的齿形差、安装中心距误差及润滑油膜等因素均会使由式（4-7）所定义的间隙非线性函数相较于实际情

况出现误差，这就会导致间隙非线性函数实际上不一定是分段线性的，而会出现其他各种非线性函数形式如高次多项式等。另外，将式（4-7）利用多项式进行拟合还可以进一步使得描述齿轮系统振动的微分方程组更加符合实际情况，即将间隙非线性描述函数进行多项式拟合不仅使编程计算的方便，而且系统包含的非线性特征更加丰富，也就是说方程组中将不仅会出现由时变刚度导致的变系数引起的参数激励，而且还将出现由高次多项式导致的非线性因素。综上所述，本书将间隙非线性描述函数进行多项式拟合处理，拟合多项式的次数越高，则拟合精度也随之提高。

多项式拟合曲线与理论间隙非线性描述函数的对比如图 4-4 所示。可以看出，当多项式的次数为 3 时，已经足够描述间隙非线性描述函数的总体变化趋势了。当多项式的次数大于 9 次以后，拟合精度的提高并不显著。

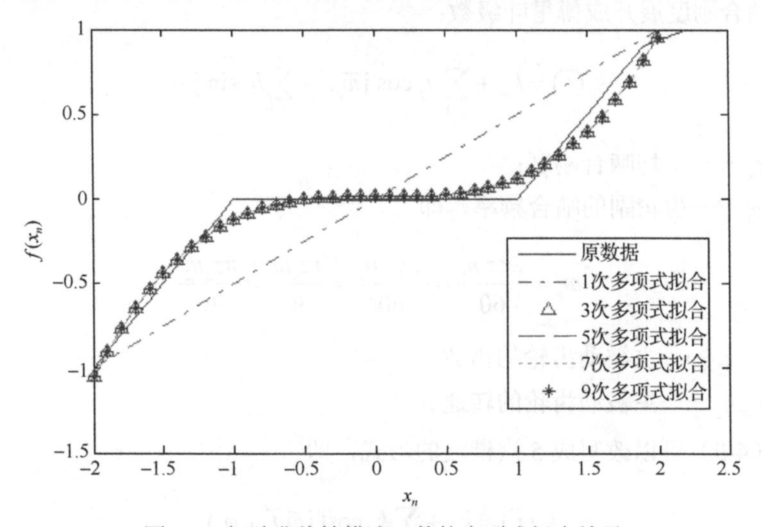

图 4-4　间隙非线性描述函数的多项式拟合结果

通过图 4-4 可以发现，当间隙非线性函数按 7 次多项式拟合的时候，拟合精度已经能满足要求，因此本书将间隙非线性描述函数进行 7 次多项式拟合，如下式：

$$f(\overline{x}_n) = a_1\overline{x}_n + a_3(\overline{x}_n)^3 + a_5(\overline{x}_n)^5 + a_7(\overline{x}_n)^7 \tag{4-8}$$

式中，a_1, a_3, a_5, a_7——拟合多项式的系数。

4.3　齿轮系统的刚度激励

在齿轮啮合过程中，由啮合综合刚度的时变性引起动态激励的现象称为齿轮啮合的刚度动态激励，简称刚度激励。

啮合轮齿综合刚度是指在整个啮合区中，参与啮合的各对啮合轮齿刚度的综合效应，它主要与单齿的弹性变性、单对轮齿的综合弹性变形（综合刚度）以及齿轮的重合度有关。单齿的弹性变形是单个轮齿的啮合齿面在载荷作用下的弹性变形，其中包括弯曲变形、剪切变形和接触变形等。对于啮合综合刚度，则应当考虑多对啮合，啮合轮齿综合刚度是多对轮齿的单对齿的综合刚度的叠加[32]。

在齿轮啮合过程中，单双齿啮合交替出现。在单齿对啮合区，齿轮的啮合综合刚度小，啮合弹性变形大；在双齿啮合区，由于是两对齿同时承受载荷，因此齿轮的啮合综合刚度较大，啮合弹性变形小。在齿轮副连续运转过程中，单双齿对啮合是交替出现的，从而导致轮齿啮合综合刚度周期性变化。

由于齿轮传动过程中啮合综合刚度是时变的，刚度激励具有周期性，所以可将齿轮啮合刚度展开成傅里叶级数：

$$k_e(\overline{t}) = k_m + \sum_{j=1}^{5} a_j \cos \mathrm{j}\overline{\omega}_e \overline{t} + \sum_{j=1}^{5} b_j \sin \mathrm{j}\overline{\omega}_e \overline{t} \tag{4-9}$$

式中，k_m——平均啮合刚度；

$\overline{\omega}_e$——齿轮副的啮合频率，即

$$\overline{\omega}_e = \frac{2\pi z_1 n_1}{60} = \frac{2\pi z_2 n_2}{60} = \frac{\pi z_1 n_1}{30} = \frac{\pi z_2 n_2}{30} \tag{4-10}$$

其中，z_1, z_2——主被动齿轮的齿数；

n_1, n_2——主被动齿轮的转速。

式（4-9）可以改写成 5 次谐波的形式，即

$$k_e(\overline{t}) = k_m + \sum_{j=1}^{5} k_j \cos(\mathrm{j}\overline{\omega}_e \overline{t} + \phi_j) \tag{4-11}$$

式中，ϕ_j——相位角，$\phi_j = \arctan\left(\dfrac{b_j}{a_j}\right)$；

k_j——第 j 阶谐波的幅值，$k_j = \sqrt{a_j^2 + b_j^2}$。

本章通过 Pro/ENGINEER 建立弧齿锥齿轮的三维图形，并将其装配后导入成 IGES 格式，在有限元分析软件 ANSYS 中划分网格，运行分析，求得齿轮啮合变形曲线和啮合刚度曲线，具体流程如图 4-5 所示。

根据式（4-11）把啮合刚度曲线拟合成傅里叶级数的形式，计算该齿轮副的实际刚度和用傅里叶级数表示的近似刚度，前 5 阶近似刚度的各阶谐波参数见表 4-1。

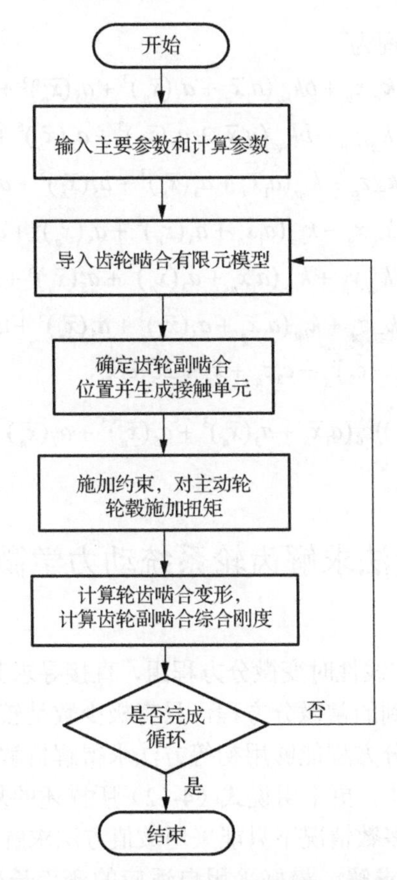

图 4-5 齿轮啮合综合刚度有限元程序框图

表 4-1 齿轮啮合刚度

谐波次数 j	线性啮合刚度	
	幅值 k_j / （$\times10^7$N/m）	相位角 ϕ_j / rad
0	18.8034	0.7854
1	0.1167	3.1293
2	1.5231	6.0847
3	0.1214	7.3112
4	0.0316	10.6916
5	0.1924	20.0621

当按 7 次多项式来拟合齿侧间隙非线性描述函数时，根据式（4-5），可以得

到齿轮系统的动力学方程为

$$\begin{cases}\ddot{x}_p+2\zeta_{xp}\dot{x}_p+2\zeta_{hp}c_4\dot{x}_n+k_{xp}x_p+bk_{hp}(a_1\overline{x}_n+a_3(\overline{x}_n)^3+a_5(\overline{x}_n)^5+a_7(\overline{x}_n)^7)=0\\ \ddot{y}_p+2\zeta_{yp}\dot{y}_p-2\zeta_{hp}c_5\dot{x}_n+k_{yp}y_p-bk_{hp}(a_1\overline{x}_n+a_3(\overline{x}_n)^3+a_5(\overline{x}_n)^5+a_7(\overline{x}_n)^7)=0\\ \ddot{z}_p+2\zeta_{zp}\dot{z}_p-2\zeta_{hp}c_6\dot{x}_n+k_{zp}z_p-k_{hp}(a_1\overline{x}_n+a_3(\overline{x}_n)^3+a_5(\overline{x}_n)^5+a_7(\overline{x}_n)^7)=0\\ \ddot{x}_g+2\zeta_{xg}\dot{x}_g-2\zeta_{hg}c_4\dot{x}_n+k_{xg}x_g-k_{hg}(a_1\overline{x}_n+a_3(\overline{x}_n)^3+a_5(\overline{x}_n)^5+a_7(\overline{x}_n)^7)=0\\ \ddot{y}_g+2\zeta_{yg}\dot{y}_g+2\zeta_{hg}c_5\dot{x}_n+k_{yg}y_g+k_{hg}(a_1\overline{x}_n+a_3(\overline{x}_n)^3+a_5(\overline{x}_n)^5+a_7(\overline{x}_n)^7)=0\\ \ddot{z}_g+2\zeta_{zg}\dot{z}_g+2\zeta_{hg}c_6\dot{x}_n+k_{zg}z_g+k_{hg}(a_1\overline{x}_n+a_3(\overline{x}_n)^3+a_5(\overline{x}_n)^5+a_7(\overline{x}_n)^7)=0\\ -c_1\ddot{x}_p+c_2\ddot{y}_p+c_3\ddot{z}_p+c_1\ddot{x}_g-c_2\ddot{y}_g-c_3\ddot{z}_g+\ddot{x}_n+2\zeta_hc_6\dot{x}_n\\ +(1+\sum_{j=1}^{5}B_j\cos(j\overline{\omega}_e\overline{t}+\varphi_j))c_6(a_1\overline{x}_n+a_3(\overline{x}_n)^3+a_5(\overline{x}_n)^5+a_7(\overline{x}_n)^7)=f_{pm}+f_{pv}+f_e\end{cases} \tag{4-12}$$

4.4 Gear 方法求解齿轮系统动力学微分方程概述

式（4-12）是一个非线性时变微分方程组，直接寻求其解析解是非常困难的。目前在实际工程中所遇到的常微分方程，只有极少数是较简单和典型的常微分方程，比如线性常系数微分方程能够用初等方法求得解析解。而绝大多数变系数微分方程的求解则非常困难，更不用说式（4-12）所描述的复杂非线性微分方程了。对于复杂的微分方程，多数情况下只能采用数值方法求解。

对于微分方程组的求解，最好采用自适应的变步长数值求解方法。因为对于定步长的求解方法，如果步长选择不当，会给求解带来以下两方面的问题：如果步长选择过大，则会使截断误差过大，导致求解精度降低，甚至有可能出现计算溢出现象；如果步长选择太小，则随着截断误差的减小，又会使舍入误差迅速增加。

目前 Gear 方法是求解复杂非线性微分方程组最有效的通用数值求解方法。与其他数值求解方法相比，Gear 方法具有以下 4 个方面的突出优点：

（1）Gear 方法是一个自适应变步长的求解方法，即能够自动起步，可以自动地选择步长和相应地变阶。

（2）Gear 方法尤其适用于求解大型微分方程组，能够应用高阶和高稳定的计算格式。

（3）因预报公式是特殊的 Pascal 三角矩阵，利用加法运算就可以实现矩阵和向量的乘法运算，可以节省内存，且每前进一个步长求解隐式方程组所需要的计算工作量会相应减少，从始点积分到终点，Gear 方法所需函数值的计算次数比其他大多数变步长方法要少。

（4）Gear 方法不仅可以求解一般的常微分方程初值问题，而且对刚性常微分方程的数值求解也有很好的效果，因而 Gear 方法是求解常微分方程初值问题的一个通用算法。

为便于分析一般的常微分方程，假设有一初值问题

$$\begin{cases} \dot{x}(t) = f(t,x) \\ x(t_0) = x_0 \end{cases} \tag{4-13}$$

对式（4-13）进行数值微分，即利用最简单的向前差商 $\dfrac{x(t+h)-x(t)}{h}$ 来近似代替 $\dot{x}(t)$，即可得到求解一般常微分方程初值问题的 Euler 方法：

$$x(t+h) = x(t) + hf[t, x(t)] \tag{4-14}$$

Gear 方法则是通过构造更加精确的数值积分公式来提高式（4-14）的求解精度，对于式（4-14）所描述的初值问题，记 $t_i = t_0 + ih$，$x_i = x(t_i)$，$f_i = f[t_i, x(t_i)]$，设有 3 组数据如下：

$$t_m, t_{m-1}, t_{m-2}, \cdots, t_{m-k} \tag{4-15}$$

$$x_m, x_{m-1}, x_{m-2}, \cdots, x_{m-k} \tag{4-16}$$

$$f_m, f_{m-1}, f_{m-2}, \cdots, f_{m-k} \tag{4-17}$$

则 Gear 方法利用式（4-15）和式（4-16）中的结点值构造 $x(t)$ 的 k 次 Lagrange 插值多项式 $q_{m,k}(t)$，设 $x(t)$ 在区间 $[t_0, T]$ 中有 $k+1$ 阶连续导数，记余项为 $s_{m,k}(t)$，则有

$$x(t) = q_{m,k}(t) + s_{m,k}(t) = \sum_{i=0}^{k}\left(\prod_{\substack{j=0\\ j\neq i}}^{k}\frac{t-t_{m-j}}{t_{m-i}-t_{m-j}}\right)x_{m-i} + \frac{x^{k+1}(\xi)}{(k+1)!}\prod_{j=0}^{k}(t-t_{m-j}) \tag{4-18}$$

将式（4-18）代入式（4-13）中，两边同乘 h，并取 $t = t_m$，则有

$$hq'_{m,k}(t_m) + hs'_{m,k}(t_m) = hf[t_m, x(t_m)] \tag{4-19}$$

舍去余项，并用 x_i 代替 $x(t_i)(i = m-k, m-k+1, \cdots, m)$，得到计算格式

$$\sum_{i=0}^{k}\tilde{c}_{k,i}x_{m-i} = hf_m \tag{4-20}$$

式中，

$$\tilde{c}_{k,i} = h\left(\prod_{\substack{j=0\\ j\neq i}}^{k}\frac{t-t_{m-j}}{t_{m-i}-t_{m-j}}\right)'_{t=t_m} = \begin{cases} \displaystyle\sum_{j=1}^{k}\frac{1}{j}, & i=0 \\ (-1)^i\dfrac{1}{i}\dbinom{k}{i}, & i>0 \end{cases}$$

为了便于计算，可将式（4-20）改写为

$$x_m + \sum_{i=1}^{k} c_{k,i} x_{m-i} = h g_k f_m \tag{4-21}$$

式中，$c_{k,i} = \dfrac{\tilde{c}_{k,i}}{\tilde{c}_{k,0}}$；

$g_k = \dfrac{1}{\tilde{c}_{k,0}}$。

式（4-21）即为著名的k步 Gear 方法的迭代格式。

4.5 齿轮系统力学方程的数值计算

由于前面所建立的描述齿轮的微分方程式（4-12）是一无量纲化的数学表达式，即式（4-12）不依赖于具体的物理量纲，只具有数学形式上的特点，因此在研究齿轮动力学特性时分析式（4-12）具有广泛性和代表性。

为了验证前面推导的数值方法的有效性，针对微小型可调隙变厚齿轮 RV 减速器中的弧齿锥齿轮，利用上述数值仿真算法并结合 Poincaré 映射图和 FFT 频谱图进行仿真计算。计算时假设驱动力矩和负载力矩是稳定的，即假设$f_{1v}=0$，并取力矩平均值$f_{1m}=0.15$，时变啮合刚度初始相位$\phi_k=0$，则其他的相关量纲一参数分别为$\zeta_{xp}=0.01$，$\zeta_{yp}=0.015$，$\zeta_{zp}=0.02$，$\zeta_{xg}=0.01$，$\zeta_{yg}=0.015$，$\zeta_{zg}=0.02$，$\zeta_{hp}=0.0125$，$\zeta_{hg}=0.0125$，$\zeta_h=0.04$，$k_{xp}=1.1$，$k_{yp}=1.2$，$k_{zp}=1.3$，$k_{xg}=1.1$，$k_{yg}=1.2$，$k_{zg}=1.3$，$k_{hp}=0.4$，$k_{hg}=0.5$，$k_h=1+0.2\cos(\omega_h t)$，$f_{pm}=0.5$，$f_{pv}=0$，$f_e=0.1\cdot\omega_h^2\cos(\omega_h t)$。

4.5.1 系统的基本性质

随着啮合频率的变化，弧齿锥齿轮系统表现出丰富的振动特性。由图 4-6 可知，激励频率$\omega_h=1.5$时，系统响应为单周期简谐响应，与线性系统的特性相同，即单频激励单频响应。振动位移响应的时间历程图为简谐波，响应的相平面图为椭圆形，其 Poincaré 映射图为单个离散点。图 4-7 中（a）～（f）分别为x_p，y_p，z_p，x_g，y_g，z_g六个无量纲位移与时间的变化关系图。

由图 4-8 可知，$\omega_h=1.96$时，系统出现 8 周期次谐波响应，相应的相图为非圆闭合曲线，Poincaré 映射图为 8 个离散点，FFT 频谱图的谱线离散地分布在$m\cdot\omega_h/8$的点上。

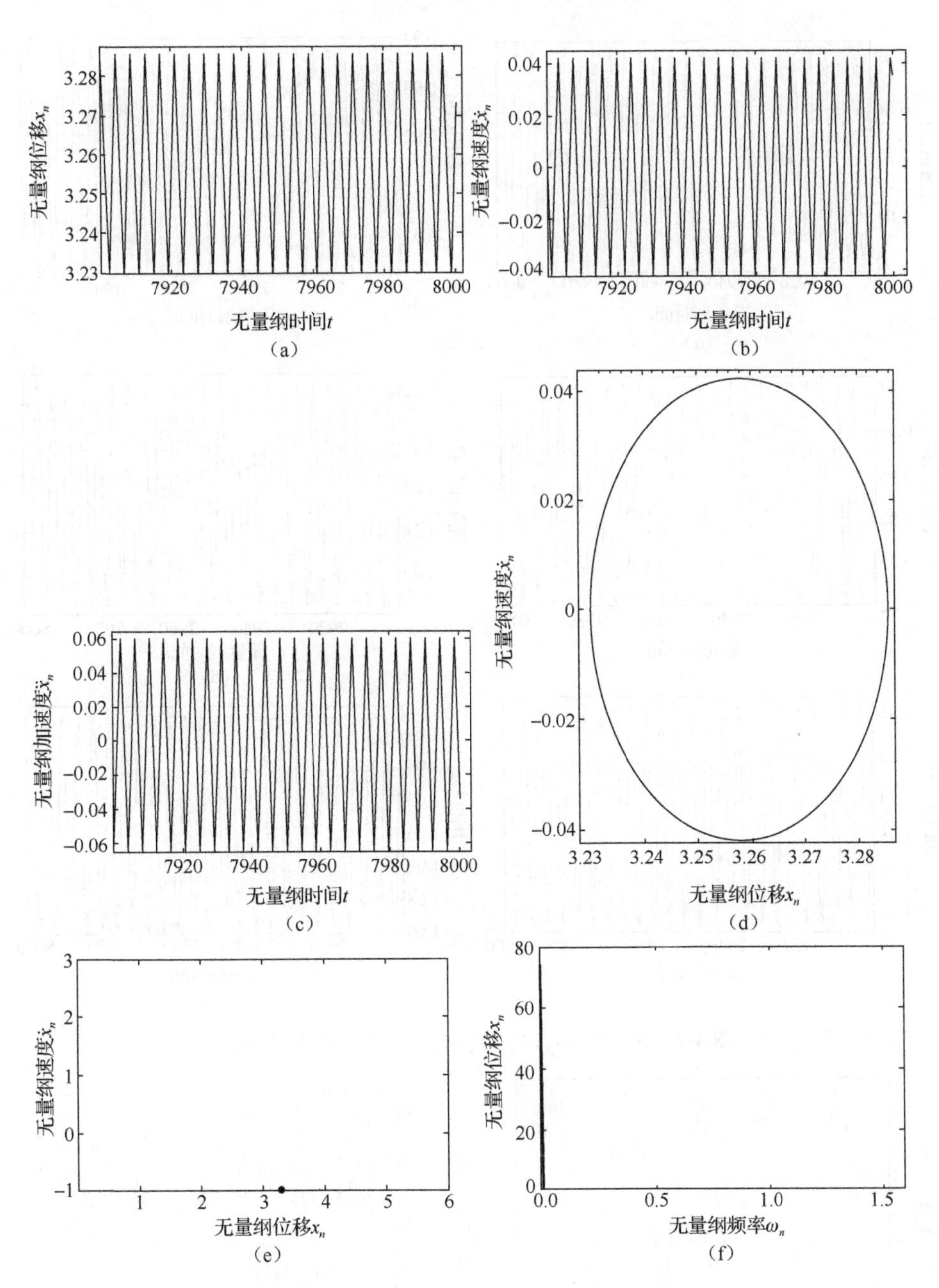

图 4-6　频率 $\omega_h=1.5$ 时 x_n , $\dot{x}_n$, $\ddot{x}_n$ 与 t 的关系、

相平面图、Poincaré 映射图、FFT 频谱图

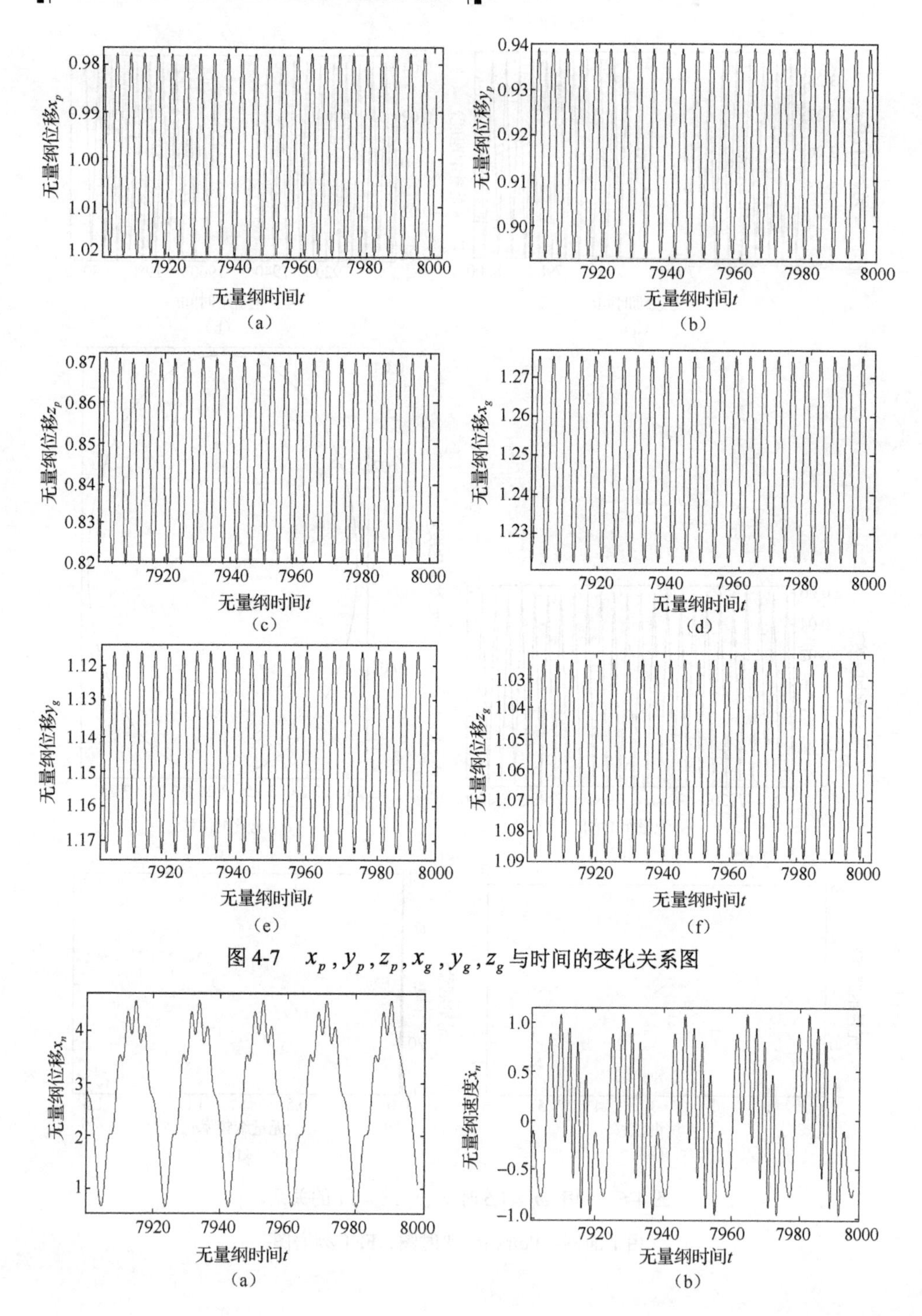

图 4-7　x_p, y_p, z_p, x_g, y_g, z_g 与时间的变化关系图

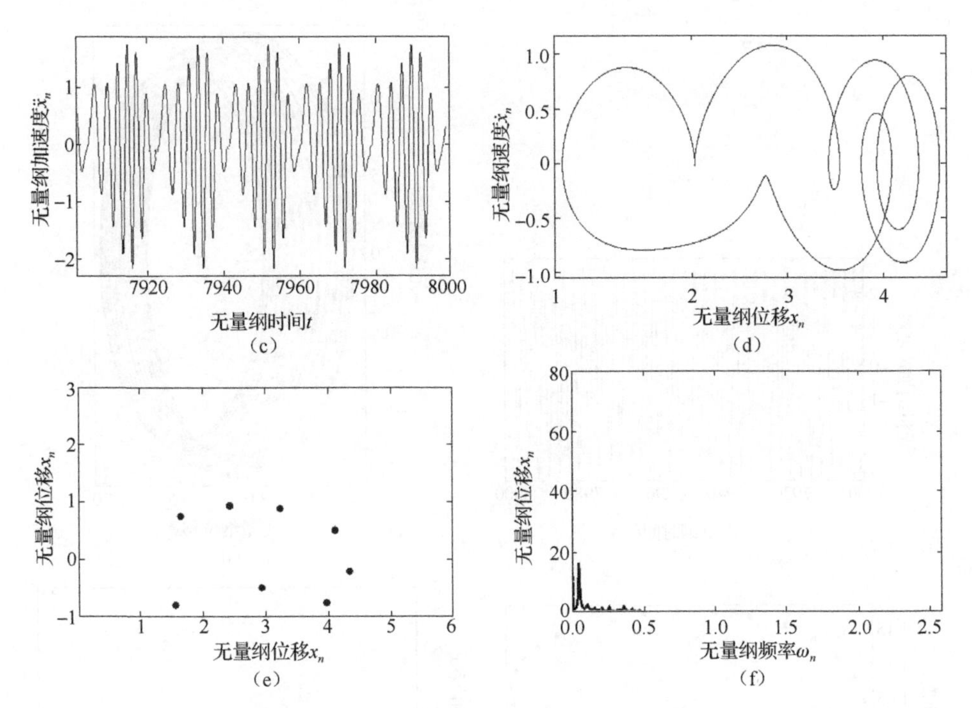

图 4-8 频率 $\omega_h = 1.96$ 时 x_n , $\dot{x}_n$, $\ddot{x}_n$ 与 t 的关系、

相平面图、Poincaré 映射图、FFT 频谱图

由图 4-9 可知，$\omega_h = 2.2$ 时，系统出现拟周期响应，响应为近似的周期运动，该运动是两个或多个周期运动的组合，不存在最小周期，相应的相平面图为充满一定区域的曲线环，Poincaré 映射图为破裂的圆环，FFT 频谱图的谱线仍然是离散地分布在组合频率的点上。

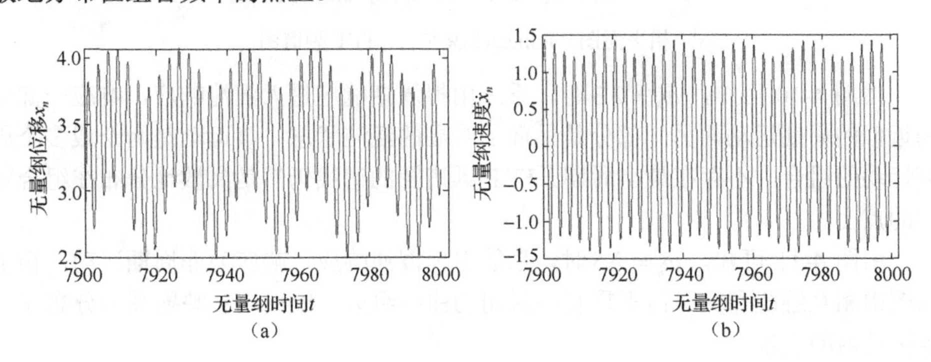

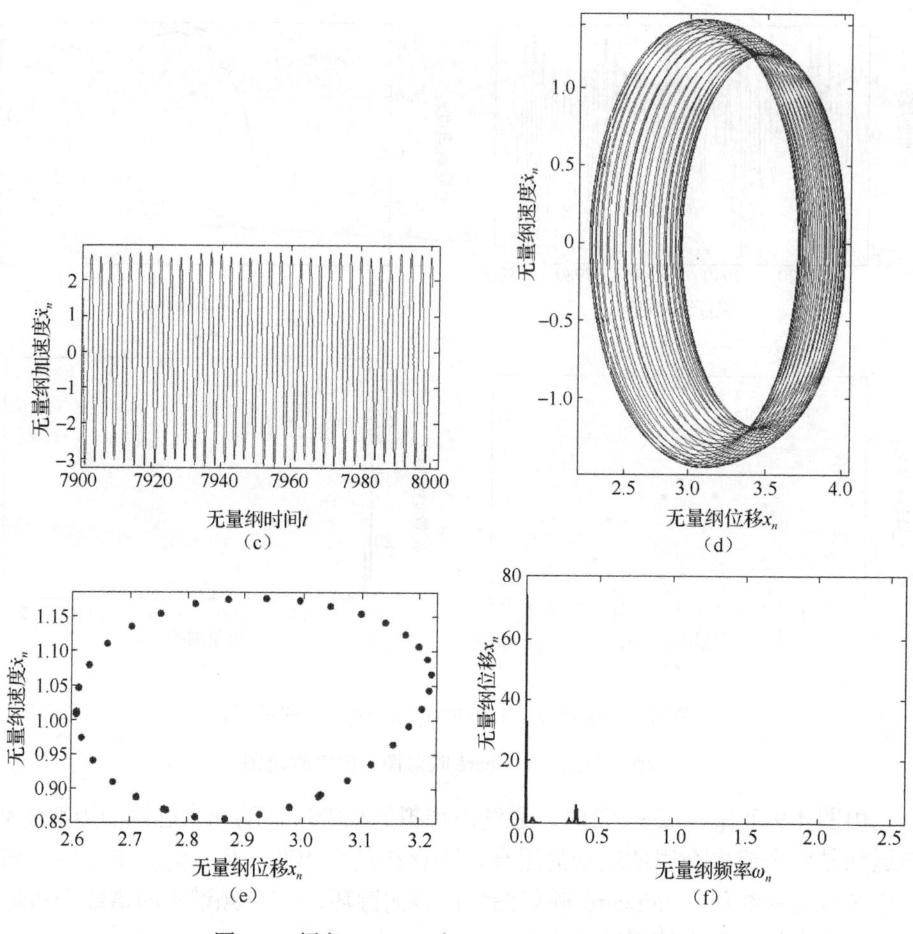

图 4-9　频率 $\omega_h = 2.2$ 时 x_n , $\dot{x}_n$, $\ddot{x}_n$ 与 t 的关系、相平面图、Poincaré 映射图、FFT 频谱图

由图 4-10 可知，$\omega_h = 2.3$ 时，系统由拟周期响应进入混沌响应，响应一部分为近似的周期运动而另一部分是呈现了明显的混沌状态，该运动是两个或多个周期运动的组合，不存在最小周期。FFT 频谱图的谱线仍然是离散地分布在组合频率的点上。

由图 4-11 可知，$\omega_h = 2.5$ 时，系统出现混沌响应，响应为非周期运动，相平面图由相互缠绕和交叉但不重复不封闭的曲线组成，Poincaré 映射图为分布在一定区域内的点集。

在改变激励频率 ω_h 进行仿真计算的过程中，还多次出现 2 周期、4 周期、8 周期响应等多周期次谐响应和拟周期响应及混沌响应，而且拟周期响应往往出现在各周期响应之间，即各周期响应之间的过渡是通过拟周期运动实现的，这些特性会对弧齿锥齿轮的齿面接触稳定性和工作可靠性产生很大的影响。在设计传动系统时，相应参数的取值应避免传动系统处于混沌响应状态。

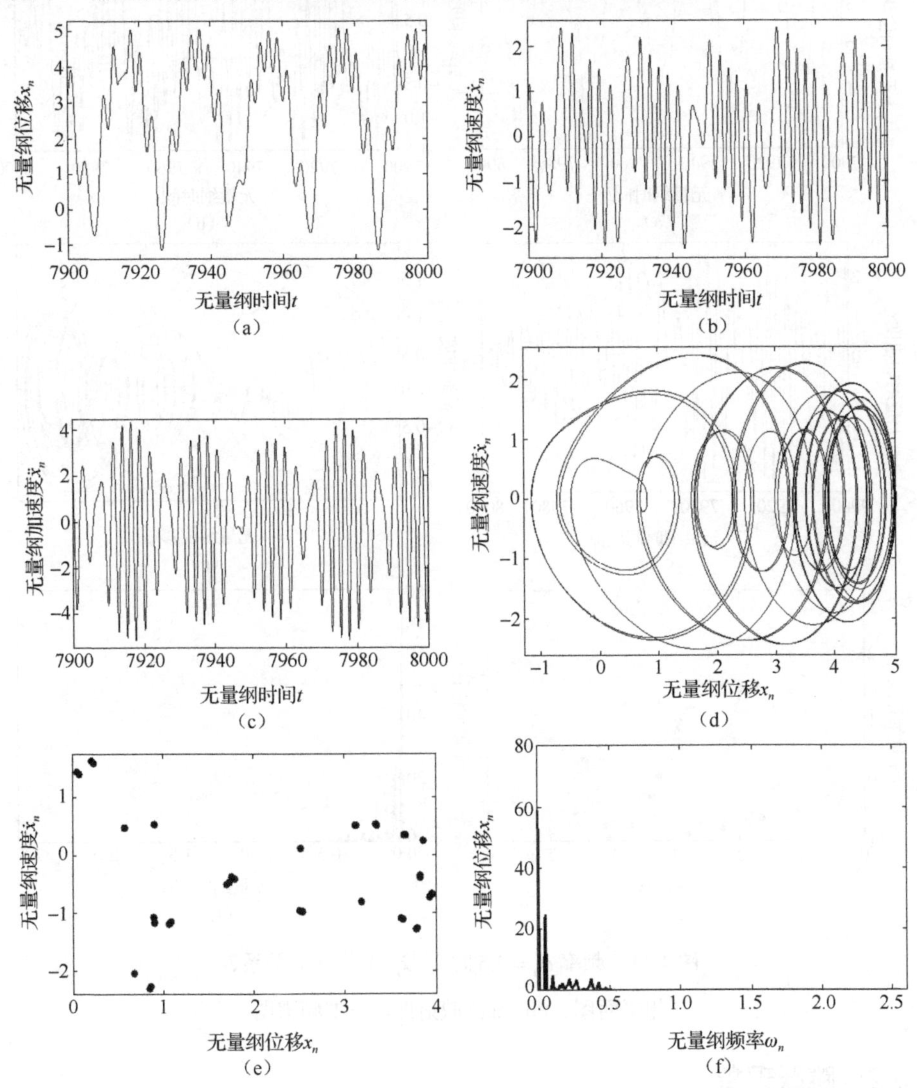

图 4-10　频率 $\omega_h = 2.3$ 时 x_n, $\dot{x}_n$, $\ddot{x}_n$ 与 t 的关系、相平面图、Poincaré 映射图、FFT 频谱图

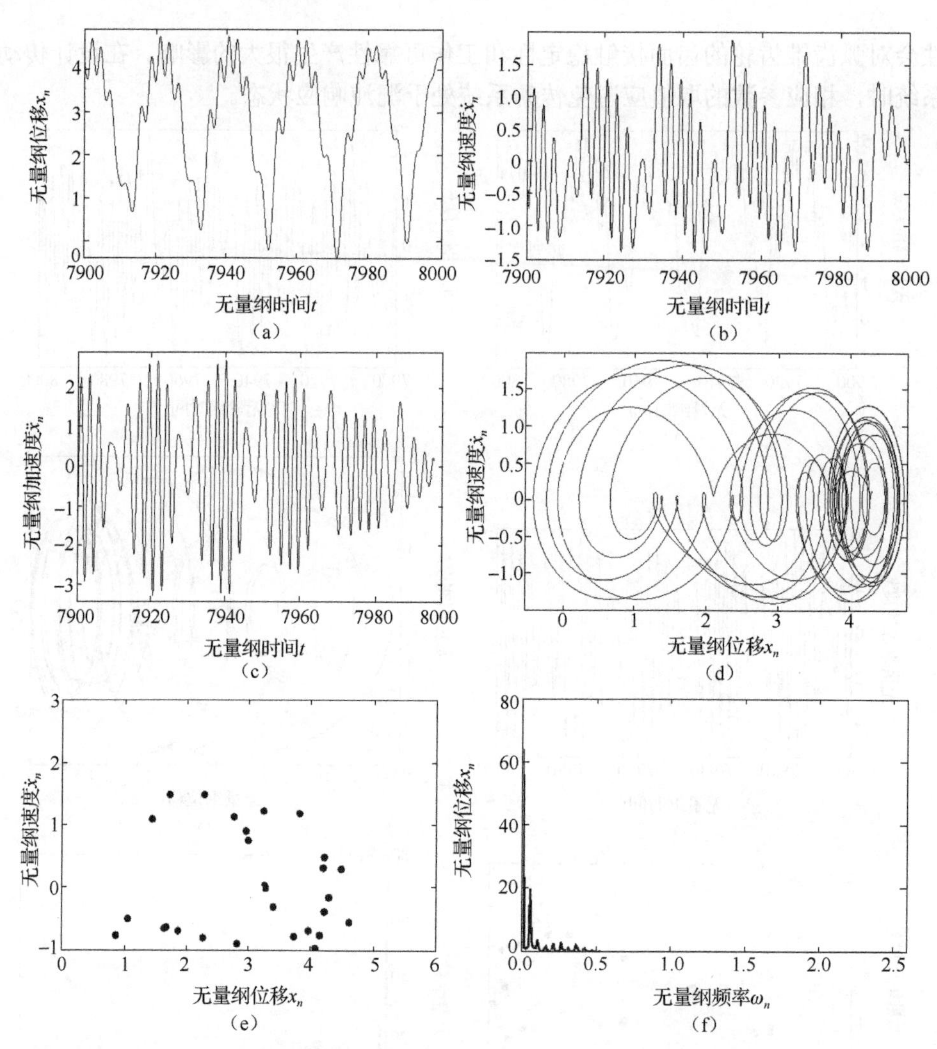

图 4-11　频率 $\omega_h = 2.5$ 时 x_n，$\dot{x}_n$，$\ddot{x}_n$ 与 t 的关系、相平面图、Poincaré 映射图、FFT 频谱图

4.5.2　跳跃现象

随着频率 ω_h 的变化，弧齿锥齿轮系统的法向相对位移的振幅 A 会发生跳跃现象，如图 4-12 所示。

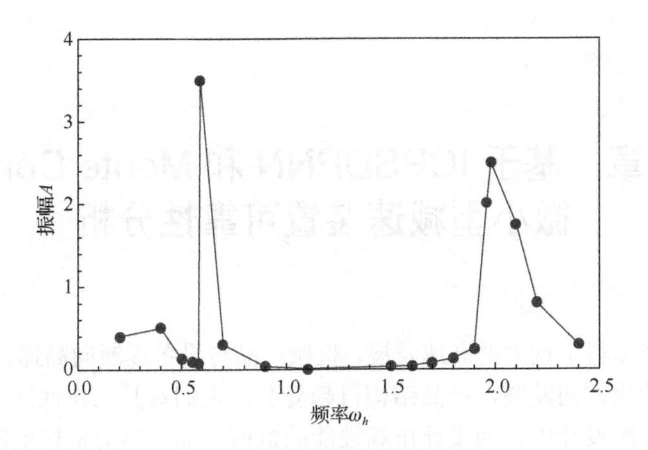

图 4-12　振幅与频率之间的关系

4.6　本 章 小 结

本章首先在齿轮副单自由度非线性动力学模型的基础上，用集中参数法建立了弧齿锥齿轮的 8 自由度非线性动力学模型，模型中综合考虑了齿轮副的齿侧间隙、时变啮合刚度和齿轮副传动误差。通过引入传动误差，将两个扭转方向上振动位移变换为在一个沿啮合线方向上的振动位移，把 8 自由度非线性动力学模型缩减为 7 自由度非线性动力学模型，并推导了该 7 自由度非线性动力学模型的微分方程和无量纲统一微分方程。

本章分析了齿轮系统的刚度激励原因，并将刚度激励展开成 5 次谐波的形式，提出了描述间隙非线性函数的拟合多项式，从而使微分方程更符合实际要求，计算也更加简便。

本章讨论了利用 Gear 方法对推导出的弧齿锥齿轮的无量纲统一微分方程的求解，并分析了对非线性系统的动态响应常采用的分析方法：动态响应时间历程、相平面图、Poincaré 映射图和 FFT 频谱图。当激励频率变化时，系统出现多种稳态响应结果，即单周期简谐响应、倍周期次谐响应、拟周期响应和混沌响应，各周期响应的过渡是通过拟周期分叉实现的。这些特性会对弧齿锥齿轮的齿面接触稳定性和工作可靠性产生很大的影响。在设计传动系统时，相应参数的取值应避免传动系统处于混沌响应状态。

第5章　基于ICPSDPNN和Monte Carlo的微小型减速装置可靠性分析

随着生产和科学技术的高速发展，机械产品与设备逐渐向高速、高效、精密、轻量化和自动化方向发展，产品结构日趋复杂，人们对其工作性能的要求越来越高。在现代机械设计中，为设计出高性能的机械产品，需对机械的结构、可靠性及动态特性等多方面性能进行综合评价。微小型减速装置是一种高精密的机械产品，其可靠性直接决定航空设备的工作性能。因此，微小型减速装置作为航天设备上的关键装置，对其结构进行可靠性研究，以满足航空设备的需要，具有现实的意义。

微小型减速装置的可靠性研究是一个复杂而又难以精确求解的问题。海量的数据、烦琐的过程和经验的缺乏都制约了传统的可靠性识别方法在实际中的应用。人工神经网络是一门近代发展的新兴学科[157-158]，它具有极强的非线性映射功能，是一种描述和处理非线性关系的有力数学工具。传统的神经网络具有良好的非线性性质、并行分布式的存储结构和高容错性等特点，在很多实际应用领域中都取得了成功[159]。但传统神经网络难以表达连续输入信息的累积效应，同时依赖于时间的采样数据量较大，且难以解决较大样本的学习和泛化问题，因此，传统神经网络在解决大容量非线性时变系统的信息处理问题时还存在不适应性[158-160]。

5.1　改进的混沌粒子群动态过程神经网络

5.1.1　动态过程神经网络

在应用传统神经网络模型解决时变系统输入输出问题时，通常的方法是将时间关系转换为空间关系（时间序列）之后再进行处理，但这样会导致网络规模的迅速扩大，而目前传统神经网络实际上还难以解决较大样本的学习和泛化问题，同时这样处理也难以满足系统实时性要求和反映时变输入信息对输出的累积效应。针对上述问题，国内学者丁刚等[157]、许少华等[158]近年来将传统神经网络扩展到时间域，提出和建立了一种新的人工神经网络模型——过程神经网络。过程神经网络能够直接处理过程式数据，对于实际中求解与过程有关的众多问题有着广泛的适应性。

1. 过程神经网络

过程神经网络可以直接把时变函数作为系统的输入输出信号，是对传统人工神经网络在时间域上的扩展，对于求解众多与时变过程相关的问题具有较好的适应性。

1）过程神经元

过程神经元由加权、空间聚合、时间累积聚合和激励四部分组成，其结构如图 5-1 所示，其聚合运算既有对空间的多输入汇聚，亦有对时间过程的累积[159-161]。

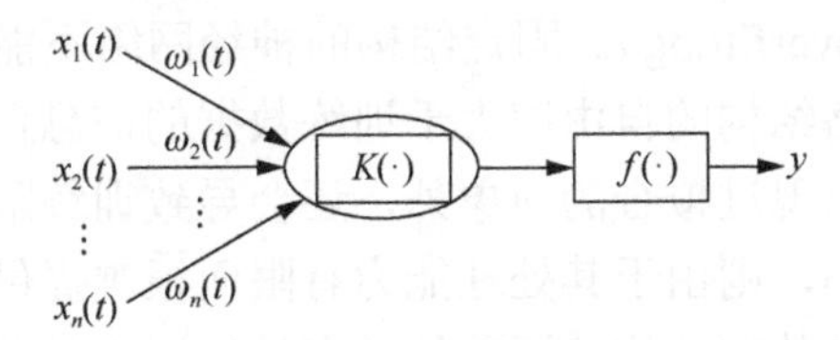

图 5-1　过程神经元

图 5-1 中，$x_i(t)\,(i=1,2,\cdots,n)$ 为过程神经元的输入函数，$\omega_i(t)$ 为相应的连接权函数，$t\in[0,T]$ 为时间采样区间，$K(\cdot)$ 为过程神经元的时间聚合基函数，$f(\cdot)$ 为激励函数，可取线性函数、Sigmoid 函数和 Gauss 函数等。

2）过程神经网络结构

由若干过程神经元和传统人工神经元按一定的拓扑结构组成的网络称为过程神经网络。同传统人工神经网络一样，按照神经元之间的连接方式以及信息传递有无反馈，可将过程神经网络分为前馈型和反馈型两种类型。目前比较常用的是多层前馈过程神经网络模型。图 5-2 所示的是一种多输入单输出的仅含 1 个隐含层的前馈过程神经网络模型。

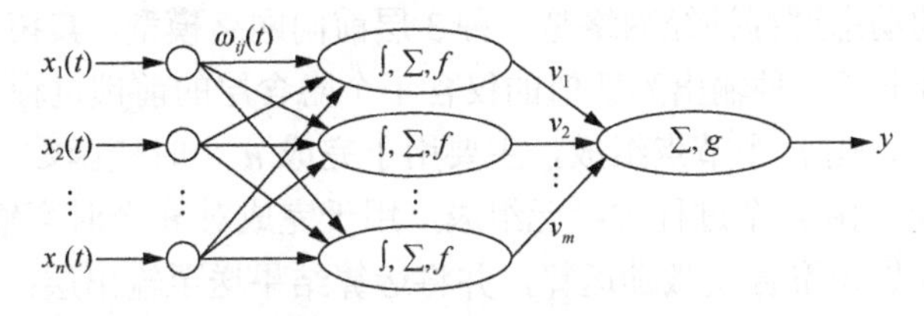

图 5-2　过程神经网络模型

设输出层的激励函数为线性函数 $g(z)=z$，且阈值为零，则图 5-2 所示的过程神经网络模型的系统输出为

$$y=\sum_{j=1}^{m}v_{j}f\left(\sum_{j=1}^{n}\int_{0}^{T}\omega_{ij}(t)x_{i}(t)\mathrm{d}t-\theta_{j}\right) \tag{5-1}$$

2. 动态过程神经网络的结构

人工神经网络在解决复杂的模式识别问题时具有较强的能力，其最大的困难是如何选择神经网络的结构和相关的参数[160-162]。神经网络拓扑结构的设计是神经网络设计的重要内容，其结构的优劣对网络的处理能力有很大影响。最优网络结构或学习算法的选择是一个比样本数选择更加难解的问题。传统的神经网络训练算法训练的是全连接结构下的连接权值，由于存在连接的冗余，其实现的代价非常高，那么在网络训练的后期，这些误差就会影响到整个神经网络的训练收敛方向，从而造成全局最优点的偏离并导致泛化能力的降低。这种现象称为过训练/过拟合（overtraining/overfitting）。固定结构的神经网络不能提供最佳的性能，一般认为过拟合是由网络结构的自由度大于训练数据的信息自由度造成的，而且规模冗余的网络除了会出现过拟合的现象外，还会导致训练陷入局部最小。如果一个神经网络的结构较小，则由于其处理能力有限而很难提供较好的性能。因此，开发一种高性能的、参数和结构可调节的动态神经网络是非常有意义的工作。本书提出了一种改进的粒子群优化算法训练的动态过程神经网络，该算法在训练权值的同时优化其连接结构，删除冗余连接[163-165]。因为部分冗余连接由冗余的输入参数导致，所以冗余连接的删除在一定程度上还可以消除冗余参数对神经网络模式识别性能的影响。

近年来，相继有一些结构优化方法被提出，如规则化、自底向上方法、自顶向下方法和遗传算法等方法，上述方法分别从不同方面入手优化网络结构，都取得了一定的进展。尽管已有不少学者研究了神经网络结构优化方法及提高神经网络泛化能力的方法，但目前还没有一种很实用很有效的方法。而且在所有的方法中计算时间较长是一个普遍的问题，特别是问题规模较大时，它们不太实用。另外，这些学习算法可能会陷入局部最小，而得不到全局最优解[166]。

我们提出的动态过程神经网络是一种 3 层前向网络模型，其拓扑结构如图 5-3 所示。图 5-3 给出了一种输出为数值的仅含 1 个隐含层的前馈过程神经网络模型。第 1 层为输入层，由 n 个节点组成，主要用于完成 n 个时变函数向网络的输入；第 2 层为隐含层，由 h 个过程神经元组成，用于完成对 n 个时变输入函数的空间加权聚合、时间累积聚合及激励运算，并将运算结果送至输出层；第 3 层为输出层（为讨论问题方便，只考虑输出层仅由 1 个过程神经元组成的情况，不难推广到由多个过程神经元组成的情况），输出层接收来自隐含层的激励运算结果信号，将接收到的信号在进行空间加权聚合及时间累积聚合运算后完成系统激励输出。

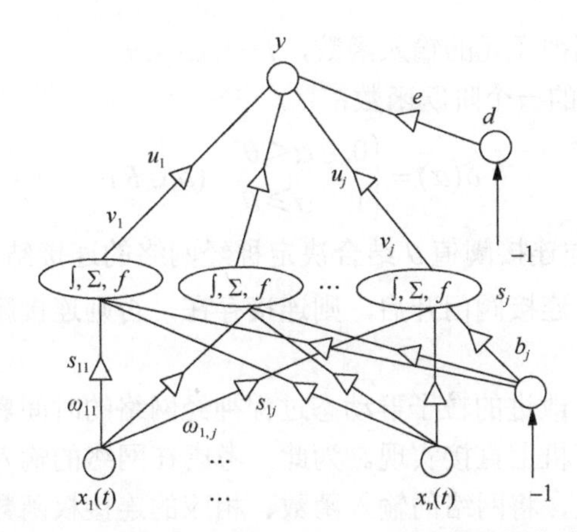

图 5-3　过程神经元改进的动态过程神经网络的结构

网络的系统输入函数向量为

$$X(t)=\left(x_1(t),x_2(t),\cdots,x_n(t)\right) \tag{5-2}$$

设系统输入过程区间为$[0,T]$，则隐含层第 $j(j=1,2,\cdots,m)$个过程神经元的输入为

$$\widehat{\text{net}_j}=\sum_{i=1}^{n}\int_0^T \delta(S_{ij})\omega_{ij}x_i(t)\mathrm{d}t \tag{5-3}$$

式中，$\delta(S_{ij})$——隐含层第 j 个过程神经元与输入层第 i 个单元之间的连接权函数，$i=1,2,\cdots,n,\ j=1,2,\cdots,h$。

与此相应，隐含层第 j 个过程神经元的输出为

$$\text{out}_j=f\left[\sum_{i=1}^{n}\int_0^T \delta(s_{ij})\omega_{ij}x_i(t)\mathrm{d}t-\int_0^T \delta(s_j)b_j\mathrm{d}t\right] \tag{5-4}$$

式中，$f[]$——隐含层过程神经元的激励函数，一般可取为 Sigmoid 函数。

图 5-3 的神经网络中输入与输出的关系函数可描述如下：

$$y_k(t)=\sum_{j=1}^{h}\delta(u_{jk})v_{jk}f\left[\sum_{i=1}^{n}\int_0^T \delta(s_{ij})\omega_{ij}x_i(t)\mathrm{d}t-\int_0^T \delta(s_j)b_j\mathrm{d}t\right]-\delta(e_k)\psi(d_k) \tag{5-5}$$

式中，ω_{ij}——第 i 个输入节点与隐含层第 j 个节点之间的权值；

v_{jk}——隐含层第 j 个节点与第 k 个输出节点 y 的权值；

s_{ij}——第 i 个输入节点与第 j 个隐含层节点之间的连接开关参数值；

u_{jk}——第 j 个隐含层节点与第 k 个输出节点 y_k 之间的连接开关参数值；

b_j 和 d_k——第 j 个隐含层节点和第 k 个输出节点的偏移量；

s_j 和 e_k——第 j 个隐含层节点和第 k 个输出节点偏移量的连接开关参数值；

$y_k(t)$——改进的粒子群动态过程神经网络的第 k 个系统输出；

$\psi(d_k)$——权重系数；

$x_i(t)$——过程神经元的输入函数，$i=1,2,\cdots,n$；

$\delta(\,)$——如下的一个阶跃函数：

$$\delta(\alpha)=\begin{cases}0, & \alpha<\theta \\ 1, & \alpha\geqslant\theta\end{cases}\quad(\alpha\in R) \tag{5-6}$$

连接变量$\delta(\alpha)$与连接阈值θ结合决定神经网络的连接结构[167]。若连接变量的值大于连接阈值，连接阀门开启，则连接存在，否则连接删除。连接变量一般为区间[0,1]的实数。

由式（5-5）知，改进的粒子群动态过程神经网络的时间累积聚合包含对函数的运算，难以在计算机上直接实现。为此，考虑在网络的输入函数空间中选择一组合适的正交基函数，将网络的输入函数、相应的连接权函数及隐含层阈值函数同时展开，利用基函数的正交性达到简化计算并提高学习效率的目的。根据文献[160]～[162]可将式（5-5）简化为

$$y_k(t)=\sum_{j=1}^{h}\delta(u_{jk})v_{jk}f\left[\sum_{i=1}^{n}\sum_{j=1}^{P}a_i^{(P)}\delta(s_{ij})\omega_{ij}^{P}-\sum_{j=1}^{P}c_p\delta(s_j)b_j\right]-\delta(e_k)\psi(d_k) \tag{5-7}$$

式中，$a_i^{(P)}\in R$——函数$x_i(t)$正交展开式中对于基函数$b_p(t)$的展开式系数。

5.1.2 改进的混沌粒子群优化算法

过程神经网络是近几年发展起来的一种新兴神经网络模型，输入和连接权可以是时变函数或过程，其聚合运算体现了对空间的聚合，与传统的神经网络相比表现出了较大的优越性。但是，标准的过程神经网络中，最常用的学习算法是BP算法，BP算法实质上就是梯度下降法，是一种局部搜索算法，即利用梯度作为启发信息在局部范围内沿最优方向搜索局部最优点。然而，BP神经网络收敛速度慢，而且梯度下降法使得网络极易陷入局部最小值，从而使得网络训练结果不尽如人意，搜索成功概率低，导致BP网络在应用中存在着一定的局限性。如何提高网络的搜索成功率，选用新的算法替代梯度下降法是研究的重点。

1. 标准的粒子群优化算法

粒子群优化算法是Kennedy和Eberhart从鸟群、鱼群聚集觅食这一活动中受到启发发展而来，主要用于解决优化问题。粒子群优化算法就是对群体行为的模拟[160-165]。由m个粒子（particle）组成的群体（swarm）对D维搜索空间进行搜索。每个粒子在搜索时，考虑了自己搜索到的历史最好点和群体内（或邻域内）所有粒子的历史最好点。在此基础上进行位置（状态，也就是解）的变化。第i个粒子的速度和位置分别表示为

$$v_{id}(t+1)=\omega^{i}\cdot v_{id}(t)+c_1v_1(p_{id}-x_{id}(t))+c_2v_2(p_{gd}-x_{id}(t)) \tag{5-8}$$

$$x_{id} = (t+1) = x_{id}(t) + v_{id}(t+1) \tag{5-9}$$

式中，$i = 1,2,\cdots,m$；

$d = 1,2,\cdots,D$；

$\omega^0 = 0.729$，$\omega^i \geqslant 0$ 称为惯性因子，ω 使微粒保持运动惯性，使其有扩展搜索空间的趋势，有能力探索新的区域；

c_1 和 c_2——非负常数，称为学习因子，c_1 和 c_2 是 $[0,1]$ 的随机数；

$v_{id} \in [-v_{\max}, v_{\max}]$，$v_{\max}$ 是常数；

t——当前迭代次数。

对每个粒子的位置向量 p_i 和速度 V 进行迭代更新，并且记录每个粒子的历史最优位置 p_{id}（p_{id} 表示第 i 个粒子第 d 次迭代的历史最优位置向量）和所有粒子中的全局最优位置向量 p_{gd}。

标准粒子群优化算法从如下几个方面模拟了鸟群等的群体智能行为：

（1）$c_1 v_1 \left(p_{id} - x_{id}(t)\right) + c_2 v_2 \left(p_{gd} - x_{id}(t)\right)$ 反映了粒子自身认知能力和社会信息共享能力，鸟类在飞向栖息地的同时避免相互碰撞。

（2）$c_1 v_1 \left(p_{id} - x_{id}(t)\right) + c_2 v_2 \left(p_{gd} - x_{id}(t)\right)$ 是一个随机函数，满足了随机性。

（3）粒子根据自身位置与 p_{id} 和 p_{gd} 来确定飞行方向和飞行速度。飞行方向由 $\left(p_{id} - x_{id}(t)\right)$ 和 $\left(p_{gd} - x_{id}(t)\right)$ 的随机加权值来确定。

（4）固定 p_{gd} 不变，则当 $t \to \infty$ 时，$c_1 v_1 \left(p_{id} - x_{id}(t)\right) + c_2 v_2 \left(p_{gd} - x_{id}(t)\right) \to 0$，这就保证了当一只鸟飞到栖息地时，将吸引其他鸟也飞向栖息地。

每个粒子的优劣程度根据已定义好的适应度函数来评价，这和被解决的问题相关。下面为PSO算法的算法流程。

步骤1：初始化粒子群，包括群体规模、每个粒子的位置和速度。

步骤2：计算每个粒子的适应值。

步骤3：对每个粒子，用它的适应值和个体极值 p_{best} 比较，如果较好，则替换 p_{best}。

步骤4：对每个粒子，用它的适应值和全局极值 g_{best} 比较，如果较好，则替换 g_{best}。

步骤5：根据式（5-8）、式（5-9）更新粒子的速度和位置。

步骤6：如果满足结束条件（误差足够好或到达最大循环次数）则退出，否则回到步骤2。

相对于遗传算法、模拟退火等算法，PSO算法更简单有效，但它存在早熟问题。起初，PSO算法并未对算法的收敛性进行详细分析，参数选取也是基于经验进行。实际上算法参数选取和收敛性是影响算法性能和效率的关键因素，并且两者有紧密的联系。文献[166]利用差分方程理论对 PSO 算法的收敛特性进行了更为深入的研究，并对算法的参数选取进行分析。

如果一个粒子当前的位置、该粒子的当前最优值和粒子群的当前最优值三者一致，该粒子会因为它以前的速度和惯性因子不为零而远离最佳位置，导致算法不能收敛；如果以前的速度非常接近零，粒子一旦赶上了粒子群的当前最佳粒子，种群多样性就慢慢丧失，所有的粒子将会集聚到相同位置并停止移动，粒子群优化出现停滞状态，却仍没有搜索到满意解，这种情况大多导致早熟；如果粒子速度一直以初始化速度迭代到算法结束，相当于自意识算子和群意识算子失效，不利于全局最小值的搜索，算法的适应性将显著降低[165-166]。

为了避免早熟，提高算法的适应性，本章在粒子群优化算法中引入混沌思想，提出了混沌粒子群优化（chaotic particle swarm optimization，CPSO）算法。

2. 改进的 CPSO 算法

一般将由确定性方程得到的具有随机性的运动状态称为混沌，混沌状态广泛存在于自然现象和社会现象中，是非线性系统中一种较为普遍的现象，其行为复杂且类似随机，但却存在着精细的内在规律性[167]。由于混沌运动具有随机性、遍历性、对初始条件的敏感性等特点，利用混沌运动特性可以进行优化搜索。其基本思想是：首先产生一组与优化变量相同数目的混沌变量，用类似载波的方式将混沌引入优化变量使其呈现混沌状态，同时把混沌运动的遍历范围放大到优化变量的取值范围，然后直接利用混沌变量搜索。基于混沌的搜索技术无疑会比其他随机搜索更具优越性[168-169]。

如下的 Logistic 方程是一个典型的混沌系统：

$$c_{n+1} = \mu c_n(1-c_n), \quad n = 0,1,2,\cdots \tag{5-10}$$

式中，μ——控制参量，取 $\mu = 4$。

设 $0 \leqslant c_0 \leqslant 1$，系统（5-10）完全处于混沌状态。由任意初值 $c_0 \in [0,1]$，可迭代出一个确定的时间序列 $c_1, c_2, c_3, \cdots$。

CPSO 算法的基本思想主要体现在两个方面[170]：①用混沌序列初始化粒子的位置和速度，既不改变 PSO 算法初始化时所具有的随机性本质，又利用混沌提高了种群的多样性和粒子搜索的遍历性，在产生大量初始群体的基础上，从中择优出初始群体；②以整个粒子群迄今为止搜索到的最优位置为基础产生混沌序列，把产生的混沌序列中的最优位置粒子替代当前粒子群中的一个粒子的位置。引入混沌序列的搜索算法可在迭代中产生局部最优解的许多邻域点，以此帮助惰性粒子逃离局部极小点，并快速搜寻到最优解。

3. 改进的 CPSO 算法的测试与结果分析

为了测试 CPSO 算法的性能，本节使用两个典型测试函数来进行实验，并且将实验结果与用遗传算法（genetic algorithm，GA）、带有惯性因子的 PSO 算法的测试结果进行比较。为了考察算法的可扩展性，对每个函数测试时分别使用了不同的变量维数，分别为 10 和 30。在实验中，每一种情况都运行 50 次，并求平均适应值和最优适应值作为性能比较的依据。实验参数选取如下：对 PSO 和 CPSO，ω 随进化代数从 0.9 递减到 0.4，GA 的交叉率为 0.6，变异率为 0.2。

（1）Rastrigrin 函数 f_1：

$$f(x)=\sum_{i=1}^{n}\left[x_i^2-10\cos(2\pi x_i)+10\right],\ \left|x_i\right|\leqslant 5.12$$

$$\min f(x^*)=f(0,0,\cdots,0)=0$$

Rastrigrin 函数为多峰函数，当 $x_i=0$ 时达到全局极小点，在 $S=\left\{x_i\in[-5.12,5.12],i=1,2,\cdots,n\right\}$ 范围内大约存在 10^n 个局部极小点。几种算法的计算结果见表 5-1。

表 5-1 Rastrigrin 函数的平均适应值与最优适应值

算法	变量维数 n	平均适应值	最优适应值
PSO	10	1.17e−2	8.1e−4
	30	0.23	5.18e−3
GA	10	0.56	5.3e−3
	30	1.12	0.22
CPSO	10	2.83e−5	2.5e−8
	30	3.41e−5	5.5e−7

当变量维数 n=30 时 Rastrigrin 函数平均适应值随迭代次数变化曲线如图 5-4 所示。

（2）Rosenbrock 函数 f_2：

$$f(x)=\sum_{i=1}^{n}100(x_{i+1}-x_i^2)^2+(x_i-1),\ \left|x_i\right|\leqslant 50$$

$$\min f(x^*)=f(1,1,\cdots,1)=0$$

Rosenbrock 函数是非凸的病态二次函数，其极小点易于找到，但要收敛到全局极小点则十分困难。几种算法的计算结果见表 5-2。

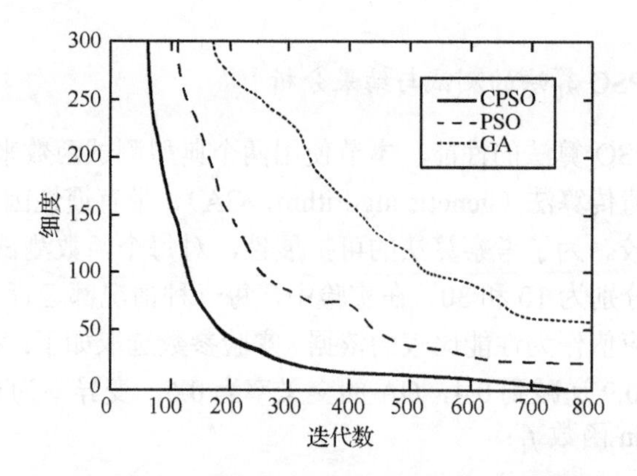

图 5-4　n=30 时 Rastrigrin 函数平均适应值随迭代次数变化曲线

表 5-2　Rosenbrock 函数的平均适应值与最优适应值

算法	变量维数 n	平均适应值	最优适应值
PSO	10	2.97	1.73
	30	19.63	9.97
GA	10	10.03	6.01
	30	50.86	33.86
CPSO	10	1.2e−1	6.3e−2
	30	4.6e−2	2.2e−2

当变量维数 n=30 时 Rosenbrock 函数平均适应值随迭代次数变化曲线如图 5-5 所示。

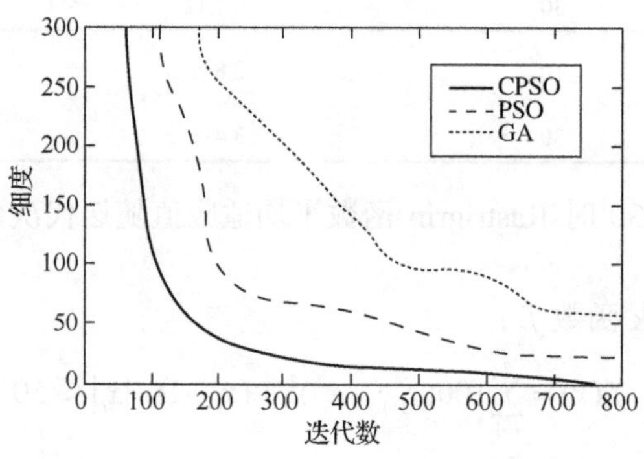

图 5-5　n=30 时 Rosenbrock 函数平均适应值随迭代次数变化曲线

分析实验结果，从图 5-4、图 5-5 可以看出，CPSO 算法对于所有的测试函数性能都优于 PSO 算法和 GA，不但具有较快的收敛速度，而且也有很强的全局搜索能力。三者中 GA 的优化结果最不理想，因为 GA 对复杂函数的优化效果依赖于搜索空间的大小，由于搜索空间较大，所以每次得到最优解的差异都较大。在优化 Rastrigrin 函数和 Rosenbrock 函数时，PSO 算法的效果较为理想，对于 Rosenbrock 函数，PSO 和 CPSO 两种方法的效果差别较明显，但都比 GA 要好。从表 5-1、表 5-2 的数据可以看出，对于两种测试函数，CPSO 算法的最优适应值、平均适应值都最小，因此它比 PSO 算法以及 GA 的精度更高、更稳定，特别是在维数比较高和函数值变化比较剧烈的情况下，它的性能优势更明显，PSO 在此情况下效果下降明显。从实验的平均结果来看，GA 的平均适应值和标准差都比较大，因此该方法的波动较大，维数越大越不稳定，而 CPSO 算法对于复杂函数全局优化问题是一种合适的工具。

5.1.3　改进的混沌粒子群动态过程神经网络算法

在上述讨论的基础上建立改进的混沌粒子群动态过程神经网络（improved chaotic particles swarm dynamic process neural network，ICPSDPNN）模型，每个粒子的位置向量为

$$p_{\text{resent}}(i)=[\omega_{ij},u_{jk},e_k,d_k,v_{jk},s_{ij},b_j,s_j] \tag{5-11}$$

粒子的适应度定义为第 d 次迭代后网络实际输出 $\hat{y}$ 和理想输出 y 间的误差平方和：

$$J(d)=\sum_{j=1}^{n}e_j^q=\sum_{j=1}^{n}(y_j-\hat{y}_j^q)^2,\ q=1,2,\cdots,Q \tag{5-12}$$

式中，n——非线性函数的采样点数；

$\hat{y}_j^q$——对于第 q 次迭代第 j 个输入的网络实际输出；

Q——迭代次数。

至此，改进的混沌粒子群动态过程神经网络基于正交基函数展开的学习算法可完整描述如下。

步骤 1：确定网络结构参数。

步骤 2：选取合适的正交基函数将网络的输入函数、连接权函数及阈值函数同时展开。

步骤 3：设定网络学习误差精度 ε、学习迭代次数 $q=0$、最大学习迭代次数 Q、初始化网络待训练参数 $\omega_{ij},u_{jk},v_{jk},s_{ij},e_k,d_k,s_j,b_j$。

步骤 4：初始化粒子的位置向量、速度向量，其中每个粒子向量的元素随机产生。设定各个粒子位置向量元素 $\omega_{ij},u_{jk},v_{jk},s_{ij},e_k,d_k,s_j,b_j$ 的最大值和最小值。

步骤 5：根据式（5-12）计算误差函数 E，如果 $E<\varepsilon$ 或 $q>Q$ 则转步骤 7。

步骤 6：根据改进的算法的规则调整网络待训练参数 $\omega_{ij}, u_{jk}, v_{jk}, s_{ij}, e_k, d_k, s_j, b_j, q+1\to q$，转步骤 5。

步骤 7：输出学习结果，结束。

5.1.4 改进的混沌粒子群动态过程神经网络仿真试验

Henon 映射是著名的简单动力学系统之一，其动力学方程为

$$\begin{cases} x(t+1)=1+y(t)-ax^2(t) \\ y(t+1)=bx(t) \end{cases} \tag{5-13}$$

当 $a=1.4$，$b=0.3$ 时系统进入混沌状态。此时，对 Henon 系统进行仿真，可以看成一个动力学系统研究的“反问题”。“正问题”是给定非线性动力学系统，研究其相空间中轨道的各种性质，“反问题”是给定相空间中的一串迭代序列（轨道的演化过程），要构造一个非线性仿真系统来表达原系统[64]。在本节，利用输出为数值的改进的混沌粒子群动态过程神经网络对 Henon 系统进行仿真研究。

假定系统的初始条件为 $x(0)=0.5$，$y(0)=0.5$，则根据式（5-13）进行迭代计算，可以得到一个关于 t 的时间序列 x。取该时间序列的前 106 个数据，即 $\{x(r)\}_{r=0}^{105}$，对其进行仿真研究。将 $\{x(r)\}_{r=0}^{105}$ 中连续的 6 个数据 $\{x_r, x_{r+1}, \cdots, x_{r+5}\}$ 进行拟合，构成一个函数 F_r，作为网络的理想输入函数，以相邻的第 7 个数据 x_{r+6} 作为对应于 F_r 的网络理想输出，这样一共可以得到 100 组样本，即 $\{F_r; x_{r+6}\}_{r=0}^{99}$。同时，本节所使用的输出为数值的改进的混沌粒子群动态过程神经网络的拓扑结构为 1-10-1。利用 Legendre 正交多项式对网络的输入函数及相应的连接权函数进行展开，其中基函数选定为 6 个。设定网络的学习误差精度为 10^{-6}；学习速率为 0.01；最大迭代次数 1000 次。利用前 50 组样本对网络进行训练，网络经 41 次学习迭代后收敛，训练后隐含层节点为 8 个。为进行性能对比分析，采用一个拓扑结构亦为 1-10-1 的 3 层前馈过程神经网络模型对 Henon 系统进行仿真。在该网络的训练过程中，各待训练参数的初始值均取与输出为数值的改进的混沌粒子群动态过程神经网络训练过程中对应的待训练参数相同的初始值，网络经 81 次学习迭代后收敛，学习误差曲线如图 5-6 所示。

为测试学习完成后的网络的泛化推广能力，利用后 50 组非训练样本进行测试，测试结果如表 5-3 和图 5-7 所示，平均相对误差为 3.07%。

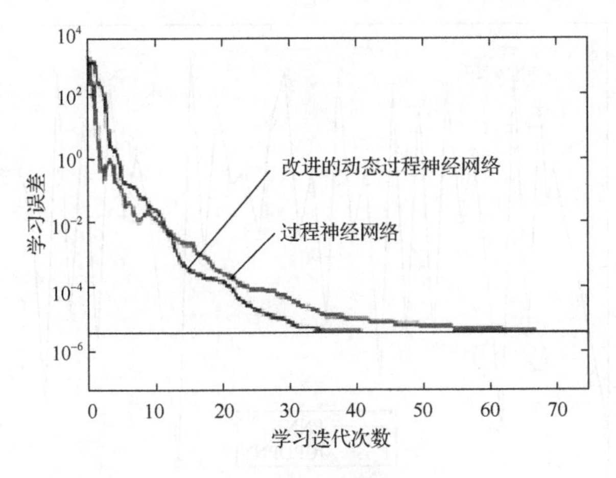

图 5-6　学习误差曲线

图中横线代表收敛点

表 5-3　Henon 系统仿真测试结果

序号	实际值	PNN 仿真值	ICPSDPNN 仿真值
81	0.2439	0.2706	0.2532
82	0.6497	0.6635	0.6523
83	0.4821	0.5014	0.4769
84	0.8695	1.049	0.9578
85	0.0862	0.0963	0.0875
86	1.2504	1.3008	1.2512
87	−1.1632	−1.1672	−1.1673
88	−0.5190	−0.5268	0.5186
89	0.2739	0.2716	0.2658
90	0.7393	0.7418	0.7369
91	0.3171	0.3168	0.3150
92	1.0810	1.0829	1.0802
93	−0.5410	−0.5398	−0.5430
94	0.9146	0.9201	0.9122
95	−0.3333	−0.3324	0.3328
96	1.1189	1.1237	1.1203
97	−0.8526	−0.8319	−0.8649

注：PNN（process neural network）为过程神经网络

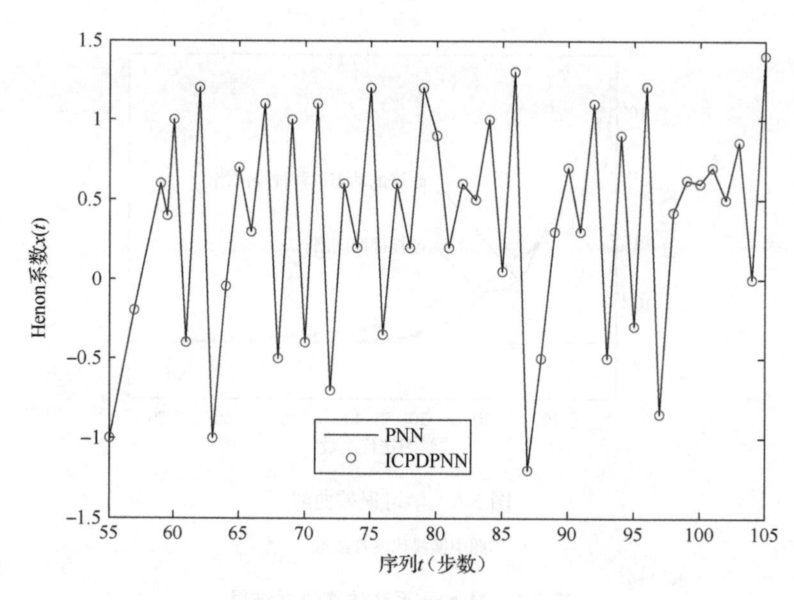

图 5-7　基于 3 层改进的混沌粒子群动态过程神经网络的 Henon 系统仿真

由图 5-6 和表 5-3 可以看出，在相同条件下，输出为数值的改进的混沌粒子群动态过程神经网络与多层前馈过程神经网络相比，不仅收敛速度快，而且其精度也有所提高。使网络性能趋向稳定，这不仅使网络整体的收敛速度变快，而且精度也有所提高。需要指出，尽管对结构的优化增加了本书算法训练阶段的复杂度，但是经过连接结构优化的神经网络在实际应用中信息处理效率提高了。经过连接结构优化的神经网络尤其适合大规模数据的实时处理。

5.2　微小型减速装置可靠性分析

随着科学技术的进步，系统越来越复杂化、多功能化，使用环境也更加复杂多变，因此对系统的可靠性水平提出了更高的要求。但是，在对系统进行可靠性分析时，经常受到试验周期长、费用高和试验条件的限制，而有的一次性产品，如人造卫星，无法做寿命试验，如何推断这种系统的寿命分布，成为系统可靠性工程领域的一个重要问题。因此本书提出一种用计算机仿真推断系统寿命分布的方法。

5.2.1　微小型减速装置系统故障树的建立

故障树分析是分析系统可靠性的一种方法，它根据系统的结构或功能关系，利用图形演绎的方法把故障传递的逻辑关系表达出来，对此可逐级分析系统故障发生的原因，以便采取相应的措施，来提高系统的可靠性。

根据微小型减速器系统的结构及其实现的功能，采用自上而下方法建立故障树。首先选取“输出轴不能传递扭矩”作为顶事件。然后找出导致顶事件的所有可能直接原因：①系统无功率输入；②轴断裂；③齿轮运动副失效。再用或门符号表示这三个中间事件的逻辑关系，以此作为故障树的第一级中间事件，再寻找引起这三个中间事件的所有可能原因，并用逻辑门符号将事件间的逻辑关系表达出来，依此类推，逐级向下发展，直到找出引起系统故障的全部原因，作为底事件。由此建立了微小型减速装置系统故障树（图 5-8）。

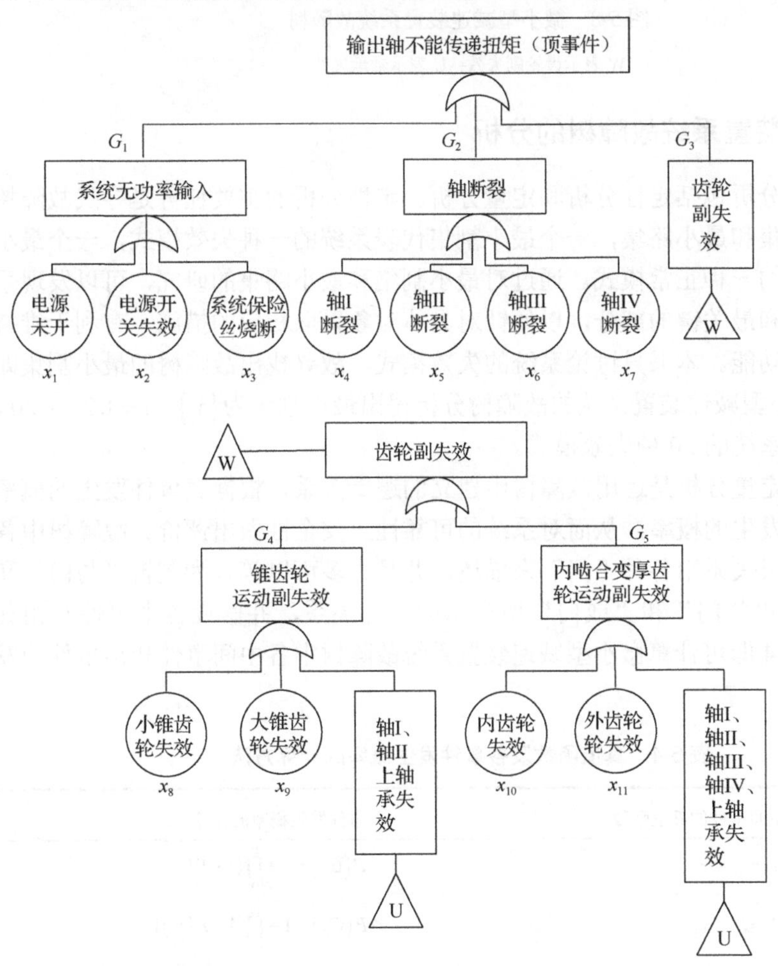

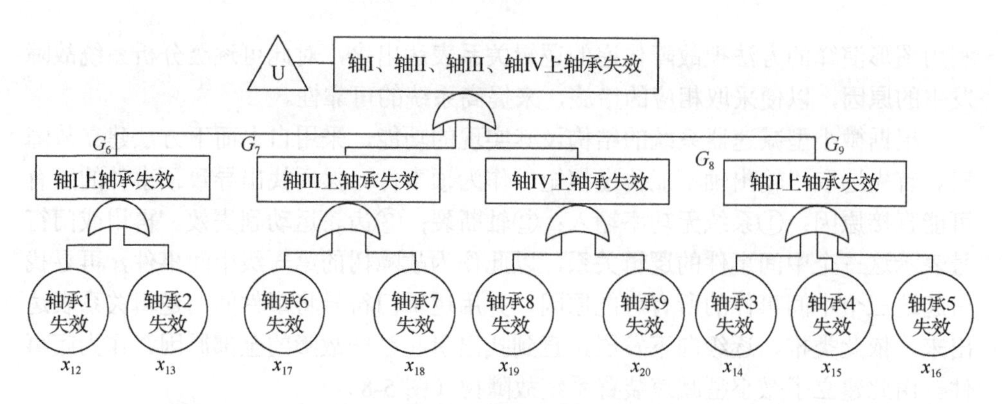

图 5-8　微小型减速装置系统故障树

W 表示齿轮副失效；U 表示轴承失效

5.2.2　减速装置系统故障树的分析

故障树的分析包括定性分析和定量分析。定性分析的主要任务是寻找故障树的全部最小割集和最小路集，一个最小割集代表系统的一种失效模式，一个最小路集代表系统的一种正常模式。通过对最小割集和最小路集的研究，可以发现系统的薄弱环节和最关键的部分，以便针对具体对象采取相应的措施，有利于维持和提高系统的功能。本书只讨论系统的失效模式，故寻找出故障树的最小割集即可。根据对微小型减速装置系统的故障树分析得出最小割集为$\{x_i\}$，$i=1,2,\cdots,20$，它们分别对应系统的 20 种失效模式。

故障树的定量分析是运用故障树中建立的逻辑关系，根据底事件发生的概率推导出顶事件发生的概率，从而对系统的可靠性、安全性做出评价。故障树中各种事件间的因果关系用各种“门”来描述，并且大多可以等效为逻辑“与门”和“或门”。根据“与门”和“或门”所表示的事件关系，并假设各个事件互相独立[170]，由表 5-4 即可计算微小型减速装置系统故障树中各中间事件和顶事件的发生概率。

表 5-4　真值函数及各事件发生概率的计算方法

顶事件及中间事件的真值函数	事件发生概率的计算公式
$G_{11}=x_{19}+x_{20}$	$P(G_{11})=1-\prod_{i=19}^{20}\left(1-P(x_i)\right)$
$G_{10}=x_{17}+x_{18}$	$P(G_{10})=1-\prod_{i=17}^{18}\left(1-P(x_i)\right)$
$G_9=x_{14}+x_{15}+x_{16}$	$P(G_9)=1-\prod_{i=14}^{16}\left(1-P(x_i)\right)$
$G_8=x_{12}+x_{13}$	$P(G_7)=1-\prod_{i=8}^{11}\left(1-P(G_i)\right)$

续表

顶事件及中间事件的真值函数	事件发生概率的计算公式
$G_7=G_8+G_9+G_{10}+G_{11}$	$P(G_7)=1-\prod_{i=8}^{11}(1-P(G_i))$
$G_6=G_8+G_9$	$P(G_6)=1-\prod_{i=8}^{9}(1-P(x_i))$
$G_5=x_{10}+x_{11}+G_7$	$P(G_5)=1-\prod_{i=10}^{11}(1-P(x_i))(1-P(G_7))$
$G_4=x_8+x_9+G_6$	$P(G_5)=1-\prod_{i=8}^{9}(1-P(x_i))(1-P(G_6))$
$G_3=G_4+G_5$	$P(G_3)=1-\prod_{i=4}^{5}(1-P(x_i))$
$G_1=x_1+x_2+x_3$	$P(G_1)=1-\prod_{i=1}^{3}(1-P(x_i))$
$G_2=x_4+x_5$	$P(G_2)=1-\prod_{i=4}^{5}(1-P(x_i))$
$T=G_1+G_2+G_3$	$P(T)=1-\prod_{i=1}^{3}(1-P(G_i))$

注：$P(T)$表示顶事件发生概率；

$P(x_i)$表示底事件发生概率，$i=1,2,\cdots,15$；

$P(G_i)$表示中间事件发生概率，$i=1,2,\cdots,9$

参考文献[3]、[146]，故障树中各事件发生的概率用模糊数来表示，假定事件发生概率P_i的参照函数为正态对称型，且与均值m_i相差±40%的点x的隶属度为0.08，则

$$\exp\left(-\left(\frac{m_i-x}{\alpha_i}\right)^2\right)=\exp\left(-\left(\frac{0.4m_i}{\alpha_i}\right)^2\right)=0.08$$

各底事件的故障概率均值m_i及左右分布α_i、β_i如表5-5所示。

据表5-4中所列的真值函数形式，计算可得各中间事件及顶事件发生概率。从中间事件发生概率的模糊数看，中间事件G_3发生的概率$\tilde{P}_{G_3}$比其他中间事件发生的概率都要高，也就是齿轮副失效是造成顶事件发生的主要因素。而在导致G_3发生的各中间事件里，事件G_5发生的概率$\tilde{P}_{G_5}$最大，即内啮合变厚齿轮的运动副失效是齿轮运动副失效的关键。因此，为降低顶事件发生概率，提高整个系统可靠性，应尽量提高内啮合变厚齿轮的接触强度的可靠性。

表 5-5 底事件的故障概率均值 m_i 及左右分布 α_i、β_i

代号	底事件	均值 m_i	分布 α_i 和 β_i	代号	底事件	均值 m_i	分布 α_i 和 β_i
1	电源未开	2×10^{-5}	5.034×10^{-6}	11	外齿轮失效	5×10^{-4}	1.258×10^{-4}
2	电源开关失效	1×10^{-4}	2.517×10^{-5}	12	轴承 1 失效	1×10^{-4}	2.517×10^{-5}
3	系统保险丝烧断	3×10^{-4}	7.551×10^{-5}	13	轴承 2 失效	1×10^{-4}	2.517×10^{-5}
4	轴Ⅰ断裂	3×10^{-4}	7.551×10^{-5}	14	轴承 3 失效	1×10^{-4}	2.517×10^{-5}
5	轴Ⅱ断裂	3×10^{-4}	7.551×10^{-5}	15	轴承 4 失效	1×10^{-4}	2.517×10^{-5}
6	轴Ⅲ断裂	5×10^{-4}	1.258×10^{-4}	16	轴承 5 失效	1×10^{-4}	2.517×10^{-5}
7	轴Ⅳ断裂	5×10^{-4}	1.258×10^{-4}	17	轴承 6 失效	1×10^{-4}	2.517×10^{-5}
8	小锥齿轮失效	2×10^{-4}	5.034×10^{-5}	18	轴承 7 失效	1×10^{-4}	2.517×10^{-5}
9	大锥齿轮失效	2×10^{-4}	5.034×10^{-5}	19	轴承 8 失效	1×10^{-4}	2.517×10^{-5}
10	内齿轮失效	5×10^{-4}	1.258×10^{-4}	20	轴承 9 失效	1×10^{-4}	2.517×10^{-5}

5.2.3 基于 ICPSDPNN 和 Monte Carlo 的减速装置可靠性分析仿真

在复杂系统可靠性分析中，采用传统的人工评定方法很难完全解决系统可靠性的有关问题，而数字仿真为解决这类问题提供了一条新的有效途径。通过仿真不仅可以求解系统可靠性的点估计值，还可以得到统计值的分布函数，这对深入了解系统具有很大的帮助。此外，借助仿真运行的过程还可以通过系统内各部分可靠性所产生的作用，获得系统内部可靠性更多的信息，这对改进系统和重新设计系统具有很大的指导意义。本书首先采用文献[3]提出的 Monte Carlo 法的传动系统可靠性数字仿真，得到微小型减速装置的寿命可靠性 R_0 曲线，在 3000h 内进行采样共得 50 个离散数据，记为 $\{F_i\}_{i=1}^{50}$。将 $\{F_i\}_{i=1}^{50}$ 中连续的 5 个离散数据进行拟合，构成一个时变函数作为网络的理想输入，以相邻的第 6 个数据作为相应的网络理想输出，则共得到 46 组样本。利用前 30 组样本作为网络的训练样本，用后 16 组样本进行测试，采用输出为数值的改进的混沌粒子群动态过程神经网络来对可靠性数值进行预测。网络的拓扑结构具体可定为：输入层只含 1 个节点，隐含层由 10 个过程神经元构成，相应的上下层亦由 10 个过程神经元构成，输出层仅含 1 个过程神经元。利用 Legendre 正交基函数将网络的输入函数及相应的连接权函数同时展开。在过程采样区间将其进行 50 等分，即时间延迟 $\tau = 0.02$。网络学习误差精度设定为10^{-6}，学习速率为 0.01，最大迭代次数为 1000 次，连接阈值 $|\alpha| < 0.05$，网络经 531 次学习迭代后收敛，训练结束，神经网络的隐含层神经元

变为8个。改进的混沌粒子群动态过程神经网络的学习误差曲线如图5-9所示，预测结果如图5-10所示。

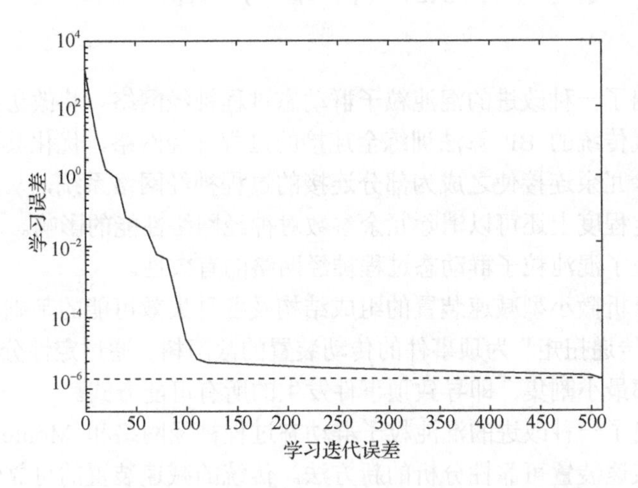

图5-9 改进的混沌粒子群动态过程神经网络学习误差曲线

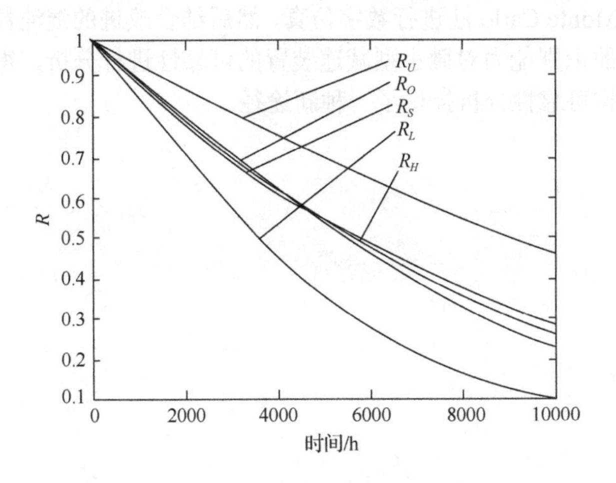

图5-10 可靠性预测结果

图5-10中R_O是利用Monte Carlo法得到的仿真的可靠性曲线，R_S是拟合的可靠性曲线，R_H是改进的混沌粒子群动态过程神经网络的预测结果，R_U表示可靠性预测上限，R_L表示可靠性预测下限。由图5-10可以看出，改进的混沌粒子群动态过程神经网络较好地对微小型减速装置系统进行了寿命预测。在误差控制方面，改进的混沌粒子群动态过程神经网络的预测结果的平均相对误差为1.525%，满足实际工程分析的要求。

5.3 本章小结

本章提出了一种改进的混沌粒子群动态过程神经网络。将改进的混沌粒子群优化算法替代传统的 BP 算法训练全连接的过程神经网络，优化其连接权值和网络结构，删除冗余连接使之成为部分连接的过程神经网络系统，从而降低了计算成本，在一定程度上还可以消除冗余参数对神经网络性能的影响。本章以 Henon 系统仿真验证了混沌粒子群动态过程神经网络的有效性。

本章在分析微小型减速装置的组成结构及各种失效可能的基础上，建立了以“输出轴不能传递扭矩”为顶事件的传动装置的故障树。通过定性分析，找出了传动装置的全部最小割集，即导致顶事件发生的所有可能方式。

本章提出了一种改进的混沌粒子群动态过程神经网络和 Monte Carlo 法相结合的微小型减速装置可靠性分析的新方法。传统的减速装置的可靠性分析方法计算量巨大、周期长并且很难得到理想的结果。本章在建立减速装置模糊故障树的基础上，通过 Monte Carlo 法进行数字仿真，然后结合改进的混沌粒子群动态过程神经网络强大的识别能力对微小型减速装置的可靠性进行分析，得到了比较满意的结果，为结构可靠性分析提供了一种新途径。

第6章 相交轴非渐开线变厚齿轮的啮合分析

自1954年美国的Beam提出了变齿厚渐开线齿轮（简称变厚齿轮）传动的概念以来，此种齿轮传动得到了学术界的广泛关注[91]。对于相交轴变厚齿轮传动，从现有的文献资料来看，只见提法未见理论分析。

本章利用空间啮合理论和微分几何知识，研究在相交轴情况下可以实现线接触的非渐开线变厚齿轮的啮合方程、齿廓方程和接触线方程，并计算其齿形差与齿向差，研究其变化规律，为下一步通过对渐开线变厚齿轮进行轮齿修形加工出非渐开线变厚齿轮的加工方法的研究奠定基础。本章还计算了非渐开线变厚齿轮副沿任意方向的诱导法曲率，通过诱导法曲率的计算证明，本书所推导出的非渐开线变厚齿轮副两齿面不会发生曲率干涉。

6.1 坐标系的建立与变换

相交轴变厚齿轮传动属于空间交错轴变厚齿轮传动的一个特例。在相交轴情况下，标准渐开线变厚齿轮（变位系数沿轴向呈线性变化）的齿面是渐开螺旋面，而相交轴情况下渐开螺旋面之间的啮合是不可能实现线接触的。为了实现线接触，本章利用空间啮合理论，由一已知的渐开线变厚齿轮（以下简称齿轮 1）的齿面方程出发，推导出另一与之共轭的齿轮（以下简称齿轮 2）的齿面方程。再将该齿轮与标准渐开线变厚齿轮进行比较，计算分析这两个齿轮的齿形差和齿向差，并采用适当的方法对一个与齿轮2最接近的渐开线变厚齿轮的轮齿进行修形，通过拟合误差曲线，将拟合误差控制在符合要求的范围内，以得到齿轮2的齿廓，从而得到一对能够实现线接触的相交轴变厚齿轮副。

根据齿轮啮合原理，做啮合运动的曲面偶Σ_1、Σ_2应当满足如下条件：

（1）曲面Σ_1上没有奇点；

（2）在任一时刻t，曲面偶Σ_1、Σ_2线接触，即沿一条接触线相切；

（3）曲面Σ_2上的每一点都在唯一的时刻t进入线接触，也就是属于唯一的接触线C_t。

坐标系的选择如图 6-1 所示，$\sigma_1=[O;i_1,j_1,k_1]$为与齿轮 1 相固连的坐标系，

$\sigma_2=[O;i_2,j_2,k_2]$为与齿轮 2 相固连的坐标系，$\sigma_{10}=[O_{10};i_{10},j_{10},k_{10}]$和$\sigma_{20}=[O_{20};i_{20},j_{20},k_{20}]$为齿轮 1 和齿轮 2 的初始坐标系，其中$k_1$和$k_2$分别为齿轮 1、2 的轴线，$\omega_1$、$\omega_2$分别为两齿轮各自的角速度，$O$为两齿轮轴线的交点，$\delta$为两齿轮的轴交角。各个坐标系之间的变换关系如图 6-2 所示，φ_1、φ_2分别是齿轮 1、2 绕各自轴线转过的角度。

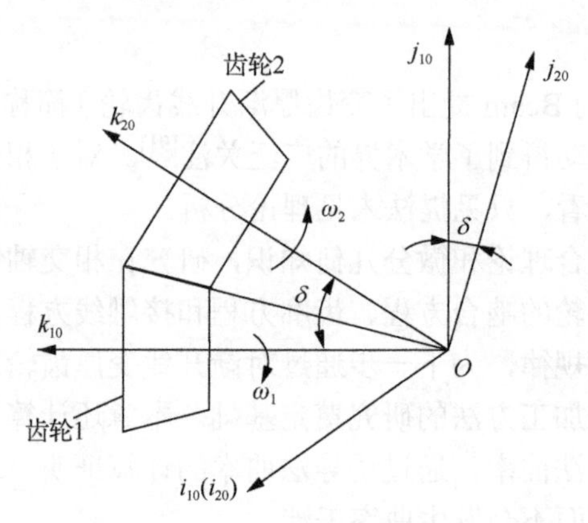

图 6-1　新型变厚齿轮副坐标系示意图

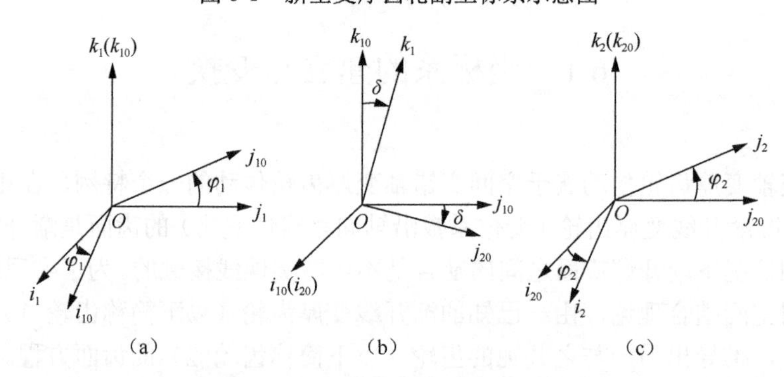

图 6-2　各坐标系之间的变换关系示意图

为了求解出与齿轮 1 共轭的齿轮 2 的齿廓方程，首先必须进行坐标系的转换。坐标变换的过程为$\sigma_1\to\sigma_{10}\to\sigma_{20}\to\sigma_2$。

由$\sigma_1\to\sigma_{10}$的坐标变换矩阵为

$$M_{101}=\begin{bmatrix}\cos\varphi_1 & \sin\varphi_1 & 0\\ -\sin\varphi_1 & \cos\varphi_1 & 0\\ 0 & 0 & 1\end{bmatrix} \tag{6-1}$$

由$\sigma_{10}\to\sigma_{20}$的坐标变换矩阵为

$$M_{2010}=\begin{bmatrix}1 & 0 & 0\\ 0 & \cos & -\sin\delta\\ 0 & \sin\delta & \cos\delta\end{bmatrix} \tag{6-2}$$

由 $\sigma_{20}\rightarrow\sigma_2$ 的坐标变换矩阵为

$$M_{220}=\begin{bmatrix}\cos\varphi_2 & \sin\varphi_2 & 0\\ -\sin\varphi_2 & \cos\varphi_2 & 0\\ 0 & 0 & 1\end{bmatrix} \tag{6-3}$$

根据式（6-1）～式（6-3），可以得到由 $\sigma_1\rightarrow\sigma_2$ 的坐标变换矩阵为

$$M_{21}=\begin{bmatrix}\cos\varphi_1\cos\varphi_2-\sin\varphi_1\sin\varphi_2\cos\delta & \sin\varphi_1\cos\varphi_2+\cos\varphi_1\sin\varphi_2\cos\delta & -\sin\varphi_2\sin\delta\\ -\cos\varphi_1\sin\varphi_2-\sin\varphi_1\cos\varphi_2\cos\delta & -\sin\varphi_1\sin\varphi_2+\cos\varphi_1\cos\varphi_2\cos\delta & -\cos\varphi_2\sin\delta\\ -\sin\varphi_1\sin\delta & \cos\varphi_1\sin\delta & \cos\delta\end{bmatrix} \tag{6-4}$$

两齿轮转角 φ_1,φ_2 之间存在如下关系：

$$\varphi_1=i_{12}\varphi_2 \tag{6-5}$$

式中，i_{12}——齿轮1、2之间的传动比。

同理可求得 $\sigma_2\rightarrow\sigma_1$ 的坐标变换矩阵为

$$M_{12}=\begin{bmatrix}-\sin\varphi_1\sin\varphi_2\cos\delta+\cos\varphi_1\cos\varphi_2 & -\sin\varphi_1\cos\varphi_2\cos\delta-\cos\varphi_1\sin\varphi_2 & -\sin\varphi_1\sin\delta\\ \cos\varphi_1\sin\varphi_2\cos\delta+\sin\varphi_1\cos\varphi_2 & \cos\varphi_1\cos\varphi_2\cos\delta-\sin\varphi_1\sin\varphi_2 & \cos\varphi_1\sin\delta\\ -\sin\varphi_2\sin\delta & -\cos\varphi_2\sin\delta & \cos\delta\end{bmatrix} \tag{6-6}$$

6.2　渐开线变厚齿轮的齿面方程

齿轮1的齿面实际上与斜齿轮的齿面是相同的，即齿面实质是渐开螺旋面，只是在不同的轴向位置处的变位系数不同。如图6-3所示，当渐开线上的每一点都绕着 k_1 轴做相同的螺旋运动时，就形成了渐开螺旋面。所以其齿面方程为

$$r_1=x_1i_1+y_1j_1+z_1k_1 \tag{6-7}$$

改写成分量形式，则为

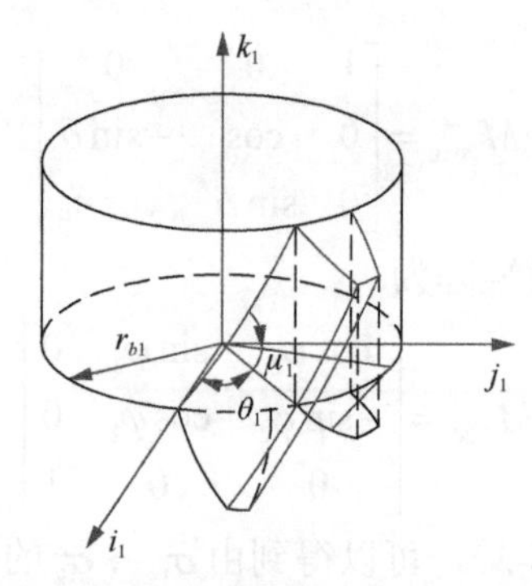

图 6-3　渐开螺旋面的形成示意图

$$\begin{cases} x_1 = r_{b1}\cos(\pm\mu_1+\theta_1) \pm r_{b1}\mu_1\sin(\pm\mu_1+\theta_1) \\ y_1 = r_{b1}\sin(\pm\mu_1+\theta_1) \mp r_{b1}\mu_1\cos(\pm\mu\ +\theta_1) \\ z_1 = p\theta_1 \end{cases} \tag{6-8}$$

式中，r_{b1}——基圆柱半径；

μ_1——渐开线展开角；

θ_1——渐开线旋转角；

p——螺旋运动参数，即渐开线绕 k_1 轴每转过单位角度后沿 k_1 方向上升的距离。

为了以下求解的方便，螺旋运动参数可以写成

$$p = \frac{r_{b1}}{\tan\beta_{b1}} \tag{6-9}$$

式中，β_{b1}——基圆柱螺旋角。

式（6-8）中的符号可以这样确定：从变厚齿轮的大端看，右齿面方程取“+”符号，左齿面方程取“−”符号。

6.3　非渐开线变厚齿轮的齿面方程推导及接触线方程的确定

下面以右齿面为例，利用啮合原理和微分几何的知识，求解与其共轭的齿面方程。首先，将式（6-7）分别对 μ_1、θ_1 求导，整理后得

$$\frac{\partial r_1}{\partial \mu_1} = r_{b1}\mu_1\cos(\mu_1+\theta_1)i_1 + r_{b1}\mu_1\sin(\mu_1+\theta_1)j_1 \tag{6-10}$$

$$\frac{\partial r_1}{\partial \theta_1} = \left(-r_{b1}\sin(\mu_1+\theta_1) + r_{b1}\mu_1\cos(\mu_1+\theta_1)\right)i_1 + \left(r_{b1}\cos(\mu_1+\theta_1) + r_{b1}\mu_1\sin(\mu_1+\theta_1)\right)j_1 + pk_1 \tag{6-11}$$

由微分几何可知齿轮 1 的齿面 Σ_1 的幺法矢为

$$n=\frac{\dfrac{\partial r_1}{\partial \mu_1}\times\dfrac{\partial r_1}{\partial \theta_1}}{\left|\dfrac{\partial r_1}{\partial \mu_1}\times\dfrac{\partial r_1}{\partial \theta_1}\right|} \tag{6-12}$$

将式（6-8）、式（6-9）代入式（6-10）中，整理后得

$$n=\frac{p}{\sqrt{p^2+r_{b1}^2}}\sin(\mu_1+\theta_1)i_1-\frac{p}{\sqrt{p^2+r_{b1}^2}}\cos(\mu_1+\theta_1)j_1+\frac{r_{b1}}{\sqrt{p^2+r_{b1}^2}}k_1 \tag{6-13}$$

根据式（6-8），可得

$$\sin\beta_{b1}=\frac{r_{b1}}{\sqrt{p^2+r_{b1}^2}} \tag{6-14}$$

$$\cos\beta_{b1}=\frac{p}{\sqrt{p^2+r_{b1}^2}} \tag{6-15}$$

将式（6-13）、式（6-14）代入式（6-12），可得单位法矢

$$n=\cos\beta_{b1}\sin(\mu_1+\theta_1)i_1-\cos\beta_{b1}\cos(\mu_1+\theta_1)j_1+\sin\beta_{b1}k_1 \tag{6-16}$$

又因为齿轮 1 的角速度矢量为

$$\omega^{(1)}=-\omega_1 k_1 \tag{6-17}$$

齿轮 2 的角速度矢量为

$$\omega^{(2)}=\omega_2 k_2 \tag{6-18}$$

由式（6-4）得

$$\omega^{(2)}=\omega_2(-\sin\varphi_1\sin\delta i_1+\cos\varphi_1\sin\delta j_1+\cos\delta k_1) \tag{6-19}$$

齿轮 1、2 在接触点的相对速度为

$$v^{(12)}=\frac{\mathrm{d}\xi}{\mathrm{d}t}-\omega^{(2)}\times\xi+\omega^{(12)}\times r_1 \tag{6-20}$$

式中，ξ——σ_2 与 σ_1 坐标原点连线的矢量，此处由于坐标原点重合，故 $\xi=0$；

$\omega^{(12)}$——齿轮 1 与齿轮 2 的相对角速度矢量，即 $\omega^{(12)}=\omega^{(1)}-\omega^{(2)}$。

所以式（6-20）可以改写成

$$\begin{aligned}v^{(12)}&=\omega^{(12)}\times r_1\\&=\big(r_{b1}(\omega_1+\omega_2\cos\delta)\big(\sin(\mu_1+\theta_1)-\mu_1\cos(\mu_1+\theta_1)\big)-\omega_2 p\theta_1\cos\varphi_1\sin\delta\big)i_1\\&\quad+\big(-r_{b1}(\omega_1+\omega_2\cos\delta)\big(\cos(\mu_1+\theta_1)+\mu_1\sin(\mu_1+\theta_1)\big)-\omega_2 p\theta_1\sin\phi_1\sin\delta\big)j_1\\&\quad+\big(r_{b1}\omega_2\cos\varphi_1\sin\delta\big(\cos(\mu_1+\theta_1)+\mu_1\sin(\mu_1+\theta_1)\big)+r_{b1}\omega_2\sin\phi_1\sin\delta\big(\sin(\mu_1+\theta_1)\\&\quad-\mu_1\cos(\mu_1+\theta_1)\big)\big)k_1\end{aligned} \tag{6-21}$$

根据啮合方程

$$\Phi = n \cdot v^{(12)} = 0 \tag{6-22}$$

将式（6-16）、式（6-21）代入式（6-22）中，得啮合函数

$$\begin{aligned}\Phi(\mu_1,\theta_1,\varphi_1) = & r_{b1}\omega_2 \sin\beta_{b1} \sin\delta \cos(\mu_1+\theta_1-\varphi_1) + r_{b1}\omega_2 \cos\beta_{b1}(i_{12}+\cos\delta) \\ & - p_1\theta_1\omega_2 \cos\beta_{b1} \sin\delta \sin(\mu_1+\theta_1-\varphi_1) \\ & + r_{b1}\mu_1\omega_2 \sin\beta_{b1} \sin\delta \sin(\mu_1+\theta_1-\varphi_1)\end{aligned} \tag{6-23}$$

化简整理后得啮合方程为

$$\begin{aligned}& r_{b1}\mu_1 \sin\beta_{b1} \sin\delta \sin(\mu_1+\theta_1-\varphi_1) + r_{b1} \sin\beta_{b1} \sin\delta \cos(\mu_1+\theta_1-\varphi_1) \\ & - p_1\theta_1 \cos\beta_{b1} \sin\delta \sin(\mu_1+\theta_1-\varphi_1) + r_{b1} \cos\beta_{b1}(i_{12}+\cos\delta) = 0\end{aligned} \tag{6-24}$$

将变厚齿轮的右齿面方程由坐标系 σ_1 变换到 σ_2 中，即

$$r_2 = M_{21} r_1$$

写成分量形式，得

$$\begin{cases} x_2 = r_{b1}\left(\cos(\mu_1+\theta_1) + \mu_1 \sin(\mu_1+\theta_1)\right)(\cos\varphi_1 \cos\varphi_2 - \sin\varphi_1 \sin\varphi_2 \cos\delta) \\ \quad + r_{b1}\left(\sin(\mu_1+\theta_1) - \mu_1 \cos(\mu_1+\theta_1)\right)(\sin\varphi_1 \cos\varphi_2 + \cos\varphi_1 \sin\varphi_2 \cos\delta) \\ \quad - p\theta_1 \sin\varphi_2 \sin\delta \\ y_2 = -r_{b1}\left(\cos(\mu_1+\theta_1) + \mu_1 \sin(\mu_1+\theta_1)\right)(\cos\varphi_1 \sin\varphi_2 + \sin\varphi_1 \cos\varphi_2 \cos\delta) \\ \quad + r_{b1}\left(\sin(\mu_1+\theta_1) - \mu_1 \cos(\mu_1+\theta_1)\right)(-\sin\varphi_1 \sin\varphi_2 + \cos\varphi_1 \cos\varphi_2 \cos\delta) \\ \quad - p\theta_1 \cos\varphi_2 \sin\delta \\ z_2 = r_{b1}\left(\sin(\mu_1+\theta_1) - \mu_1 \cos(\mu_1+\theta_1)\right)\cos\varphi_1 \sin\delta - r_{b1}\left(\cos(\mu_1+\theta_1) + \mu_1 \sin(\mu_1 \right. \\ \quad \left. +\theta_1)\right)\sin\varphi_1 \sin\delta + p\theta_1 \cos\delta \end{cases} \tag{6-25}$$

将式（6-24）、式（6-25）联立，即为齿轮 2 的右齿面方程：

$$\begin{cases} x_2 = r_{b1}\left(\cos(\mu_1+\theta_1) + \mu_1 \sin(\mu_1+\theta_1)\right)(\cos\varphi_1 \cos\varphi_2 - \sin\varphi_1 \sin\varphi_2 \cos\delta) \\ \quad + r_{b1}\left(\sin(\mu_1+\theta_1) - \mu_1 \cos(\mu_1+\theta_1)\right)(\sin\varphi_1 \cos\varphi_2 + \cos\varphi_1 \sin\varphi_2 \cos\delta) \\ \quad - p\theta_1 \sin\varphi_2 \sin\delta \\ y_2 = -r_{b1}\left(\cos(\mu_1+\theta_1) + \mu_1 \sin(\mu_1+\theta_1)\right)(\cos\varphi_1 \sin\varphi_2 + \sin\varphi_1 \cos\varphi_2 \cos\delta) \\ \quad + r_{b1}\left(\sin(\mu_1+\theta_1) - \mu_1 \cos(\mu_1+\theta_1)\right)(-\sin\varphi_1 \sin\varphi_2 + \cos\varphi_1 \cos\varphi_2 \cos\delta) \\ \quad - p\theta_1 \cos\varphi_2 \sin\delta \\ z_2 = r_{b1}\left(\sin(\mu_1+\theta_1) - \mu_1 \cos(\mu_1+\theta_1)\right)\cos\varphi_1 \sin\delta - r_{b1}\left(\cos(\mu_1+\theta_1) + \mu_1 \sin(\mu_1 \right. \\ \quad \left. +\theta_1)\right)\sin\varphi_1 \sin\delta + p\theta_1 \cos\delta \\ r_{b1}\mu_1 \sin\beta_{b1} \sin\delta \sin(\mu_1+\theta_1-\varphi_1) + r_{b1} \sin\beta_{b1} \sin\delta \cos(\mu_1+\theta_1-\varphi_1) \\ \quad - p_1\theta_1 \cos\beta_{b1} \sin\delta \sin(\mu_1+\theta_1-\varphi_1) + r_{b1} \cos\beta_{b1}(i_{12}+\cos\delta) = 0 \end{cases} \tag{6-26}$$

式（6-26）所确立的即是所求得的非渐开线变厚齿轮的齿面方程。对于左齿面，只要将式（6-26）中相应的“μ_1”以“$-\mu_1$”的形式代入，即可得到非渐开线变厚齿轮的左齿面方程。

接触线是两共轭齿轮在某一固定时刻啮合时的所有接触点的集合，也就是当φ_1为某固定值时，啮合点的轨迹，故也称为瞬时接触线。其方程为

$$\begin{cases} r_2 = r_2(\mu_1, \theta_1, \varphi_1) \\ n \cdot v^{(12)} = 0 \end{cases} \tag{6-27}$$

将式（6-24）与式（6-25）联立后，即在式（6-26）中令φ_1为固定值就得到了接触线方程。

6.4　变厚齿轮几何参数的确定

变厚齿轮的几何参数繁多，计算非常复杂，为了进一步分析由式（6-26）所确立的非渐开线变厚齿轮的齿廓曲面，首先要确定变厚齿轮的轴向位置等参数。如图 6-4 所示，两变厚齿轮在啮合时相当于两个节圆锥做对滚运动。在齿宽中部，变厚齿轮的无侧隙啮合方程式为

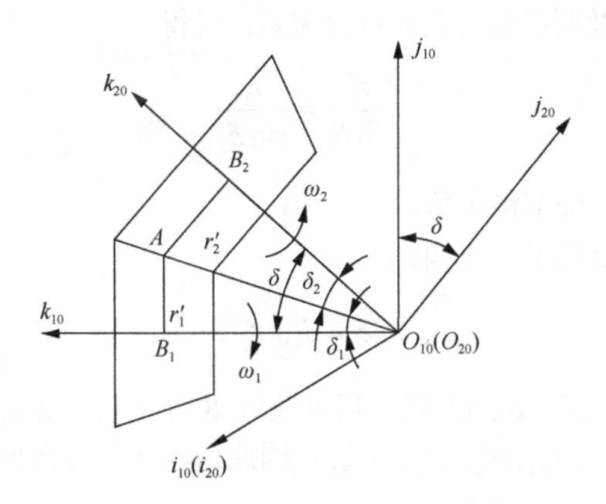

图 6-4　新型变厚齿轮的运动关系示意图

$$p_t' = \frac{2\pi r_1'}{z_1} = \frac{2\pi r_2'}{z_2} = s_1' + s_2' = s_1\frac{r_1'}{r_1} - r_1'(\mathrm{inv}\alpha_{tL1}' - \mathrm{inv}\alpha_{tL1}) - r_1'(\mathrm{inv}\alpha_{tR1}' - \mathrm{inv}\alpha_{tR1})$$
$$+ s_2\frac{r_2'}{r_2} - r_2'(\mathrm{inv}\alpha_{tL2}' - \mathrm{inv}\alpha_{tL2}) - r_2'(\mathrm{inv}\alpha_{tR2}' - \mathrm{inv}\alpha_{tR2}) \tag{6-28}$$

式中，p_t'——端面节圆周节；

r_1', r_2'——齿轮 1、2 的节圆半径；

r_1, r_2——齿轮 1、2 的分度圆半径；

s_1', s_2'——齿轮 1、2 的节圆齿厚；

s_1, s_2——齿轮 1、2 的分度圆齿厚；

$\alpha_{tL1}, \alpha_{tR1}$——齿轮 1 左右齿面的端面分度圆压力角；

$\alpha_{tL1}', \alpha_{tR1}'$——齿轮 1 左右齿面的端面节圆压力角；

$\alpha_{tL2}, \alpha_{tR2}$——齿轮 2 左右齿面的端面分度圆压力角；

$\alpha_{tL2}', \alpha_{tR2}'$——齿轮 2 左右齿面的端面节圆压力角；

z_1, z_2——齿轮 1、2 的齿数。

同时

$$\frac{r_2'}{r_1'} = \frac{z_2}{z_1} = i_{12} \tag{6-29}$$

$$\frac{r_1'}{r_1} = \frac{\cos\alpha_{tL1}}{\cos\alpha_{tL1}'} = \frac{\cos\alpha_{tR1}}{\cos\alpha_{tR1}'} \tag{6-30}$$

$$\frac{r_2'}{r_2} = \frac{\cos\alpha_{tL2}}{\cos\alpha_{tL2}'} = \frac{\cos\alpha_{tR2}}{\cos\alpha_{tR2}'} \tag{6-31}$$

由运动学原理及两齿轮的几何位置关系，可得

$$\frac{r_1'}{\sin\delta_1} = \frac{r_2'}{\sin\delta_2} \tag{6-32}$$

式中，δ_1——齿轮 1 的节锥半角；

δ_2——齿轮 2 的节锥半角。

$$\delta = \delta_1 + \delta_2 \tag{6-33}$$

由式（6-28）～式（6-33）联立后可获得 8 个方程，由此方程组可以求出 8 个未知数 $\delta_1, \delta_2, r_1', r_2', \alpha_{tL1}', \alpha_{tR1}', \alpha_{tL2}', \alpha_{tR2}'$，因此齿轮 2 的轴向位置为

$$\overline{O_{20}B_2} = r_2'\cot\delta_2 \tag{6-34}$$

齿轮的轴向位置参数反映了齿轮的某一个截面的位置，齿轮的截面位置一旦确定，就可以对任意截面的齿形差及齿向差进行计算和分析。

6.5　非渐开线变厚齿轮的修形量分析

变厚齿轮的修形量分析非常复杂，一般包括齿形差和齿向差的计算。为了在国内现有机床上实现非渐开线变厚齿轮的加工，必须对该种齿轮的齿形差与齿向差进行分析，进一步明确非渐开线变厚齿轮目标齿面的形状。在国内，哈尔滨工业大学机械传动与控制研究室已经成功地将平行轴渐开线变厚齿轮应用在机器人 RV 减速器中，取得了非常好的应用效果[89]。但工程上具有广阔应用前景的相交轴非渐开线变厚齿轮，各方面的研究尚未见报道。为了利用国内现有机床实现加工非渐开线变厚齿轮，以便降低该种新型变厚齿轮的制造成本，本书在前面推导的非渐开线变厚齿轮齿面方程的基础上，对齿形差与齿向差进行了计算分析。把齿形差与齿向差分开计算，可以分别得到齿廓渐开线形状误差和齿厚误差的变化情况，有利于进一步分析非渐开线变厚齿轮目标曲面的形状。

6.5.1　齿形差的计算方法

本书研究的齿形差，并非指齿廓渐开线形状误差与齿厚减薄量的综合，而是单指前一种情况。在本章中，齿形差是指在齿高中部的齿廓曲线与渐开线误差为零的情况下，沿整个齿高方向上实际齿廓与理论廓线之间的沿渐开线法线方向度量的差值。参见图 6-5，在一垂直于齿轮轴线的任意截面，从获得的渐开线齿廓上任取一点 A 作基圆柱的切线，得切点 P，则直线 PA 必与非渐开线齿廓有一交点 B。线段 PA 与 PB 两者之间的差值，即为齿形差。

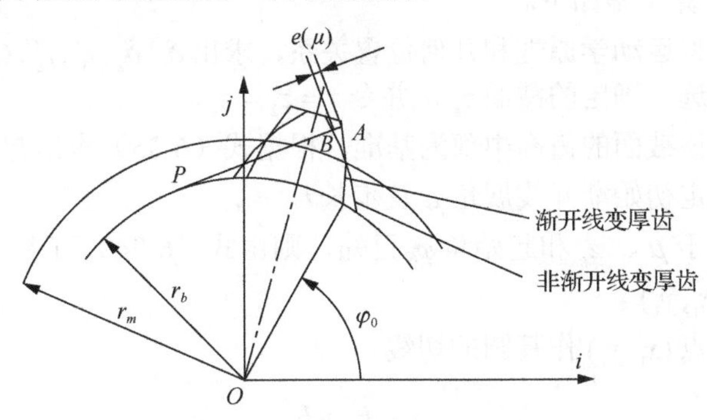

图 6-5　某一截面的齿形差示意图

根据齿轮啮合原理，标准渐开线变厚齿轮的齿面方程为

$$\begin{cases} x = r_b\cos(\pm\mu+\theta+\varphi_0) \pm r_b\mu\sin(\pm\mu+\theta+\varphi_0) \\ y = r_b\sin(\pm\mu+\theta+\varphi_0) \mp r_b\mu\cos(\pm\mu+\theta+\varphi_0) \\ z = p\theta \end{cases} \tag{6-35}$$

式中，r_b——渐开螺旋面的基圆柱半径；

μ,θ——渐开螺旋面的参数，其中μ为渐开线展开角，θ为渐开线的旋转角；

φ_0——渐开螺旋面的起始角。

式（6-35）中μ的符号这样确定：从变厚齿轮的大端看，右齿面方程取“+”符号，左齿面方程取“-”符号。

在图6-5中，起始角φ_0可由下式求出：

$$\begin{cases} x = x_2 \\ y = y_2 \\ x^2+y^2 = r_m^2 \\ z = z_k \\ z_2 = z_k \\ \varPhi = 0 \end{cases} \tag{6-36}$$

式中，r_m——渐开线齿高中部半径；

z_k——第k个截面的z坐标，为一定值。

式（6-27）和式（6-35）中共有$\mu,\theta,\varphi_0,\mu_1,\theta_1,\varphi_1$ 6个未知数，将式（6-24）、式（6-25）、式（6-35）代入式（6-36）中，可以求解出这6个未知数，从而求得起始角φ_0。

齿形差的计算步骤如下。

步骤1：根据运动学原理和几何位置关系，求出$\delta_1,\delta_2,r_1',r_2',\overline{O_{20}B_2}$。

步骤2：任选一确定的截面z_k，并令$z=z_2=z_k$。

步骤3：以该截面的齿高中部为基准，根据式（6-35）求出起始角φ_0。

步骤4：选定初始渐开线展角μ及步长t。

步骤5：由于μ、z_k和起始角φ_0已知，则由式（6-34）可求得渐开线齿形上一点A的坐标(x_1,y_1)。

步骤6：从点(x_1,y_1)作基圆的切线

$$y = kx + b \tag{6-37}$$

由于该切线与基圆柱在点P相切，所以有

$$x^2+y^2=r_b^2 \tag{6-38}$$

将 $y=kx+b$ 代入式（6-38）中，并合并同类项后得

$$(k^2+1)x^2+2bkx+b^2-r_b^2=0 \tag{6-39}$$

根据式（6-38）有两组相同的解，一元二次方程根的判别式为

$$(2bk)^2-4(k^2+1)(b^2-r_b^2)=0 \tag{6-40}$$

化简后，得

$$k^2r_b^2-b^2+r_b^2=0 \tag{6-41}$$

由于切线经过点 (x_1,y_1)，所以得

$$y_1=kx_1+b \tag{6-42}$$

将式（6-41）、式（6-42）联立，可求得 k、b 的数值，进而由式（6-37）和式（6-38）联立可求得切线与基圆柱的切点坐标 (x_P,y_P)。

步骤 7：求出此切线方程 $y=kx+b$ 与实际齿形的交点 B 的坐标 (x_2,y_2)：

$$\begin{cases} y_2=kx_2+b \\ z_2=z_k \\ \varPhi(\mu_1,\theta_1,\varphi_1)=0 \end{cases} \tag{6-43}$$

由于 k、b 和 z_k 已知，将式（6-24）和式（6-25）代入式（6-43）中，可解得未知数 μ_1,θ_1,φ_1，再代回式（6-25）中，可求出切线方程与实际齿形交点 B 的坐标 (x_2,y_2)。

步骤 8：分别求出线段 PA、PB 的距离，即

$$\overline{PA}=\sqrt{(x_2-x_P)^2+(y_2-y_P)^2}$$
$$\overline{PB}=\sqrt{(x-x_P)^2+(y-y_P)^2}$$

则齿形差应为

$$e(\mu_1)=\overline{PA}-\overline{PB}$$

并且当 $\overline{PA}>\overline{PB}$ 时，齿形差为正值，当 $\overline{PA}<\overline{PB}$ 时则为负值。

步骤 9：取 $\mu=\mu+t$，返回步骤 4，从而可求得在该截面上其他各点的齿形差。

步骤 10：取另一截面 $z_k=z_{k+1}$，返回步骤 3，从而可求得所有截面上各点的齿形差。由此确定了整个齿面的齿形差。

齿形差的计算框图如图 6-6 所示。

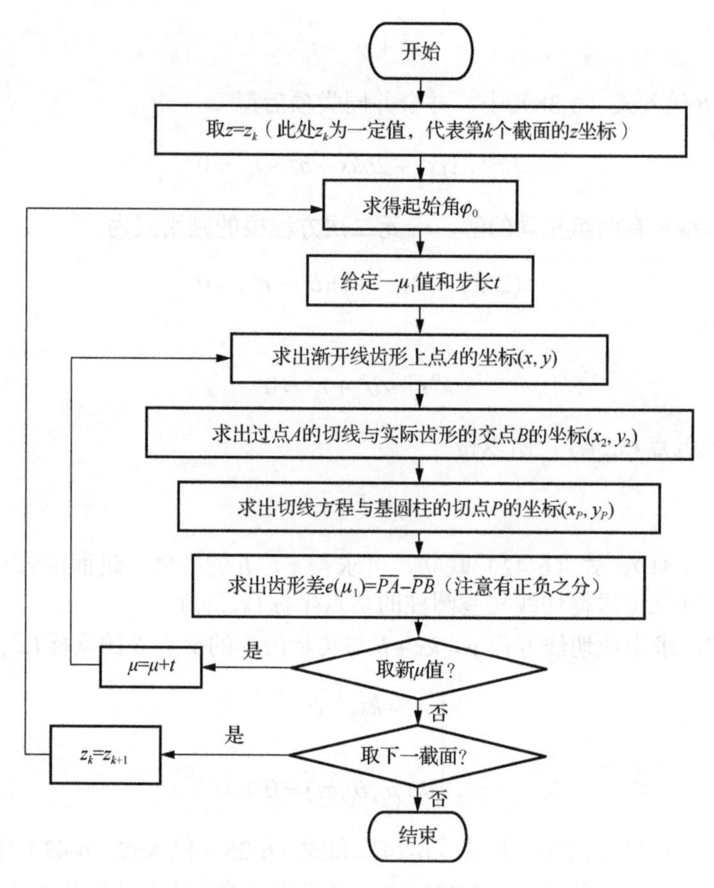

图 6-6　齿形差的计算框图

6.5.2　齿向差的计算方法

变厚齿轮的节圆柱与齿廓曲面的交线称为齿向曲线。以被啮齿轮 2 在齿宽中部的节圆为基准，齿轮 2 的齿向曲线与相应的渐开螺旋面上的螺旋线在各个截面上的差值就是齿向差，如图 6-7 所示。

齿向差的计算步骤如下。

步骤 1：在齿轮 2 齿宽中部的节圆上，使渐开螺旋面与齿廓曲面的误差为零，也就是在齿宽中部，使齿向曲线与相应的螺旋线的交点在齿宽中部节圆上对齐。

步骤 2：在齿宽中部节圆上，齿向曲线与相应的螺旋线的差值为零，所以得

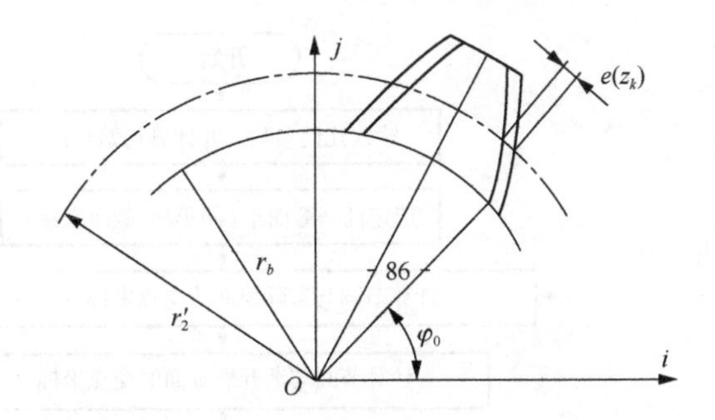

图 6-7 某一截面的齿向差示意图

$$\begin{cases} x = x_2 \\ y = y_2 \\ x^2 + y^2 = r_2'^2 \\ z = z_0 \\ z_2 = z_0 \\ \Phi = 0 \end{cases} \tag{6-44}$$

式中，z_0——齿宽中部截面的 z 坐标。

将式（6-24）、式（6-25）和式（6-35）代入式（6-44）中，可求得起始角 φ_0。

步骤 3：选取某一截面 z_k。

步骤 4：在该截面上节圆与齿轮 2 的齿面有一交点，因此可得

$$\begin{cases} x_2^2 + y_2^2 = r_2'^2 \\ z_2 = z_k \\ \Phi(\mu_1, \theta_1, \varphi_1) = 0 \end{cases} \tag{6-45}$$

将式（6-24）、式（6-25）代入式（6-44）中，可直接求得 μ_1, φ_1 和 θ_1，从而可以求得节圆与齿轮 2 实际齿廓的交点坐标 (x_2, y_2)。

步骤 5：在该截面上节圆与相应的渐开螺旋面也有一交点，因此可得

$$\begin{cases} x^2 + y^2 = r_2'^2 \\ z = z_k \end{cases} \tag{6-46}$$

将式（6-35）代入式（6-46）中，由于起始角 φ_0 已知，因此可求出该截面上节圆与渐开螺旋面的交点坐标 (x, y)。

步骤 6：在该截面上两交点的距离为齿向差，即

$$e(z_k) = \sqrt{(x - x_2)^2 + (y - y_2)^2}$$

步骤 7：选定另一截面，即令 $z_k = z_{k+1}$，返回到步骤 4，就可求出在不同截面的齿向差。齿向差的计算框图如图 6-8 所示。

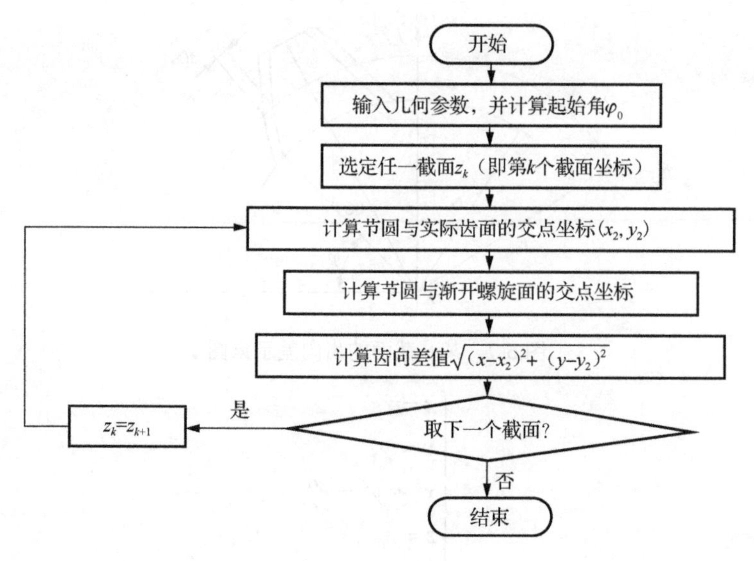

图 6-8　齿向差计算框图

6.6　变厚齿轮齿形差与齿向差的数值计算分析

给定齿轮 1 的初始参数如下：齿数 z_1=29，法向压力角 α_{n1}=20°，法向模数 m_{n1}=8mm，螺旋角 β_1=8°，大端法向变位系数 x_{n1}=0.1，齿宽 b_1=40mm。

设与齿轮 2 相应的变厚齿轮的参数如下：齿数 z_2=32，法向压力角 α_{n2}=20°，法向模数 m_{n2}=8mm，螺旋角 β_2=−8°，大端法向变位系数 x_{n2}=0.2，齿宽 b_2=60mm。齿轮 1 与齿轮 2 的轴线夹角 δ=6°。

通过利用 New-Raphson 法求解非线性方程组，最后求得的右齿面的齿形差曲面如图 6-9 所示，左齿面的齿形差曲面如图 6-10 所示。

从计算结果可以看出，右齿面的齿形差最大为7.6μm，左齿面的齿形差最大为5.6μm。由此可见齿形差的变化范围不大，一般在10μm 以内，这个误差在机床的加工允许范围之内。

通过修正压力角，可以进一步减小齿形差。不过，需要注意的是，在调整过程中，要考虑到齿形差在轮齿的大小两端的变化趋势是不相同的，齿形差在轮齿的两端呈现出扭曲的形状，经过调整后的右齿面和左齿面齿形差曲面分别如图 6-11、图 6-12 所示。

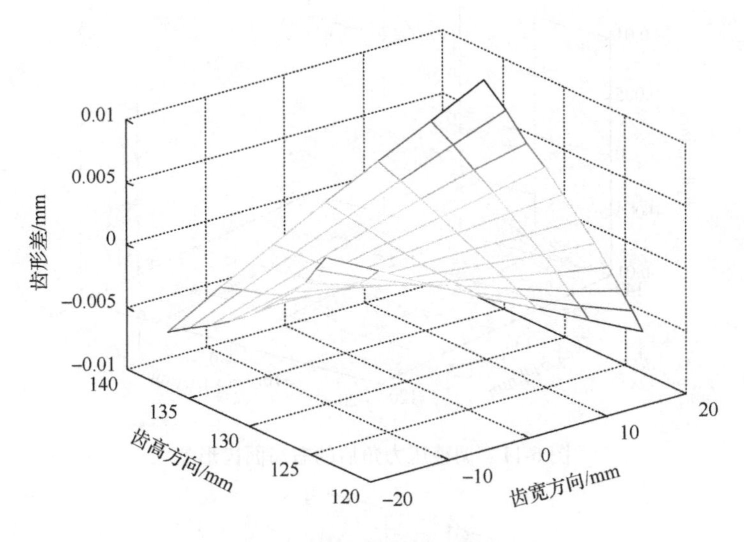

图 6-9 右齿面齿形差

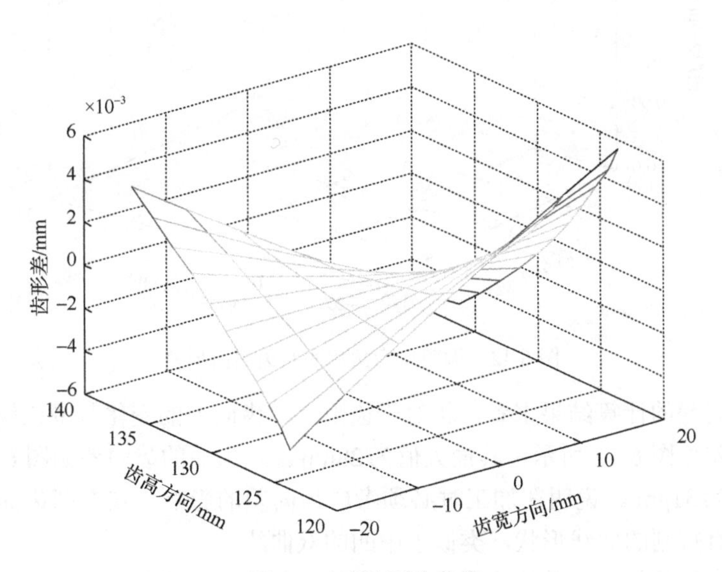

图 6-10 左齿面齿形差

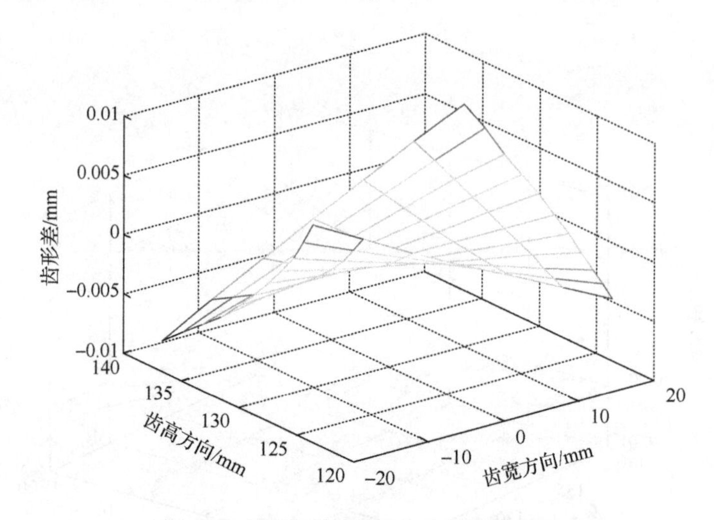

图 6-11　调整压力角后的右齿面齿形差

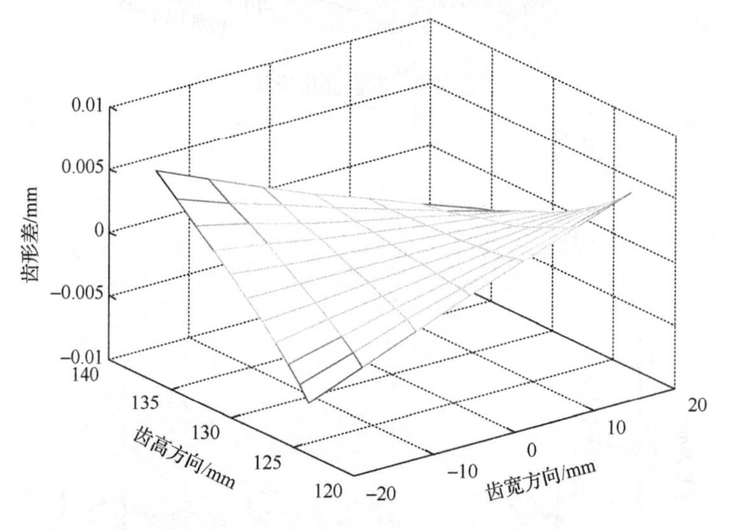

图 6-12　调整压力角后的左齿面齿形差

从齿向差的计算结果来看，相对于齿形差，齿向差的变化范围比较大。右齿面的齿向差如图 6-13 所示，其最大值为28μm 。左齿面的齿向差如图 6-14 所示，其最大值为31μm 。说明在加工时必须考虑齿向差的影响。左右两齿面的齿向差曲线均具有规则的曲线形状，类似于中凹的双曲线。

通过齿形差与齿向差的计算分析，齿轮 2 的齿廓形状已经明确。这为我们探讨实现新型变厚齿轮的加工方法指明了方向。

与标准的齿轮 1 相比较，由于齿轮 2 的齿向曲线是内凹的，只要通过对标准的渐开线变厚齿轮沿着齿向曲线进行磨削，来进行齿向修形，就可以逼近所期望的齿向曲线，从而最终获得能够实现线接触的变厚齿轮。这对充分利用现有的机床加工设备、实现加工此种齿轮具有重大意义。

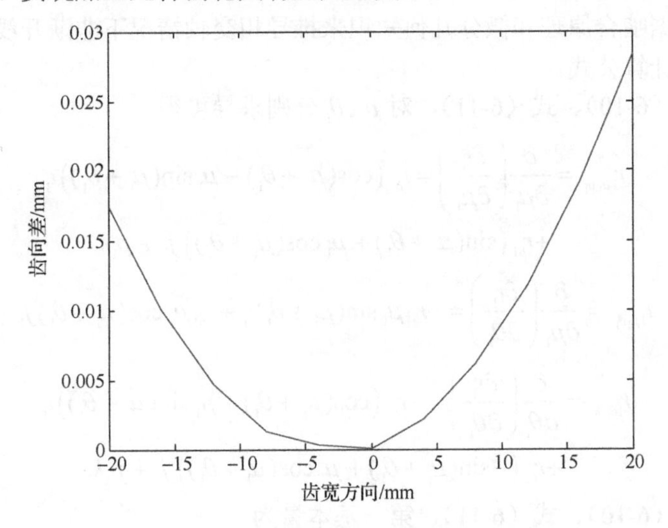

图 6-13　右齿面齿向差

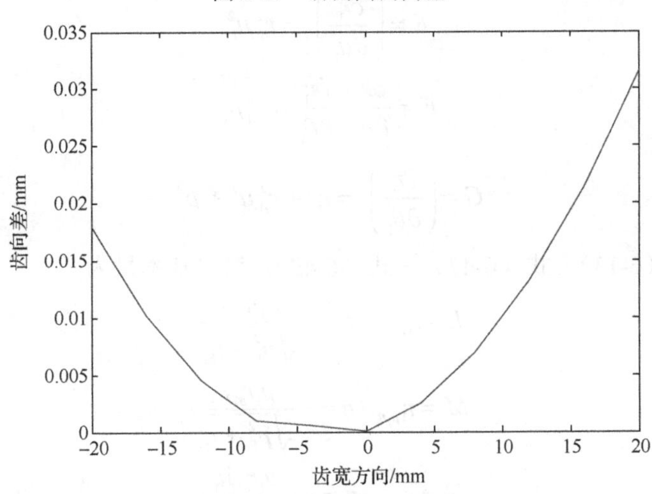

图 6-14　左齿面齿向差

6.7　相交轴非渐开线变厚齿轮副诱导法曲率的计算

诱导法曲率对齿轮传动的润滑条件、接触强度和接触区的大小都有重要的影响，为设计齿轮传动时选择几何参数提供了有力的理论依据，因而是评价齿轮传动质量的重要指标之一。诱导法曲率表明了在接触点沿指定切线方向两共轭曲面贴近的程度。

下面根据啮合原理和微分几何知识来推导相交轴情况下非渐开线变厚齿轮诱导法曲率的计算公式。

根据式（6-10）、式（6-11），对 μ_1, θ_1 分别求导可得

$$r_{1\mu_1\mu_1} = \frac{\partial}{\partial \mu_1}\left(\frac{\partial r_1}{\partial \mu_1}\right) = r_{b1}\left(\cos(\mu_1+\theta_1) - \mu_1 \sin(\mu_1+\theta_1)\right) i_1 + r_{b1}\left(\sin(\mu_1+\theta_1) + \mu_1\cos(\mu_1+\theta_1)\right) j_1 + p_1 k_1 \tag{6-47}$$

$$r_{1\mu_1\theta_1} = \frac{\partial}{\partial \mu_1}\left(\frac{\partial r_1}{\partial \theta_1}\right) = -r_{b1}\mu_1 \sin(\mu_1+\theta_1) i_1 + r_{b1}\mu_1\cos(\mu_1+\theta_1) j_1 \tag{6-48}$$

$$r_{1\theta_1\theta_1} = \frac{\partial}{\partial \theta_1}\left(\frac{\partial r_1}{\partial \theta_1}\right) = -r_{b1}\left(\cos(\mu_1+\theta_1) + \mu_1 \sin(\mu_1+\theta_1)\right) i_1 + r_{b1}\left(-\sin(\mu_1+\theta_1) + \mu_1\cos(\mu_1+\theta_1)\right) j_1 + p_1 k_1 \tag{6-49}$$

根据式（6-10）、式（6-11），第一基本量为

$$E = \left(\frac{\partial r_1}{\partial \mu_1}\right)^2 = r_{b1}^2 \mu_1^2 \tag{6-50}$$

$$F = \frac{\partial r_1}{\partial \mu_1} \cdot \frac{\partial r_1}{\partial \theta_1} = r_{b1}^2 \mu_1^2 \tag{6-51}$$

$$G = \left(\frac{\partial r_1}{\partial \theta_1}\right)^2 = r_{b1}^2 + r_{b1}^2\mu_1^2 + p_1^2 \tag{6-52}$$

根据式（6-13）、式（6-47）～式（6-49），第二基本量为

$$L = r_{1\mu_1\mu_1} \cdot n = -\frac{p_1 r_{b1}\mu_1}{\sqrt{p_1^2 + r_{b1}^2}} \tag{6-53}$$

$$M = r_{1\mu_1\theta_1} \cdot n = -\frac{p_1 r_{b1}\mu_1}{\sqrt{p_1^2 + r_{b1}^2}} \tag{6-54}$$

$$N = r_{1\theta_1\theta_1} \cdot n = -\frac{p_1 r_{b1}\mu_1}{\sqrt{p_1^2 + r_{b1}^2}} \tag{6-55}$$

由主曲率计算公式

$$k_{1,2} = \frac{EN - 2FM + GL \pm \sqrt{(EN - 2FM + GL)^2 - 4(EG - F^2)(LN - M^2)}}{2(EG - F^2)} \tag{6-56}$$

得到两个主曲率分别为

$$k_1 = 0 \tag{6-57}$$

$$k_2 = \frac{EN - 2FM + GL}{EG - G^2} = -\frac{p_1}{r_{b1}\mu_1\sqrt{p_1^2 + r_{b1}^2}} \tag{6-58}$$

根据确定主方向的方程

$$\begin{cases}(k_n E - L)\mathrm{d}\mu_1 + (k_n F - M)\mathrm{d}\theta_1 = 0 \\ (k_n E - M)\mathrm{d}\mu_1 + (k_n G - N)\mathrm{d}\theta_1 = 0\end{cases} \tag{6-59}$$

令$\eta = \dfrac{\mathrm{d}\theta_1}{\mathrm{d}\mu_1}$，将$k_1, k_2$分别代入式（6-59）中，得$\eta_1 = -1$，$\eta_2 = 0$。根据微分几何，齿面上任意一点的切线方程为

$$r_1'(t) = r_{1\mu_1}\frac{\mathrm{d}\mu_1}{\mathrm{d}t} + r_{1\theta_1}\frac{\mathrm{d}\theta_1}{\mathrm{d}t} = \frac{\mathrm{d}\mu_1}{\mathrm{d}t}\left(r_{1\mu_1} + r_{1\theta_1}\frac{\mathrm{d}\theta_1}{\mathrm{d}\mu_1}\right) \tag{6-60}$$

在式（6-60）中，$\dfrac{\mathrm{d}\mu_1}{\mathrm{d}t}$只是个标量，矢量$r_{1\mu_1} + r_{1\theta_1}\dfrac{\mathrm{d}\theta_1}{\mathrm{d}\mu_1}$代表了切线的方向，因此将已经求出的$\eta = \dfrac{\mathrm{d}\theta_1}{\mathrm{d}\mu_1}$的值代入矢量$r_{1\mu_1} + r_{1\theta_1}\dfrac{\mathrm{d}\theta_1}{\mathrm{d}\mu_1}$中，整理后就得到沿这两个主方向的单位切矢分别为

$$g_1 = \frac{r_{1\mu_1} - r_{1\theta_1}}{\left|r_{1\mu_1} - r_{1\theta_1}\right|} = \sin\beta_{b1}\sin(\mu_1 + \theta_1)i_1 - \sin\beta_{b1}\cos(\mu_1 + \theta_1)j_1 - \cos\beta_{b1}k_1 \tag{6-61}$$

$$g_2 = \frac{r_{1\mu_1}}{\left|r_{1\mu_1}\right|} = \cos(\mu_1 + \theta_1)i_1 + \sin(\mu_1 + \theta_1)j_1 \tag{6-62}$$

根据式（6-23），可知啮合函数为

$$\begin{aligned}\varPhi = {} & r_{b1}\omega_2\sin\beta_{b1}\sin\delta\cos(\mu_1 + \theta_1 - \varphi_1) - p_1\theta_1\omega_2\cos\beta_{b1}\sin\delta\sin(\mu_1 + \theta_1 - \varphi_1) \\ & + r_{b1}\mu_1\omega_2\sin\beta_{b1}\sin\delta\sin(\mu_1 + \theta_1 - \varphi_1) + r_{b1}\omega_2\cos\beta_{b1}(i_{12} + \cos\delta)\end{aligned}$$

将啮合函数分别对μ_1, θ_1, t求导，整理后可得

$$\varPhi_{\mu_1} = \frac{\partial\varPhi}{\partial\mu_1} = \omega_2(r_{b1}\mu_1\sin\beta_{b1} - p\theta_1\cos\beta_{b1})\sin\delta\cos(\mu_1 + \theta_1 - \phi_1) \tag{6-63}$$

$$\begin{aligned}\varPhi_{\theta_1} = \frac{\partial\varPhi}{\partial\theta_1} = {} & r_{b1}\omega_2\sin\beta_{b1}\sin\delta\left(\mu_1\cos(\mu_1 + \theta_1 - \varphi_1) - \sin(\mu_1 + \theta_1 - \varphi_1)\right) \\ & - p\omega_2\cos\beta_{b1}\sin\delta\left(\sin(\mu_1 + \theta_1 - \varphi_1) + \theta_1\cos(\mu_1 + \theta_1 - \varphi_1)\right)\end{aligned} \tag{6-64}$$

$$\begin{aligned}\varPhi_t = \frac{\partial\varPhi}{\partial\phi_1}\frac{\partial\varphi_1}{\partial t} = \omega_1\frac{\partial\varPhi}{\partial\varphi_1} = {} & i_{12}\omega_2^2 r_{b1}\sin\beta_{b1}\sin\delta\sin(\mu_1 + \theta_1 - \varphi_1) \\ & + p\theta_1 i_{12}\omega_2^2\cos\beta_{b1}\sin\delta\cos(\mu_1 + \theta_1 - \varphi_1) - r_{b1}\mu_1 i_{12}\omega_2^2\sin\beta_{b1}\sin\delta\cos(\mu_1 + \theta_1 - \varphi_1)\end{aligned} \tag{6-65}$$

根据文献[101]，可得

$$\lambda = k_1 g_1 \cdot v^{(12)} + \omega^{(12)} \cdot g_2 \tag{6-66}$$

$$\mu = k_2 g_2 \cdot v^{(12)} + \omega^{(12)} \cdot g_1 \tag{6-67}$$

将式（6-60）、式（6-61）和式（6-62）分别代入式（6-66）、式（6-67）中，得

$$\lambda = -\omega_2 \sin\delta \sin(\mu_1 + \theta_1 - \varphi_1) \tag{6-68}$$

$$\begin{aligned}\mu = & 2\omega_2(i_{12} + \cos\delta)\cos\beta_{b1} + \omega_2 \sin\beta_{b1} \sin\delta\cos(\mu_1 + \theta_1 - \varphi_1) \\ & + \omega_2 \frac{p\theta_1}{r_{b1}\mu_1}\cos\beta_{b1} \sin\delta\cos(\mu_1 + \theta_1 - \varphi_1)\end{aligned} \tag{6-69}$$

设α为两齿面接触点P处沿任意方向的单位切矢，且与主方向g_1之间的有向角为φ_α，则沿α方向的诱导法曲率为

$$k_{n12} = \frac{1}{\Psi}(\lambda\cos\varphi_\alpha + \mu\sin\varphi_\alpha)^2 \tag{6-70}$$

式中，Ψ——啮合原理中的一界函数，

$$\Psi = \frac{1}{EG - F^2}\begin{vmatrix} E & F & r_{1\mu_1}v^{(12)} \\ F & G & r_{1\theta_1}v^{(12)} \\ \Phi_{\mu_1} & \Phi_{\theta_1} & \Phi_t \end{vmatrix} \tag{6-71}$$

将式（6-66）、式（6-67）和式（6-71）代入式（6-70）中，可以求出沿α方向的诱导法曲率。改变有向角φ_α的大小，就可以求出沿任意方向的诱导法曲率。

仍以前面实例中的一对相交轴变厚齿轮副为例，表 6-1 列出了诱导法曲率的一组计算结果。从其计算结果可以看出，两齿面不会发生曲率干涉现象[116]。

表 6-1　诱导法曲率的计算结果

有向角 φ_α /（°）	诱导法曲率($\times10^{-4}$)	有向角 φ_α /（°）	诱导法曲率($\times10^{-4}$)
0	−0.2795	50	−0.1175
10	−0.2717	60	−0.0716
20	−0.2481	70	−0.0340
30	−0.2113	80	−0.0091
40	−0.1660	90	−0.0011

6.8 本章小结

本章根据相交轴非渐开线变厚齿轮副的相对运动关系，推导出了可实现线接触新型非渐开线变厚齿轮的啮合方程和齿廓方程。

本章确定了相交轴变厚齿轮副的轴向位置参数，为下一步非渐开线变厚齿轮

的误差分析打下基础。

本章推导出了相交轴非渐开线变厚齿轮齿形差和齿向差的计算公式，并通过实例分析对齿形差和齿向差进行了数值计算。分析了齿形差和齿向差的变化规律，为利用国内现有设备实现新型变厚齿轮加工奠定了基础。

本章推导求出了沿任意方向的诱导法曲率的计算公式，为评价齿轮的接触状况提供了理论依据。

第7章　交错轴非渐开线变厚齿轮的空间啮合分析

目前在很多产品，如高速包装机械、快速游艇、进口精密机器人等的传动与变速装置中，均含有交错轴渐开线变厚齿轮传动装置。但由于这种渐开线变厚齿轮传动在交错轴情况下属于空间点接触啮合，承载能力低，磨损严重，因此普遍出现了该种齿轮副频繁破损，使用寿命短，需要更换的量很大的问题。目前国内尚无任何厂家和研究所能够解决该问题，因此研究在交错轴情况下实现线接触的非渐开线变厚齿轮传动来提高其承载能力，而且实现这种非渐开线变厚齿轮的加工只需要对国内现有设备进行很小的改进就可以实现。无疑这种非渐开线变厚齿轮的啮合理论研究是一个非常急迫的任务，具有重要的现实推广意义。

本章将利用空间啮合理论和微分几何知识，研究在交错轴情况下可以实现线接触的非渐开线变厚齿轮的啮合方程、齿廓方程和接触线方程，并计算其齿形差与齿向差，研究其变化规律，为下一步非渐开线变厚齿轮的加工方法的研究奠定基础。本章还计算了非渐开线变厚齿轮副沿接触线法线方向的诱导法曲率，通过诱导法曲率计算证明，本书所推导出的非渐开线变厚齿轮副两齿面不会发生曲率干涉。

7.1　交错轴变厚齿轮实现线接触的新思想

在交错轴情况下，可以通过适当选择其几何参数，使渐开线变厚齿轮轮齿的一侧实现线接触或者近似的线接触。但是，由于变厚齿轮的左右齿廓基圆柱半径并不相同，左右齿廓在分度圆上的压力角也不相同，而且其变位系数、轮齿厚度均是沿轴向变化的，左右齿廓分度圆柱上的螺旋角也不相同，这样渐开线变厚齿轮涉及的调整参数繁多，需要调整的参数多达几十个，而且各个参数之间互相制约，调整起来非常困难。即使通过参数调整，也只能使变厚齿轮的一侧实现线接触或者近似的线接触。

需要注意的是，这种通过参数调整实现的线接触，还会带来不良后果，因为这样的传动对加工和装配误差非常敏感，有误差时会引起严重的偏载。因此实际上经过参数调整的渐开线变厚齿轮也只能是近似于线接触的点接触，并不是严格的线接触[11]。

本章将要研究的非渐开线变厚齿轮则完全克服了渐开线变厚齿轮的上述缺点，它不但具有在左右两侧齿面均可以实现线接触的优点，而且在国内现有设备情况下很容易实现加工。只需要对国内现有设备进行很小幅度的改进就可以加工出这种非渐开线变厚齿轮，而且加工出来的非渐开线变厚齿轮对装配和加工误差不敏感。

对于一对渐开线变厚齿轮，由于其齿面是渐开螺旋面，因此在交错轴的情况下，属于空间点啮合的范畴。为了实现线接触，本书利用齿轮啮合原理和微分几何的知识，从一个已知的渐开线变厚齿轮的齿廓方程出发，利用空间啮合理论，设法寻求与之共轭的另一齿轮的齿面方程。然后将求出的齿廓方程与渐开线变厚齿轮的齿廓进行比较，计算分析两者的齿形差和齿向差。通过齿形差与齿向差的研究比较，就完全可以明确满足实现线接触要求的非渐开线变厚齿轮的齿廓曲面的形状。然后在此基础上研究在国内现有设备情况下，生产加工该种齿轮的方法，使得加工出来的新型变厚齿轮误差控制在允许的最小范围之内。从而得到可以实现线接触的一对交错轴非渐开线变厚齿轮副，为实现该种新型变厚齿轮的加工方法的研究，奠定理论基础。

相对于相交轴变厚齿轮，交错轴变厚齿轮的啮合方程、齿廓方程的推导过程更为复杂，涉及的参数更多，坐标变换所需的计算量更大。

7.2　坐标系的建立与变换

坐标系的建立如图 7-1 所示。$\sigma_1=[O_1;i_1,j_1,k_1]$ 为与渐开线变厚齿轮（以下简称齿轮 1）相固连的坐标系，$\sigma_2=[O_2;i_2,j_2,k_2]$为与齿轮 1 共轭的齿轮（以下简称齿轮 2）相固连的坐标系，O_1、O_2 分别是两齿轮的几何中心，$\sigma_{10}=[O_{10};i_{10},j_{10},k_{10}]$，$\sigma_{20}=[O_{20};i_{20},j_{20},k_{20}]$为齿轮 1 和齿轮 2 的初始坐标系。其中 k_1 和 k_2 分别为齿轮 1、2 的轴线，ω_1 和 ω_2 分别为两齿轮各自的角速度，ϕ_1 和 ϕ_2 分别是齿轮 1、2 绕各自轴线转过的角度，齿轮 1、2 轴线之间的交错角为 Σ，a 为两齿轮轴线之间的最短距离。两齿轮的空间位置关系如图 7-2 所示。

齿轮的传动比为

$$i_{12}=\frac{\omega_1}{\omega_2}=\frac{\phi_1}{\phi_2} \tag{7-1}$$

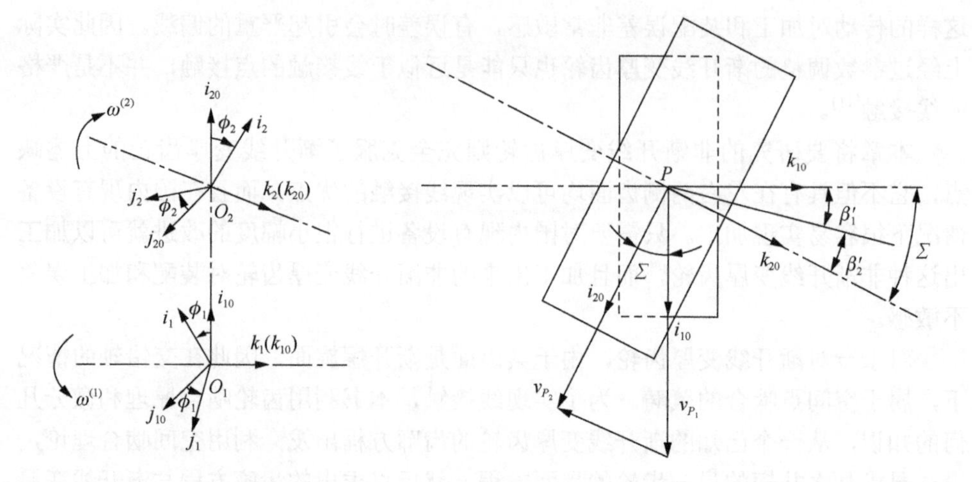

图 7-1 坐标系的建立　　　　图 7-2 两齿轮的空间位置关系

坐标变换的过程为$\sigma_1 \to \sigma_{10} \to \sigma_{20} \to \sigma_2$。

由$\sigma_1 \to \sigma_{10}$的坐标变换矩阵为

$$M_{10\,1} = \begin{bmatrix} \cos\phi_1 & \sin\phi_1 & 0 & 0 \\ -\sin\phi_1 & \cos\phi_1 & 0 & 0 \\ 0 & 0 & 1 & 0 \\ 0 & 0 & 0 & 1 \end{bmatrix} \tag{7-2}$$

由$\sigma_{10} \to \sigma_{20}$的坐标变换矩阵为

$$M_{2010} = \begin{bmatrix} 1 & 0 & 0 & -a \\ 0 & \cos\Sigma & -\sin\Sigma & 0 \\ 0 & \sin\Sigma & \cos\Sigma & 0 \\ 0 & 0 & 0 & 1 \end{bmatrix} \tag{7-3}$$

由$\sigma_{20} \to \sigma_2$的坐标变换矩阵为

$$M_{2\,20} = \begin{bmatrix} \cos\phi_2 & -\sin\phi_2 & 0 & 0 \\ \sin\phi_2 & \cos\phi_2 & 0 & 0 \\ 0 & 0 & 1 & 0 \\ 0 & 0 & 0 & 1 \end{bmatrix} \tag{7-4}$$

因此由$\sigma_1 \to \sigma_2$的坐标变换矩阵为

$$M_{21} = M_{2\,20} M_{2010} M_{101} = \begin{bmatrix} \cos\phi_1\cos\phi_2 - \cos\Sigma\sin\phi_1\sin\phi_2 & -\sin\phi_1\cos\phi_2 - \cos\Sigma\cos\phi_1\sin\phi_2 \\ \cos\phi_1\sin\phi_2 + \cos\Sigma\sin\phi_1\cos\phi_2 & -\sin\phi_1\sin\phi_2 + \cos\Sigma\cos\phi_1\cos\phi_2 \\ \sin\Sigma\sin\phi_1 & \sin\Sigma\cos\phi_1 \\ 0 & 0 \end{bmatrix}$$

$$\left.\begin{matrix} \sin\varSigma\sin\phi_2 & -a\cos\phi_2 \\ -\sin\varSigma\cos\phi_2 & -a\sin\phi_2 \\ \cos\varSigma & 0 \\ 0 & 1 \end{matrix}\right] \tag{7-5}$$

同理，可求得$\sigma_2 \to \sigma_1$的坐标变换矩阵为

$$M_{12}=\left[\begin{matrix} \cos\phi_1\cos\phi_2-\cos\varSigma\sin\phi_1\sin\phi_2 & \cos\phi_1\sin\phi_2+\cos\varSigma\sin\phi_1\cos\phi_2 \\ -\sin\phi_1\cos\phi_2-\cos\varSigma\cos\phi_1\sin\phi_2 & -\sin\phi_1\sin\phi_2+\cos\varSigma\cos\phi_1\cos\phi_2 \\ \sin\varSigma\sin\phi_2 & -\sin\varSigma\cos\phi_2 \\ 0 & 0 \end{matrix}\right.$$

$$\left.\begin{matrix} \sin\varSigma\sin\phi_1 & a\cos\phi_1 \\ -\sin\varSigma\cos\phi_1 & -a\sin\phi_1 \\ \cos\varSigma & 0 \\ 0 & 1 \end{matrix}\right] \tag{7-6}$$

7.3 交错轴非渐开线变厚齿轮啮合方程、齿廓方程和接触线方程

齿轮 1 的齿面仍然是渐开螺旋面，因此齿面方程为

$$\begin{aligned} r_1 &= x_1 i_1 + y_1 j_1 + z_1 k_1 \\ &= r_{b1}\left(\cos(\pm\mu_1+\theta_1)\pm\mu_1\sin(\pm\mu_1+\theta_1)\right)i_1 \\ &\quad + r_{b1}\left(\sin(\pm\mu_1+\theta_1)\mp\mu_1\cos(\pm\mu_1+\theta_1)\right)j_1 + p_1\theta_1 k_1 \end{aligned} \tag{7-7}$$

由于$\omega_1 = i_{12}\omega_2$，所以齿轮 1 的角速度矢量为

$$\omega^{(1)} = \omega_1 k_1 = i_{12}\omega_2 k_1 \tag{7-8}$$

齿轮 2 的角速度矢量为

$$\omega^{(2)} = -\omega_2 k_2 \tag{7-9}$$

根据式（7-5），可得

$$\omega^{(2)} = -\omega_2\sin\varSigma\sin\phi_1 i_1 - \omega_2\sin\varSigma\cos\phi_1 j_1 - \omega_2\cos\varSigma k_1 \tag{7-10}$$

两齿轮在接触点的相对速度为

$$v^{(12)} = \frac{\mathrm{d}\xi}{\mathrm{d}t} - \omega^{(2)}\times\xi + \omega^{(12)}\times r_1 \tag{7-11}$$

式中，ξ——σ_2与σ_1坐标原点连线的矢量，$\xi=\overrightarrow{O_2O_1}=-ai_{10}$；

$\omega^{(12)}$——齿轮 1 与齿轮 2 的相对角速度矢量，$\omega^{(12)}=\omega^{(1)}-\omega^{(2)}$。

式（7-2）经坐标变换后得

$$\xi = -ai_{10} = -a\cos\phi_1 i_1 + a\sin\phi_1 j_1 \tag{7-12}$$

所以式（7-11）可以写成

$$\begin{aligned} v^{(12)} = & \big(\omega_2 p_1 \theta_1 \sin\Sigma\cos\phi_1 - \omega_2 r_{b1}(i_{12}+\cos\Sigma)\big(\sin(\mu_1+\theta_1) - \mu_1\cos(\mu_1+\theta_1)\big) \\ & -\omega_2 a\cos\Sigma\sin\phi_1\big)i_1 + \big(\omega_2 r_{b1}(i_{12}+\cos\Sigma)\big(\cos(\mu_1+\theta_1)+\mu_1\sin(\mu_1+\theta_1)\big) \\ & -\omega_2 p_1\theta_1\sin\Sigma\sin\phi_1 - \omega_2 a\cos\Sigma\cos\phi_1\big) j_1 + \big(\omega_2 r_{b1}\sin\Sigma\sin\phi_1[\sin(\mu_1+\theta_1) \\ & -\mu_1\cos(\mu_1+\theta_1)) - \omega_2 r_{b1}\sin\Sigma\cos\phi_1\big(\cos(\mu_1+\theta_1)+\mu_1\sin(\mu_1+\theta_1)\big) \\ & +\omega_2 a\sin\Sigma\big)k_1 \end{aligned} \tag{7-13}$$

单位法矢仍然与第6章中的式（6-16）相同，因此将式（6-16）及式（7-13）代入啮合方程

$$\Phi(\mu_1,\theta_1,\phi_1) = n\cdot v^{(12)} = 0 \tag{7-14}$$

整理后得啮合方程的最终形式为

$$\begin{aligned} \Phi(\mu_1,\theta_1,\phi_1) = & (p_1\theta_1\sin\Sigma\cos\beta_{b1} - r_{b1}\mu_1\sin\Sigma\sin\beta_{b1}) \\ & +\sin(\mu_1+\theta_1+\phi_1) + (a\cos\Sigma\cos\beta_{b1} - r_{b1}\sin\Sigma\sin\beta_{b1}) \\ & \times\cos(\mu_1+\theta_1+\phi_1) - r_{b1}(i_{12}+\cos\Sigma)\cos\beta_{b1} + a\sin\Sigma\sin\beta_{b1} \\ = & 0 \end{aligned} \tag{7-15}$$

将式（7-7）变换到坐标系σ_2中，得

$$r_2 = M_{21} r_1 \tag{7-16}$$

改写成分量形式，为

$$\begin{cases} x_2 = r_{b1}(\cos\phi_2 + \mu_1\sin\phi_2\cos\Sigma)\cos(\mu_1+\theta_1+\phi_1) + r_{b1}(\mu_1\cos\phi_2 \\ \qquad -\sin\phi_2\cos\Sigma)\sin(\mu_1+\theta_1+\phi_1) + p_1\theta_1\sin\phi_2\sin\Sigma - a\cos\phi_2 \\ y_2 = r_{b1}(\sin\phi_2 - \mu_1\cos\varphi_2\cos\Sigma)\cos(\mu_1+\theta_1+\phi_1) + r_{b1}(\mu_1\sin\phi_2 \\ \qquad +\cos\phi_2\cos\Sigma)\sin(\mu_1+\theta_1+\phi_1) - p_1\theta_1\cos\phi_2\sin\Sigma - a\sin\phi_2 \\ z_2 = r_{b1}\sin\Sigma\sin(\mu_1+\theta_1+\phi_1) - r_{b1}\mu_1\sin\Sigma\cos(\mu_1+\theta_1+\phi_1) \\ \qquad + p_1\cdot\theta_1\cos\Sigma \end{cases} \tag{7-17}$$

将式（7-15）与式（7-17）联立，就得到了与齿轮1共轭的齿轮2的齿廓方程，即得到齿轮2的右齿面方程为

$$\begin{cases} x_2 = r_{b1}(\cos\phi_2 + \mu_1\sin\phi_2\cos\Sigma)\cos(\mu_1+\theta_1+\phi_1) + r_{b1}(\mu_1\cos\phi_2 \\ \quad -\sin\phi_2\cos\Sigma)\sin(\mu_1+\theta_1+\phi_1) + p_1\theta_1\sin\phi_2\sin\Sigma - a\cos\phi_2 \\ y_2 = r_{b1}(\sin\phi_2 - \mu_1\cos\phi_2\cos\Sigma)\cos(\mu_1+\theta_1+\phi_1) + r_{b1}(\mu_1\sin\phi_2 \\ \quad +\cos\phi_2\cos\Sigma)\sin(\mu_1+\theta_1+\phi_1) - p_1\theta_1\cos\phi_2\sin\Sigma - a\sin\phi_2 \\ z_2 = r_{b1}\sin\Sigma\sin(\mu_1+\theta_1+\phi_1) - r_{b1}\mu_1\sin\Sigma\cos(\mu_1+\theta_1+\phi_1) + p_1 \\ \quad \cdot\theta_1\cos\Sigma \\ (p_1\theta_1\sin\Sigma\cos\beta_{b1} - r_{b1}\mu_1\sin\Sigma\sin\beta_{b1})\sin(\mu_1+\theta_1+\phi_1) \\ +(a\cos\Sigma\cos\beta_{b1} - r_{b1}\sin\Sigma\sin\beta_{b1})\cos(\mu_1+\theta_1+\phi_1) \\ -r_{b1}(i_{12}+\cos\Sigma)\cos\beta_{b1} + a\sin\Sigma\sin\beta_{b1} = 0 \end{cases} \tag{7-18}$$

将“μ_1”以“$-\mu_1$”代入式（7-18）中，就得到了齿轮 2 的左齿面方程式。

接触线是两共轭齿轮齿面在啮合时某一瞬时的接触线，也就是当ϕ_1（或ϕ_2）为某一固定值时，包络面上的齿面接触线。

将式（7-14）和式（7-16）联立，得

$$\begin{cases} n\cdot v_{12} = 0 \\ r_2 = M_{21}r_1 \end{cases} \tag{7-19}$$

即在式（7-18）中，令ϕ_1为一定值，就得到了接触线方程。

7.4　交错轴非渐开线变厚齿轮副的三维实体仿真和诱导法曲率的计算

根据推导的交错轴非渐开线变厚齿轮的齿廓方程式（7-18），可以求出齿面上任意一点的坐标。求得齿面上一系列的点以后，就可以利用这些点创建齿面上的一系列曲线，再由这些曲线就可以创建出非渐开线变厚齿轮的整个齿面。由此，可实现线接触的交错轴非渐开线变厚齿轮的齿面形状就完全可以确定。

本章利用大型三维实体造型软件包 Pro/ENGINEER 系统对非渐开线变厚齿轮副进行了三维实体仿真，生成的实体仿真模型如图 7-3 所示。

图 7-3　交错轴非渐开线变厚齿轮副的实体仿真

诱导法曲率对齿轮传动的润滑条件、接触强度、接触区的大小都有重要的影响，为设计齿轮传动时选择最优参数提供了有力的理论依据，所以诱导法曲率是评价齿轮传动质量的重要指标之一。

由式（7-7）可以算出，第一基本量E_1、F_1、G_1分别为

$$E_1 = r_{1\mu_1}^2 = \left(\frac{\partial r_1}{\partial \mu_1}\right)^2 = r_{b1}^2 \mu_1^2 \tag{7-20}$$

$$F_1 = r_{1\mu_1} \cdot r_{1\theta_1} = \frac{\partial r_1}{\partial \mu_1} \cdot \frac{\partial r_1}{\partial \theta_1} = r_{b1}^2 \mu_1^2 \tag{7-21}$$

$$G_1 = r_{1\theta_1}^2 = \left(\frac{\partial r_1}{\partial \theta_1}\right)^2 = r_{b1}^2(1+\mu_1^2) + p_1^2 \tag{7-22}$$

所以有

$$D^2 = E_1 G_1 - F_1^2 = r_{b1}^2 \mu_1^2 (r_{b1}^2 + p_1^2) \tag{7-23}$$

根据式（7-14），可以推出

$$\varPhi_{\mu_1} = \frac{\partial \varPhi}{\partial \mu_1} \tag{7-24}$$

$$\varPhi_{\theta_1} = \frac{\partial \varPhi}{\partial \theta_1} \tag{7-25}$$

$$\varPhi_t = \frac{\partial \varPhi}{\partial t} = \frac{\partial \varPhi}{\partial \varphi_1} \cdot \frac{\partial \varphi_1}{\partial t} = \omega_1 \frac{\partial \varPhi}{\partial \varphi_1} \tag{7-26}$$

由文献[171]，当已知第一类基本量时，交错轴非渐开线变厚齿轮副沿着接触线法线方向的诱导法曲率计算公式为

$$k_{n12} = \frac{1}{D^2 \psi}(E_1 \varPhi_{\theta_1}^2 - 2F_1 \varPhi_{\mu_1} \varPhi_{\theta_1} + G_1 \varPhi_{\mu_1}^2) \tag{7-27}$$

式中，ψ ——啮合原理中的一界函数，且有

$$\psi = \frac{1}{D^2}\begin{vmatrix} E_1^2 & F_1^2 & r_{1\mu_1} v^{(12)} \\ F_1^2 & G_1^2 & r_{1\theta_1} v^{(12)} \\ \varPhi_{\mu_1} & \varPhi_{\theta_1} & \varPhi_t \end{vmatrix}$$

将式（7-24）～式（7-26）代入式（7-27）中，可以求得沿接触线法线方向的诱导法曲率为

$$k_{n12} = \frac{1}{r_{b1}^2 \mu_1^2 (r_{b1}^2 + p^2)\psi}\{r_{b1}^2 \mu_1^2 \varPhi_{\theta_1}^2 - 2r_{b1}^2 \mu_1^2 \varPhi_{\mu_1} \varPhi_{\theta_1} + [r_{b1}^2(1+\mu_1^2) + p_1^2]\}\varPhi_{\mu_1}^2 \tag{7-28}$$

当给定φ_1或φ_2的一个值时，就可以确定一条瞬时接触线，再由一组(μ_1, θ_1)确定接触线上一个啮合点。将一组$(\mu_1, \theta_1, \varphi_1)$的值代入式（7-28）中，就可以计算出该点处沿接触线法线方向的诱导法曲率。在该点其他方向的诱导法曲率均介于该值和零之间。

7.5　非渐开线变厚齿轮齿形差和齿向差的计算与分析

为了研究由式（7-18）所确立的齿轮 2 的齿廓形状，就必须将齿轮 2 的齿面与标准渐开线变厚齿轮进行比较，找出两者的区别与联系，以便为研究这种新型非渐开线变厚齿轮的国产化加工方法提供理论上的依据。为此，首先要对齿形差及齿向差进行计算分析，研究这两种误差的变化规律，以便为下一步的国产化加工奠定基础。

7.5.1　齿形差的计算与分析

在本章中，齿形差仍然是指在齿高中部的齿廓曲线与渐开线误差为零的情况下，沿整个齿高方向上实际齿廓与理论廓线之间的沿渐开线法线方向度量的差值。

如图 7-4 所示，在一垂直于齿轮轴线的任意截面，从获得的渐开线齿廓上任取一点 *A* 作基圆柱的切线，得切点 *P*，则直线 *PA* 必与非渐开线齿廓有一交点 *B*。线段 *PA* 与 *PB* 两者之间的差值即为齿形差。

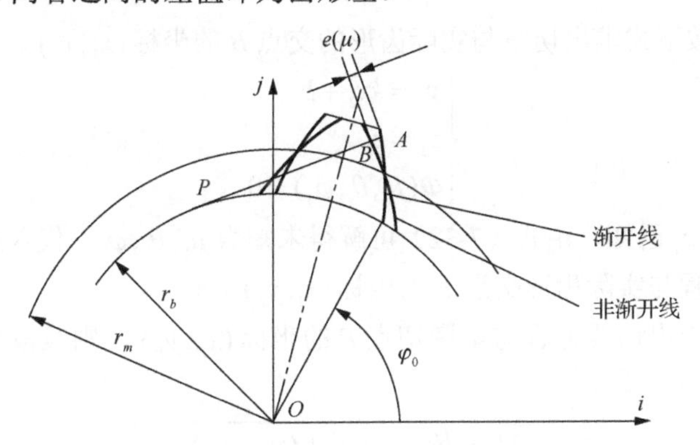

图 7-4　某一截面的齿形差示意图

与齿轮 2 的齿面相对应的标准渐开线变厚齿轮（变位系数呈线性变化）的齿面为一渐开螺旋面，而渐开螺旋面的方程为

$$\begin{cases} x = r_b\cos(\pm\mu+\theta+\varphi_0) \pm r_b\mu\sin(\pm\mu+\theta+\varphi_0) \\ y = r_b\sin(\pm\mu+\theta+\varphi_0) \mp r_b\mu\cos(\pm\mu+\theta+\varphi_0) \\ z = p\theta \end{cases} \tag{7-29}$$

则齿形差的计算步骤如下。

步骤 1：选取一确定的截面 $z_2 = z_k$，则起始角 φ_0 可由下式求出。

$$\begin{cases} x_2 = x \\ y_2 = y \\ x_2^2 + y_2^2 = r_m^2 \\ \Phi(\mu_1, \theta_1, \varphi_1) = 0 \\ z_2 = z_k \\ z = z_k \end{cases} \tag{7-30}$$

式中，r_m——渐开线齿高中部半径。

将式（7-15）、式（7-17）和式（7-29）代入式（7-30）中，可以求解出 6 个未知数 $\mu_1, \theta_1, \varphi_1, \mu, \theta, \varphi_0$，从而渐开线起始角 φ_0 已知。

步骤 2：取一 μ 值。

步骤 3：由于 μ, φ_0 已知，则由式（7-29）可求得渐开线齿形上一点 A 的坐标 (x_1, y_1)。

步骤 4：从点 (x_1, y_1) 作基圆的切线，求出此切线方程 $y = kx + b$，可由如下方程组有两组相同的解的条件来求出 k 和 b。

$$\begin{cases} x^2 + y^2 = r_b^2 \\ y = kx + b \end{cases} \tag{7-31}$$

步骤 5：按下式求出切线与实际齿形的交点 B 的坐标 (x_2, y_2)。

$$\begin{cases} y_2 = kx_2 + b \\ z_2 = z_k \\ \Phi(\mu_1, \theta_1, \varphi_1) = 0 \end{cases} \tag{7-32}$$

由于 k, b, z_k 已知，由式（7-32）可解得未知数 $\mu_1, \theta_1, \varphi_1$，代入式（7-17）中，可求出切线方程与实际齿形交点 B 的坐标 (x_2, y_2)。

步骤 6：求出切线方程与基圆切点 P 的坐标 (x_P, y_P)，则线段 PA、PB 的距离为

$$\overline{PA} = \sqrt{(x_1 - x_P)^2 + (y_1 - y_P)^2}$$
$$\overline{PB} = \sqrt{(x_2 - x_P)^2 + (y_2 - y_P)^2}$$

步骤 7：齿形差为 $e(\mu) = \overline{PA} - \overline{PB}$，并且当 $\overline{PA} > \overline{PB}$ 时，齿形差为正值，当 $\overline{PA} < \overline{PB}$ 时齿形差为负值。

步骤 8：取步长 t，令 $\mu = \mu + t$，返回步骤 3，求该截面其他点的齿形差。

步骤 9：取另一截面，即令 $z_k = z_{k+1}$，返回步骤 1，重复以上步骤可求得其他截面的齿形差。

综上所述，齿形差的计算框图如图 7-5 所示。

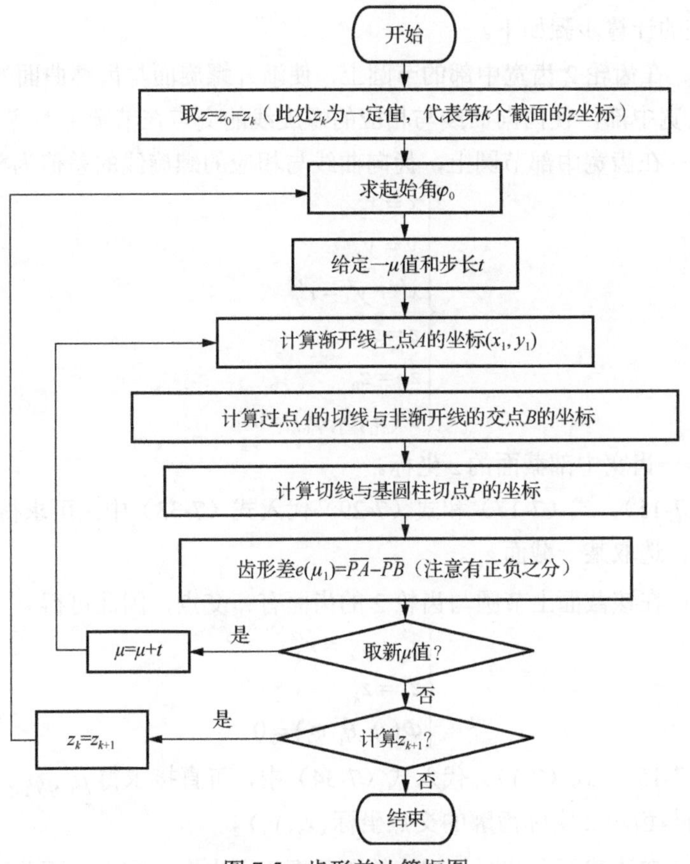

图 7-5　齿形差计算框图

7.5.2　齿向差的计算与分析

变厚齿轮的节圆柱与齿廓曲面有一条交线，称为齿向曲线。仍以齿轮 2 在齿宽中部的节圆为基准，齿轮 2 的齿向曲线与相应的渐开螺旋面上的螺旋线在各个截面上的差值就是齿向差，如图 7-6 所示。

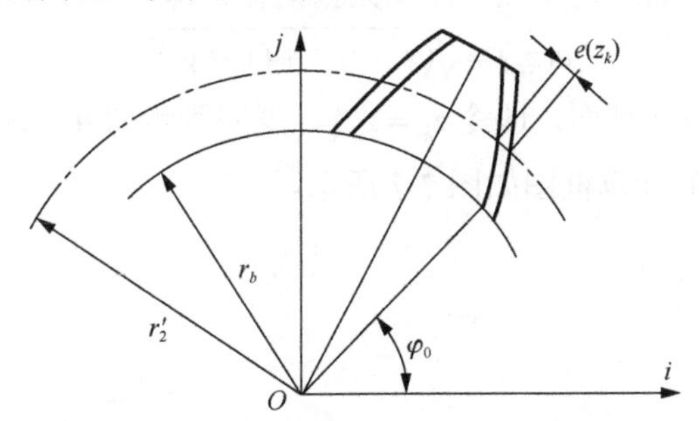

图 7-6　某一截面处的齿向差示意图

齿向差的计算步骤如下。

步骤 1：在齿轮 2 齿宽中部的节圆上，使渐开螺旋面与齿廓曲面的误差为零，也就是在齿宽中部，使齿向曲线与相应的螺旋线的交点在节圆上对齐。

步骤 2：在齿宽中部节圆上，齿向曲线与相应的螺旋线的差值为零，所以得

$$\begin{cases} x = x_2 \\ y = y_2 \\ x^2 + y^2 = r_2'^2 \\ z = z_0 \\ z_2 = z_0 \\ \Phi(\mu_1, \theta_1, \varphi_1) = 0 \end{cases} \tag{7-33}$$

式中，z_0——齿宽中部截面的 z 坐标。

将式（7-15）、式（7-17）和式（7-29）代入式（7-33）中，可求得起始角 φ_0。

步骤 3：选取某一截面 z_k。

步骤 4：在该截面上节圆与齿轮 2 的齿面有一交点，因此可得

$$\begin{cases} x_2^2 + y_2^2 = r_2'^2 \\ z_2 = z_k \\ \Phi(\mu_1, \theta_1, \varphi_1) = 0 \end{cases} \tag{7-34}$$

将式（7-15）、式（7-17）代入式（7-34）中，可直接求得 μ_1，φ_1，θ_1，从而可以求得节圆与齿轮 2 实际齿廓的交点坐标 (x_2, y_2)。

步骤 5：在该截面上节圆与相应的渐开螺旋面也有一交点，因此可得

$$\begin{cases} x^2 + y^2 = r_2'^2 \\ z = z_k \end{cases} \tag{7-35}$$

将式（7-29）代入式（7-35）中，由于起始角 φ_0 已知，因此可求出该截面上节圆与渐开螺旋面的交点坐标 (x, y)。

步骤 6：在该截面上两交点的距离为齿向差，即

$$e(z_k) = \sqrt{(x - x_2)^2 + (y - y_2)^2}$$

步骤 7：选定另一截面，即令 $z_k = z_{k+1}$，返回到步骤 4，就可求出在不同截面的齿向差。齿向差的计算框图如图 7-7 所示。

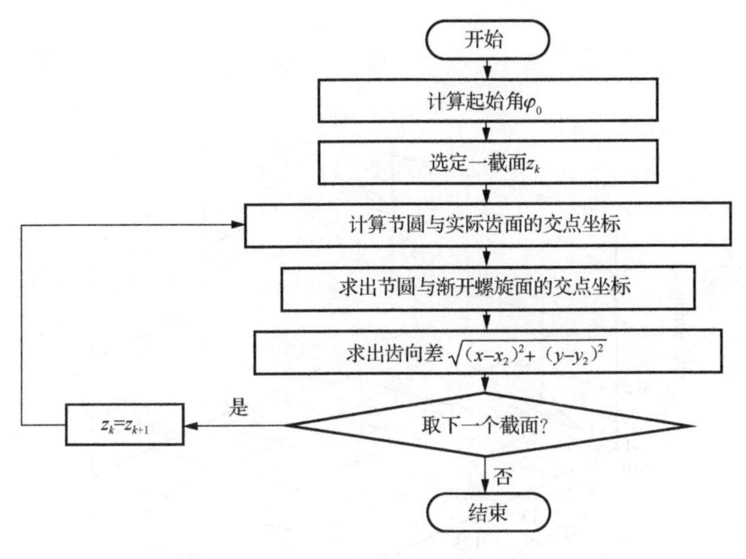

图 7-7　齿向差计算框图

7.6　实例计算与分析

给定齿轮 1 的参数如下：法向模数 m_{n1}=8mm，法向压力角 α_{n1}=20°，齿数 z_1=29，变位系数 x_{n1}=0.3mm，螺旋角 β_1=8°，δ_1=2°。

齿轮 2 的相应参数为：法向模数 m_{n2}=8mm，法向压力角 α_{n2}=20°，齿数 z_2=32，δ_2=2°。

两齿轮轴线的交错角 Σ=16°。

经过计算后，齿轮 2 的左齿面和右齿面的齿形差结果如图 7-8、图 7-9 所示。从计算结果可以看出，两齿轮均为右旋情况下，齿形差的变化范围很小，其中左齿面的齿形差在1μm 以内，右齿面的齿形差一般在 5μm 以内，这个误差在机床的加工允许范围之内。由计算结果还可以明显看出，与相交轴变厚齿轮副类似，齿形差在轮齿的两端仍然呈现出扭曲的形状。但由于齿形差的变化范围不大，对加工 5 级或者 6 级精度的齿轮来说，这个误差在机床的加工允许误差范围之内，因此是可以接受的。

左右两齿面齿向差的计算结果分别如图 7-10、图 7-11 所示。可以明显看出，相对于齿形差，齿向差的变化范围比较大。并且齿向差均为规则变化曲线，类似于中凹的超越曲线，齿向差在齿宽两端最大，在中部最小。右齿面齿向差的最大值达到了 17μm 。

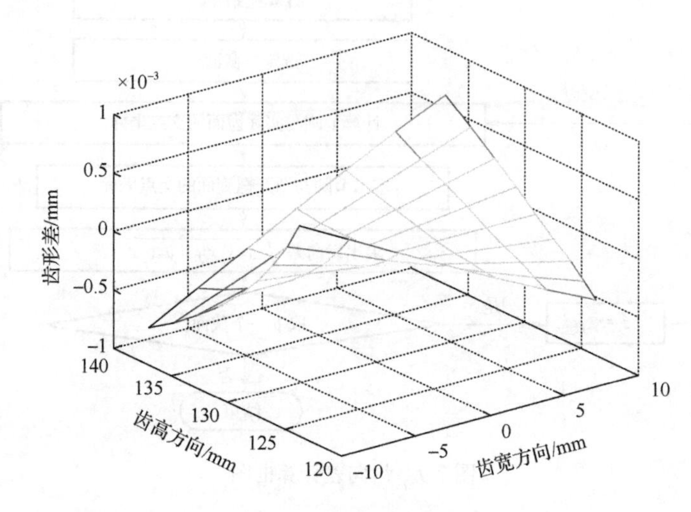

图 7-8　左齿面齿形差

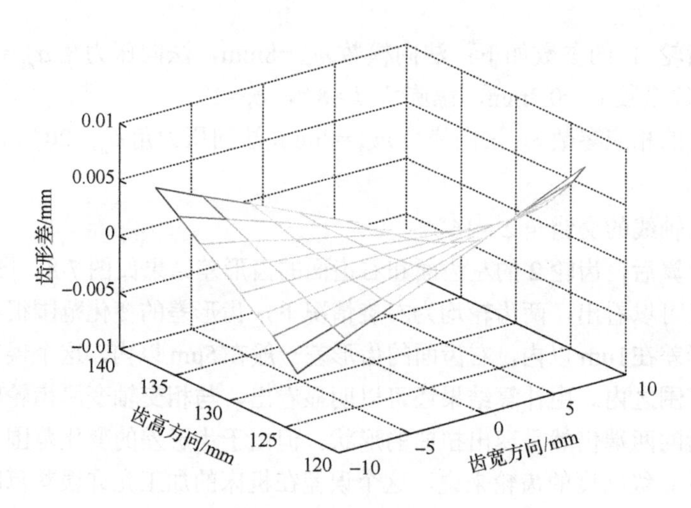

图 7-9　右齿面齿形差

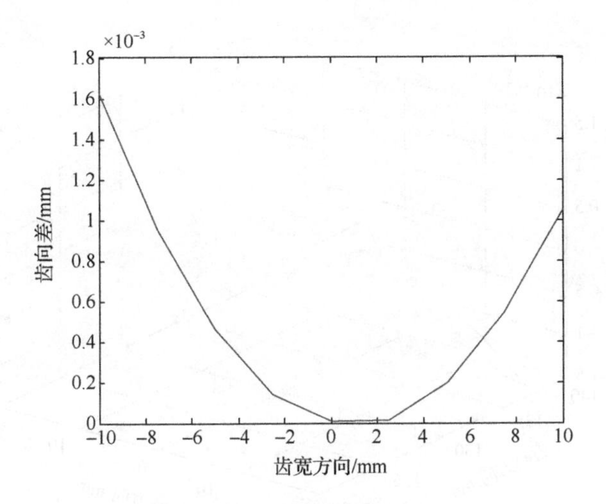

图 7-10　左齿面齿向差

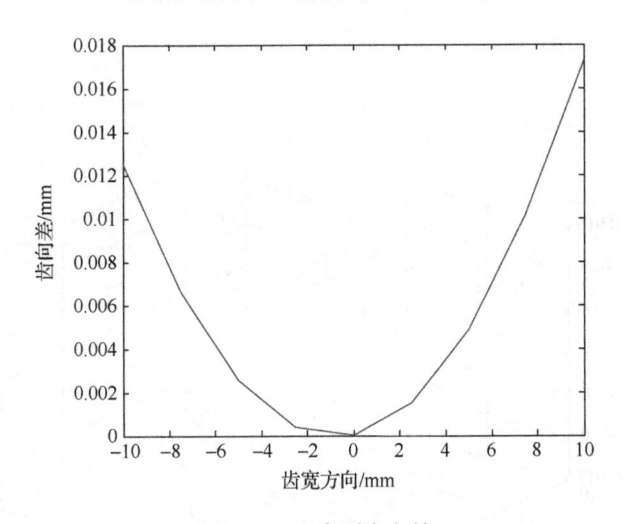

图 7-11　右齿面齿向差

图 7-12～图 7-15 分别是当齿宽增加到 40mm 时，左右两齿面的齿形差与齿向差的分布结果。图中的计算结果表明，当齿宽增加时，齿形差与齿向差也随之增加。

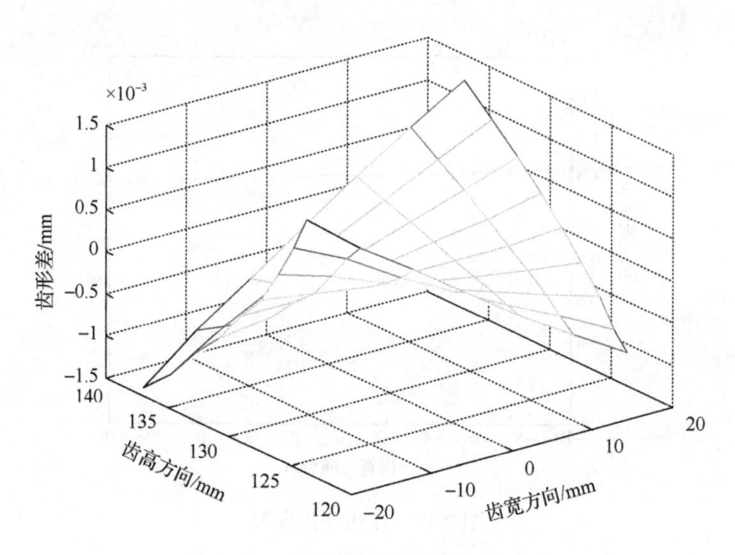

图 7-12　齿宽增加后的左齿面齿形差

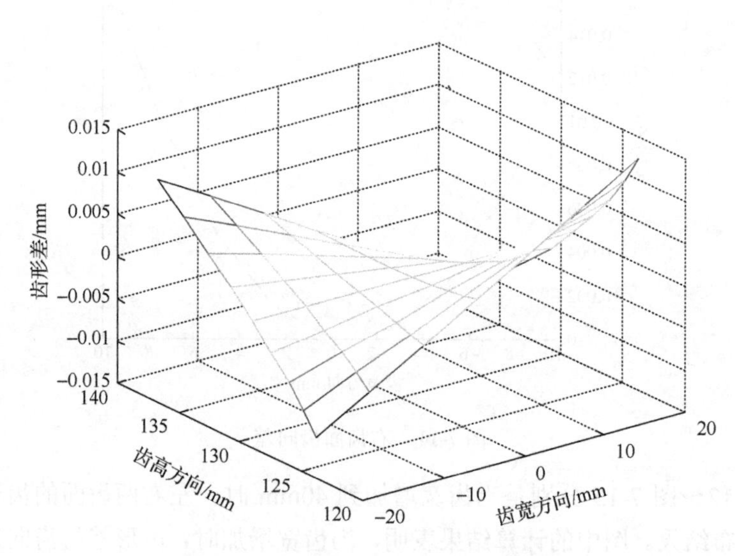

图 7-13　齿宽增加后的右齿面齿形差

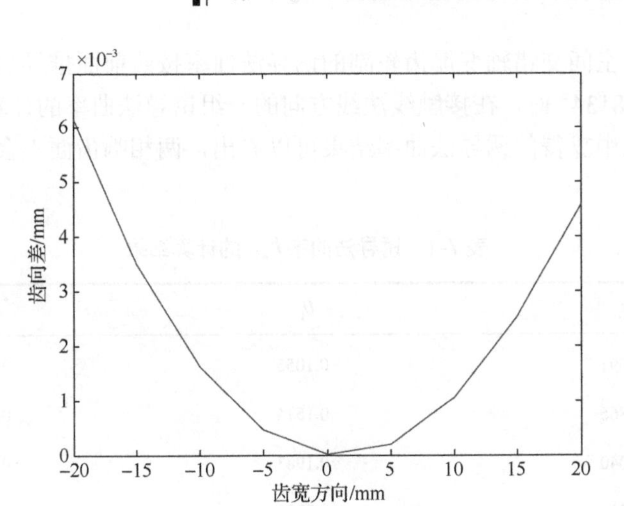

图 7-14　齿宽增加后的左齿面齿向差

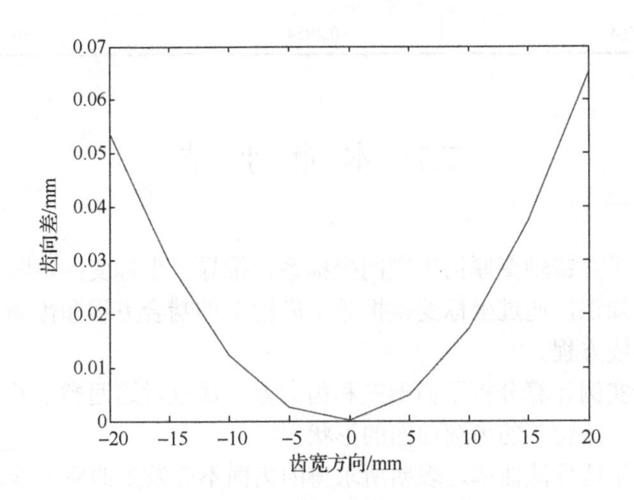

图 7-15　齿宽增加后的右齿面齿向差

齿轮 2 的齿面与齿轮 1 虽然能够实现线接触，但是齿轮 2 的齿面已经不再是渐开螺旋面，即齿面的端面截形不是渐开线。但是，通过将齿轮 2 与标准渐开螺旋面相比较，研究二者的齿形差与齿向差，就可以确定齿轮 2 的齿面形状。

齿形差与齿向差的计算结果表明，齿轮 2 的齿面可以通过对渐开螺旋面进行修形加工出来，因而实现这种新型变厚齿轮副的国产化加工方法是可行的。只要将大平面砂轮磨齿机进行很小范围的改造，将其平面砂轮修成一个外锥面，然后通过优化砂轮锥底角，对齿向进行磨削修形，就可以逼近所期望的齿向曲线，从而最终获得能够实现线接触的新型变厚齿轮副。

本章还对空间交错轴变厚齿轮副的诱导法曲率按照前面推导的公式进行了计算，当$\varphi_1=-3.8134°$时，在接触线法线方向的一组诱导法曲率的计算结果如表7-1所示。根据表中算得的诱导法曲率结果可以看出，两相啮齿面不会发生曲率干涉现象[116, 172]。

表7-1　诱导法曲率 k_{n12} 的计算结果

μ_1	θ_1	k_{n12}
0.4691	−0.1055	−0.0433
0.4866	−0.1574	−0.0417
0.5040	−0.1983	−0.0401
0.5215	−0.2337	−0.0387
0.5389	−0.2657	−0.0373
0.5564	−0.2954	−0.0360

7.7 本章小结

本章建立了交错轴变厚齿轮空间坐标系，推导了坐标变换矩阵。利用啮合原理和微分几何知识，通过坐标变换推导了齿轮2的啮合方程和齿廓方程。建立了两齿轮的接触线方程。

本章结合实例计算分析了齿形差和齿向差，通过对这两类误差的分析，明确了交错轴情况下齿轮2的齿廓曲面的形状。

本章计算了诱导法曲率，表明所求得的齿面不会发生曲率干涉。

本章通过对齿形差与齿向差的计算，为在国内现在设备情况下，实现新型变厚齿轮的加工指明了方向。

第8章 非渐开线变厚齿轮齿面修形及优化

8.1 非渐开线变厚齿轮齿面修形简介

非渐开线变厚齿轮2的齿面虽然不再是渐开螺旋面，但是由于两者的曲面形状比较接近，齿向差又具有一定的规律，所以齿轮2的齿面可以通过对渐开螺旋面进行修形得到。也就是说，可以先加工出与齿轮2最接近的一个渐开线变厚齿轮，然后对渐开线变厚齿轮进行齿向修形，使得修形后的齿向曲线与齿轮2的齿向曲线一致，从而得到齿轮2的目标齿面，即一个完全可以保证实现线接触的非渐开线齿面。

目前轮齿修形的方法主要有珩齿、剃齿和磨齿等。剃齿与珩齿的刀具与工件在自由啮合时，齿轮的加工精度由于与前道工序的加工精度密切相关，因而修正误差的能力较小，并且剃齿只宜加工非淬硬齿轮。在齿轮的精加工中，磨齿是最常用的加工方法。磨齿不但能加工淬硬齿轮，而且还可以在加工过程中修正齿轮在前道工序中出现的各项误差，加工精度也比剃齿和珩齿的加工精度高。而在国内的磨齿设备中，最常见的是大平面砂轮磨齿机。由于无论是相交轴变厚齿轮副还是交错轴变厚齿轮副，齿向曲线都是内凹的超越曲线，因此，利用大平面砂轮磨齿机进行变厚齿轮的修形是很方便的，只要把砂轮的工作面修成一个外锥面就可以用来加工内凹鼓形齿。

8.2 大平面砂轮磨齿机的磨削原理

磨齿机属于齿轮的精加工设备，可以按照不同的方式进行分类。按加工对象可以分为渐开线圆柱外齿轮磨齿机、渐开线圆柱内齿轮磨齿机、渐开线锥齿轮磨齿机等；按照磨齿机的结构布局来分，有立式磨齿机和卧式磨齿机；按照磨齿机的原理可分为展成磨齿机和成形磨齿机；按照采用的砂轮类型，渐开线圆柱齿轮磨齿机又分为蝶形双砂轮型、锥面砂轮型、成型砂轮型以及大平面砂轮型等磨齿机。

大平面砂轮磨齿机是利用齿轮和齿条啮合的原理，用展成法来加工齿轮的。由于它的传动链短，结构调整方便，加工精度又很高，所以广泛用来磨削高精度齿轮以及精确的度量齿轮。此外大平面砂轮磨齿机还经常用于磨削插齿刀、剃齿刀等对齿形具有严格要求的齿轮刀具。采用改进后的大平面砂轮磨齿机对渐开线变厚齿轮进行修形，有利于在国内现有设备情况下，实现新型变厚齿轮的国产化加工。

目前，在国内现有齿轮精加工设备中，最常见的大平面砂轮磨齿机是 Y7432 型。图 8-1 所示为 Y7432 型磨齿机磨削斜齿轮的原理示意图。为了使砂轮的工作端面的位置符合如图 8-1（a）中的虚线所示假想斜齿条的一个工作齿侧面，在这台磨齿机上，把砂轮随同立柱放置于水平面内，如图 8-1（b）所示，也就是在假想斜齿条的节平面 *W-W* 内转过一个磨削螺旋角 β' 。同时，砂轮架又在法向截面 ***n-n*** 内转过一个法向磨削角 α_n'，如图 8-1（c）所示。砂轮的这两个倾斜角度（β' 和 α_n'）就相当于斜齿条工作齿面的倾斜角和法向压力角，并且它们分别等于被磨齿轮在其磨削节圆柱上的螺旋角 β' 和法向压力角 α_n'。大平面砂轮磨齿机在工作时，砂轮的位置固定不动，而被磨齿轮则做严格的展成运动，从而磨削出齿轮的正确渐开线齿形。

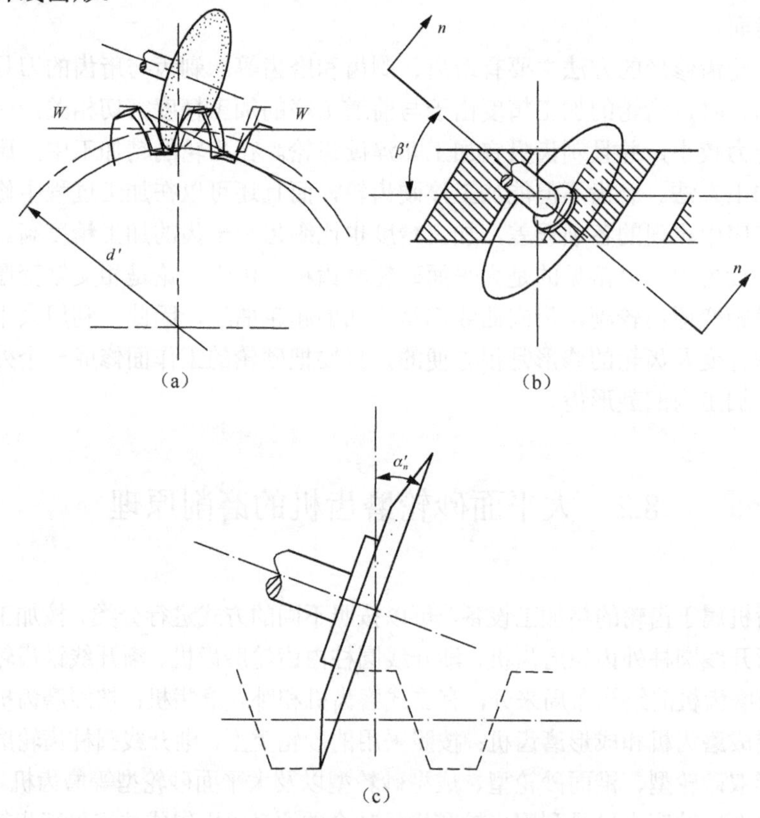

图 8-1　磨削斜齿轮的原理示意图

8.3 大平面砂轮磨齿机的改进

由于齿轮 2 的齿向曲线呈内凹的双曲线形状，为了加工这种内凹的鼓形齿，在大平面砂轮磨齿机上，必须把砂轮的工作平面修成一个外锥面，经过改进后就可以用来加工非渐开线变厚齿轮。

如图 8-2 所示，在大平面砂轮磨齿机的砂轮工作面上修出锥底角γ后，在经过砂轮轴线的中心截面中，它的截线就是锥面的母线。在平行于砂轮直线且与被磨齿轮轴线垂直的各个截面中，砂轮的截形是一条条的双曲线。但是，由于砂轮的直径D很大，而锥底角γ又很小，可以用数学计算证明，这些平行截面中的双曲线非常接近于直线，它们的倾斜角度也非常接近于锥底角γ。

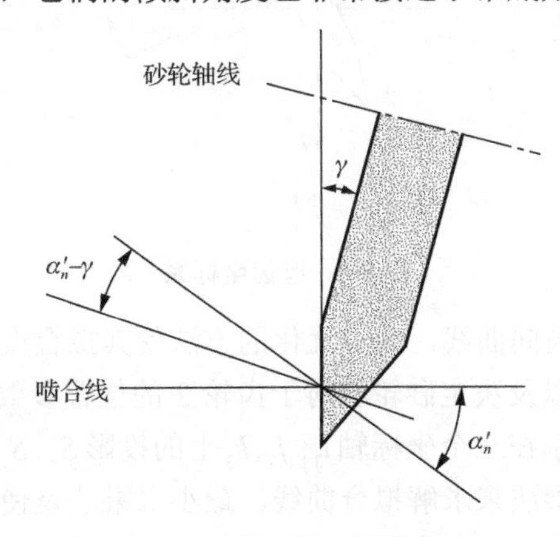

图 8-2 调整后的砂轮外锥面

砂轮的工作面修出锥底角γ后，砂轮轴线也应该随之调整，即砂轮轴线在法向截面n-n内转过的倾斜角度应该由原来的α_n'调整为$\alpha_n'-\gamma$。这样才能保证砂轮中心截面的实际磨削角仍保持为α_n'，从而保证了被磨齿轮的法向压力角仍然为α_n'。

8.4 非渐开线变厚齿轮拟合齿向曲线

由于砂轮锥面在节平面W-W上的截形是双曲线，而被磨削齿轮节圆柱在节平面做无滑动的纯滚动，因此被磨齿轮在磨削节圆柱上的齿向曲线所展开成的平面曲线与砂轮在节平面上的截形一致。双曲线的形状与砂轮的直径D和锥底角γ有关。本章用双曲线来拟合被磨齿轮 2 的齿向曲线，坐标系的建立如图 8-3 所示，坐标系$\sigma_1=[O_1;i,j,k]$为固定坐标系，坐标系$\sigma_2=[O_2;i_2,j_2,k_2]$为与被磨齿轮 2 相固连的动坐标系，$\sigma_3=[O_3;i_3,j_3,k_3]$为与砂轮相固连的动坐标系。$\sigma_2$的建立如前所示。原点$O$与齿轮 2 的中截面齿形与砂轮工作面相啮合时的节点P重合，坐标轴k与k_2平行且方向相同，i在节平面W-W内，原点O_3与砂轮锥面的顶点重合，k_3轴与砂轮的轴线重合，j_3轴在通过砂轮轴线的齿轮 2 的法向截面内。

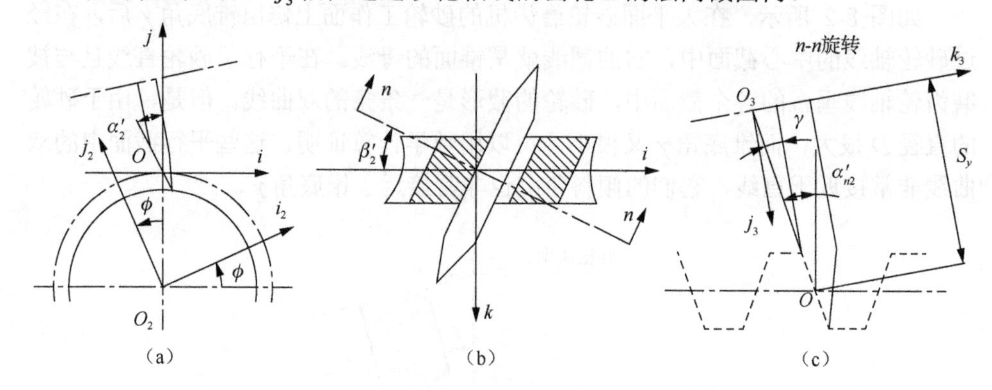

图 8-3　磨齿坐标系

采用双曲线拟合齿向曲线，通过优化的方法使其拟合误差最小，从而求得砂轮直径D和锥底角γ以及决定砂轮相对于齿轮 2 的位置参数。在图 8-3 中，砂轮的位置由矢量$\overrightarrow{O_2O}$分别在三个坐标轴i_3,j_3,k_3上的投影S_x,S_y,S_z来决定。

通常采用最小二乘法来求解拟合曲线，最小二乘法是使求得的拟合曲线与被拟合曲线之间的误差的平方和为最小，而对曲线上的单个点来说，误差并不一定是最小的，这说明采用最小二乘法来求拟合曲线的方法不是最优的。

根据图 8-3 可知，$\sigma_2\to\sigma$的坐标变换式为

$$\begin{cases} x=x_2\cos\phi-y_2\sin\phi \\ y=x_2\sin\phi+y_2\cos\phi-r_2' \\ z=z_2 \end{cases} \tag{8-1}$$

式中，r_2'——齿轮 2 的磨削节圆柱半径。

在式（8-1）中，令$x=0$，得

$$x_2'\cos\phi-y_2'\sin\phi=0 \tag{8-2}$$

式中，x_2',y_2'——齿轮 2 的中间截面齿形的节点坐标。

根据式（7-21）、式（7-23），得到联立方程组

$$\begin{cases} x_2'^2 + x_2'^2 = r_2'^2 \\ f = 0 \\ z_2'^2 = 0 \end{cases} \tag{8-3}$$

由式（8-3）可求x_2', y_2'，代入式（8-2）中，可求得

$$\phi = \arctan \frac{x_2'}{y_2'} \tag{8-4}$$

坐标系$\sigma \to \sigma_3$的变换过程分为以下四步。

（1）坐标系σ绕i轴逆时针转过角度π，得坐标变换矩阵：

$$M_1 = \begin{bmatrix} 1 & 0 & 0 & 0 \\ 0 & \cos\pi & \sin\pi & 0 \\ 0 & -\sin\pi & \cos\pi & 0 \\ 0 & 0 & 0 & 1 \end{bmatrix} \tag{8-5}$$

（2）再绕j轴逆时针转过角度$\frac{\pi}{2} + \beta_2'$，得坐标变换矩阵：

$$M_2 = \begin{bmatrix} \cos\left(\frac{\pi}{2} + \beta_2'\right) & 0 & -\sin\left(\frac{\pi}{2} + \beta_2'\right) & 0 \\ 0 & 1 & 0 & 0 \\ \sin\left(\frac{\pi}{2} + \beta_2'\right) & 0 & \cos\left(\frac{\pi}{2} + \beta_2'\right) & 0 \\ 0 & 0 & 0 & 1 \end{bmatrix} \tag{8-6}$$

（3）再绕i逆时针转过角度$\alpha_{n2}' - \gamma$，得坐标变换矩阵：

$$M_3 = \begin{bmatrix} 1 & 0 & 0 & 0 \\ 0 & \cos(\alpha_{n2}' - \gamma) & \sin(\alpha_{n2}' - \gamma) & 0 \\ 0 & -\sin(\alpha_{n2}' - \gamma) & \cos(\alpha_{n2}' - \gamma) & 0 \\ 0 & 0 & 0 & 1 \end{bmatrix} \tag{8-7}$$

（4）最后沿i, j, k轴分别平移S_x, S_y, S_z，得坐标变换矩阵：

$$M_4 = \begin{bmatrix} 1 & 0 & 0 & S_x \\ 0 & 1 & 0 & S_y \\ 0 & 0 & 1 & S_z \\ 0 & 0 & 0 & 1 \end{bmatrix} \tag{8-8}$$

所以坐标系$\sigma \to \sigma_3$的变换矩阵为

$$M_{30} = M_4 M_3 M_2 M_1 \tag{8-9}$$

将式（8-5）～式（8-8）代入式（8-9）中，整理后得坐标系$\sigma \to \sigma_3$的变换矩阵为

$$M_{30}=\begin{bmatrix}-\sin\beta_2' & 0 & \cos\beta_2' & S_x\\ \cos\beta_2'\sin\left(\alpha_{n2}'-\gamma\right) & -\cos\left(\alpha_{n2}'-\gamma\right) & \sin\beta_2'\sin\left(\alpha_{n2}'-\gamma\right) & S_y\\ \cos\beta_2'\cos\left(\alpha_{n2}'-\gamma\right) & \sin\left(\alpha_{n2}'-\gamma\right) & \sin\beta_2'\cos\left(\alpha_{n2}'-\gamma\right) & S_z\\ 0 & 0 & 0 & 1\end{bmatrix} \tag{8-10}$$

式中，β_2'——齿轮 2 在磨削节圆柱上的螺旋角；

α_{n2}'——齿轮 2 在磨削节圆柱上的法向压力角；

S_x,S_y,S_z——$\overrightarrow{OO_3}$ 分别在三个坐标轴 i_3,j_3,k_3 上的投影。

$$S_y=\frac{D}{2}-\sqrt{r_2'^2+r_i^2-2\cos(\mathrm{inv}\alpha_2'-\mathrm{inv}\alpha_i)r_2'r_i\cos\beta_2'\cos\gamma} \tag{8-11}$$

式中，D——砂轮直径；

r_2'——齿轮 2 的节圆半径；

r_i——磨削最低点半径；

α_2'——齿轮 2 在磨削节圆柱上的端面压力角；

α_i——磨削最低点的端面压力角。

由图 8-3 可知，S_y 与 S_z 有如下的关系：

$$S_z=S_y\tan\gamma \tag{8-12}$$

同理可得 $\sigma_3\to\sigma$ 的坐标变换矩阵为

$$M_{03}=\begin{bmatrix}-\sin\beta_2' & \cos\beta_2'\sin(\alpha_{n2}'-\gamma) & \cos\beta_2'\cos(\alpha_{n2}'-\gamma) & S_x\sin\beta_2'-S_y\cos\beta_2'\sin(\alpha_{n2}'-\gamma)-S_z\cos\beta_2'\cos(\alpha_{n2}'-\gamma)\\ 0 & -\cos(\alpha_{n2}'-\gamma) & \sin(\alpha_{n2}'-\gamma) & S_y\cos(\alpha_{n2}'-\gamma)-S_z\sin(\alpha_{n2}'-\gamma)\\ \cos\beta_2' & \sin\beta_2'\sin(\alpha_{n2}'-\gamma) & \sin\beta_2'\cos(\alpha_{n2}'-\gamma) & -S_x\cos\beta_2'-S_y\sin\beta_2'\sin(\alpha_{n2}'-\gamma)-S_z\sin\beta_2'\cos(\alpha_{n2}'-\gamma)\\ 0 & 0 & 0 & 1\end{bmatrix} \tag{8-13}$$

式（8-11）是考虑右齿面的情况。同理，对于左齿面，按照上面的坐标变换步骤，可得到 $\sigma\to\sigma_3$ 的变换矩阵为

$$M_{30}=\begin{bmatrix}-\sin\beta_2' & 0 & \cos\beta_2' & S_x\\ -\cos\beta_2'\sin(\alpha_{n2}'-\gamma) & -\cos(\alpha_{n2}'-\gamma) & -\sin\beta_2'\sin(\alpha_{n2}'-\gamma) & S_y\\ \cos\beta_2'\cos(\alpha_{n2}'-\gamma) & -\sin(\alpha_{n2}'-\gamma) & \sin\beta_2'\cos(\alpha_{n2}'-\gamma) & S_z\\ 0 & 0 & 0 & 1\end{bmatrix} \tag{8-14}$$

同时，S_y 与 S_z 的关系为

$$S_z=-S_y\tan\gamma \tag{8-15}$$

在坐标系 σ_3 中，砂轮锥面的方程为

$$x_3^2 + y_3^2 - z_3^2\cos^2\gamma = 0 \tag{8-16}$$

根据式（8-10），通过坐标变换，整理后可得

$$\begin{cases} x_3 = -x\sin\beta_2' + z\cos\beta_2' + S_x \\ y_3 = x\cos\beta_2'\sin(\alpha_{n2}' - \gamma) - y\cos(\alpha_{n2}' - \gamma) \\ \quad + z\sin\beta_2'\sin(\alpha_{n2}' - \gamma) + S_y \\ z_3 = x\cos\beta_2'\cos(\alpha_{n2}' - \gamma) + y\sin(\alpha_{n2}' - \gamma) \\ \quad + z\sin\beta_2'\cos(\alpha_{n2}' - \gamma) + S_z \end{cases} \tag{8-17}$$

将式（8-17）代入式（8-16）中，得

$$\begin{aligned} &(-x\sin\beta_2' + z\cos\beta_2' + S_x)^2 + [x\cos\beta_2'\sin(\alpha_{n2}' - \gamma) - y\cos(\alpha_{n2}' - \gamma) \\ &+ z\sin\beta_2'\sin(\alpha_{n2}' - \gamma) + S_y]^2 - [x\cos\beta_2'\cos(\alpha_{n2}' - \gamma) + y\sin(\alpha_{n2}' - \gamma) \\ &+ z\sin\beta_2'\cos(\alpha_{n2}' - \gamma) + S_z]^2\cot^2\gamma = 0 \end{aligned} \tag{8-18}$$

在式（8-18）中，令 $y=0$，即得砂轮锥面与节平面的交线方程为

$$\begin{aligned} &(-x\sin\beta_2' + z\cos\beta_2' + S_x)^2 + [x\cos\beta_2'\sin(\alpha_{n2}' - \gamma) + z\sin\beta_2'\cos(\alpha_{n2}' - \gamma) + S_y]^2 \\ &-[x\cos\beta_2'\cos(\alpha_{n2}' - \gamma) + z\sin\beta_2'\cos(\alpha_{n2}' - \gamma) + S_z]^2\cot^2\gamma = 0 \end{aligned} \tag{8-19}$$

将式（8-19）展开成关于 x 的二次式，合并同类项，整理后得

$$\begin{aligned} &[\sin^2\beta_2' + \cos^2\beta_2'\sin^2(\alpha_{n2}' - \gamma) - \cos^2\beta_2'\cos^2(\alpha_{n2}' - \gamma)\cot^2\gamma]x^2 \\ &+2\{-\sin\beta_2'(z\cos\beta_2' + S_x) + \cos\beta_2'\sin(\alpha_{n2}' - \gamma)[z\sin\beta_2'\sin(\alpha_{n2}' - \gamma) + S_y] \\ &-\cos\beta_2'\cos(\alpha_{n2}' - \gamma)[z\sin\beta_2'\cos(\alpha_{n2}' - \gamma) + S_z]\cot^2\gamma\}x + (z\cos\beta_2' + S_x)^2 \\ &+[z\sin\beta_2'\sin(\alpha_{n2}' - \gamma) + S_y]^2 - [z\sin\beta_2'\cos(\alpha_{n2}' - \gamma) + S_z]^2\cot^2\gamma = 0 \end{aligned} \tag{8-20}$$

将式（7-21）、式（7-23）代入节圆柱面方程中，就得到了齿轮 2 在磨削节圆柱上的齿向曲线：

$$x_2^2 + y_2^2 = r_2'^2 \tag{8-21}$$

由式（8-1），将齿向曲线上的各点由坐标系 σ_2 变换到 σ 中，再将其展开到节平面 $y=0$ 上，可得齿轮 2 的齿向曲线为

$$\begin{cases} x' = r_2'\arctan\dfrac{x}{y + r_2'} \\ y' = 0 \\ z' = z \end{cases} \tag{8-22}$$

用曲线式（8-20）拟合齿轮 2 的齿向曲线式（8-22），采用优化的方法，目标函数为拟合曲线的最大误差的最小值。通过优化使目标函数为最小，也就是使拟合曲线的最大误差为最小，求出最优化参数，从而得到所需要的加工齿形。

8.5 拟合曲线的优化

通过拟合曲线的参数优化，求出砂轮相对于被磨齿轮 2 的位置参数及砂轮的锥底角γ，是下一步实现该种齿轮精确加工的关键。

8.5.1 目标函数的确定

20 世纪 50 年代以前，解决最优化问题的数学方法还仅限于经典微分法和变分法，数值分析理论虽然已有发展，但是由于手工计算的限制，寻求最优解的迭代次数不可能过多。电子计算机的出现使得基于迭代理论的数值分析技术有了飞速发展，计算数学理论的发展也更加成熟。最优化设计随着电子计算机技术的普及而迅速发展成一门新兴的学科。它将计算数学、计算机技术和工程设计有机地结合起来，通过计算机的反复迭代计算，寻求出最优解。

本章采用最优化方法，用曲线式（8-20）拟合齿轮 2 的齿向曲线式（8-22），通过将拟合曲线的最大误差控制为最小，以得到优化后砂轮的位置参数。其中，建立数学模型是最优化设计的关键一步。

在齿轮 2 和砂轮的齿宽上各取一系列点，令$Z_{齿}=Z_{砂}$，代入式(8-20)和式(8-22)中，可求出一系列x'和x。由此，可求得各点的误差

$$\varDelta_i = \left|x'-x\right|, \qquad i=1,2,\cdots,n \tag{8-23}$$

目标函数取为沿齿宽方向所有齿面上点的误差的最大值，即

$$\min f\left(D,\gamma,S_x\right)=\min\left(\max\right) \tag{8-24}$$

目标函数确立以后，就可以采用合适的优化方法进行求解，从而确定满足最优解的砂轮位置参数。

8.5.2 最优化求解

由于本书的目标函数非常复杂，其导数无法直接求得，所以本书采用单纯形法来进行最优化设计。

单纯形法的基本思想是，根据问题的维数n，选取由$n+1$个顶点构成一个初始单纯形，求出这些顶点处的目标函数值并加以比较，确定其中的最好点、最差点和目标函数值的下降方向，沿着下降方向设法找到一个新的最好点取代原来的最好点，从而构成一个新的单纯形。随着这种迭代过程的不断进行，新的单纯形不断向着极小点收缩。经过一系列迭代后，就可以获得满足收敛精度的最优解。用单纯形法进行最优化求解的计算框图如图 8-4 所示。

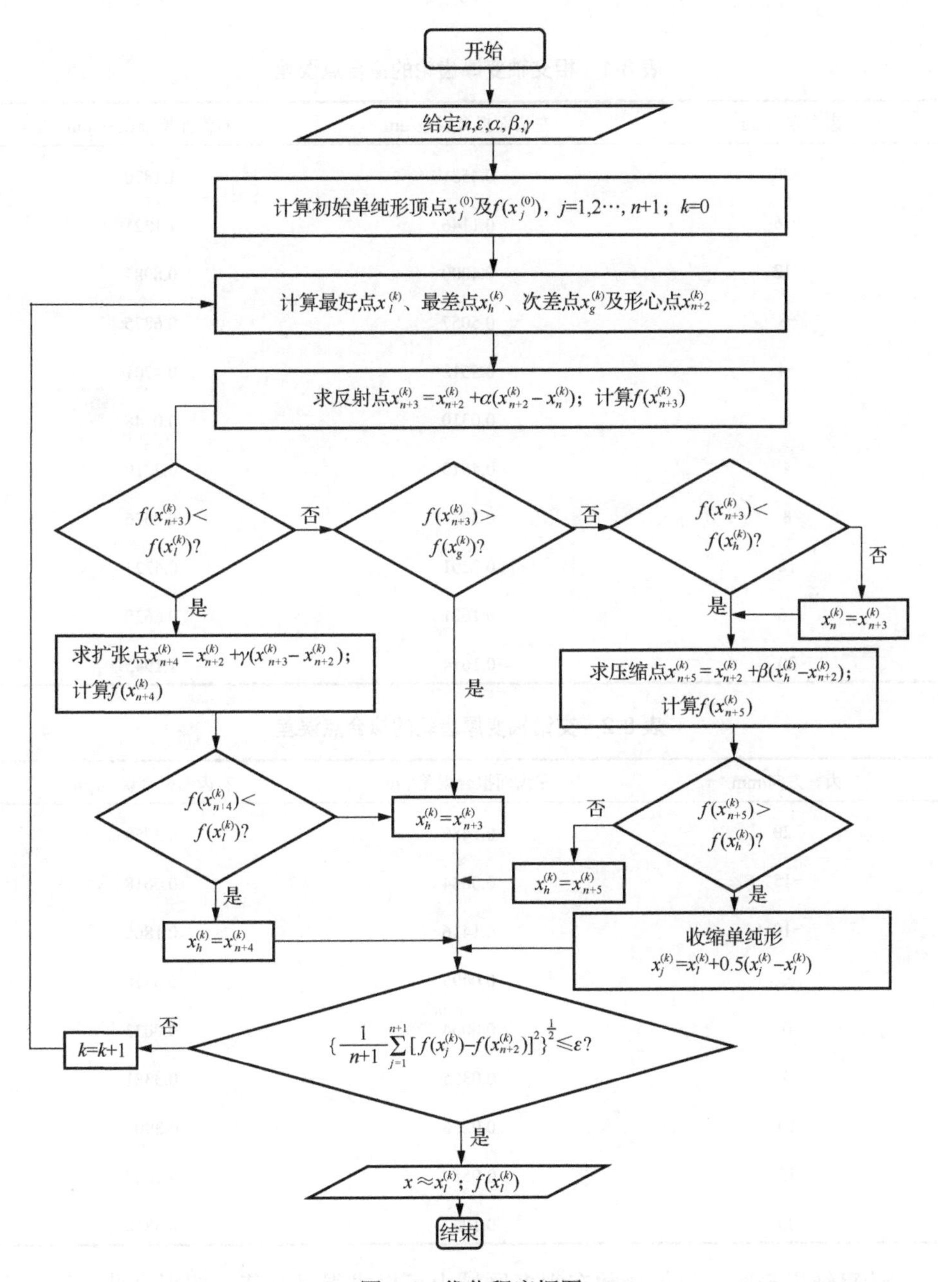

图 8-4　优化程序框图

本章对前面实例中介绍的相交轴和交错轴两种情况下的变厚齿轮齿向曲线的最优化问题均进行了求解，计算结果分别如表 8-1、表 8-2 所示。

表 8-1　相交轴变厚齿轮的拟合点误差

齿宽方向/mm	左齿面拟合误差/μm	右齿面拟合误差/μm
−20	0.4581	1.1870
−16	0.1146	1.1321
−12	0.4000	0.8987
−8	0.5057	0.6875
−4	0.5512	0.4701
0	0.0310	0.0148
4	0.4513	0.2219
8	0.3037	0.2576
12	0.2201	0.4223
16	0.1621	0.6628
20	0.1614	1.1943

表 8-2　交错轴变厚齿轮的拟合点误差

齿宽方向/mm	左齿面拟合误差/μm	右齿面拟合误差/μm
−20	0.1489	0.3750
−15	0.0084	0.0618
−10	0.1416	0.1865
−5	0.0495	0.0738
0	0.0064	0.0033
5	0.0355	0.3381
10	0.0266	0.3907
15	0.0557	0.1657
20	0.1067	0.3810

计算结果表明，目标函数在很多区域上可以求得极小值，即拟合曲线可以在各个点上达到很高的精度，甚至可以达到10^{-4} mm 量级。

在相交轴情况下，齿轮 2 的齿向曲线拟合结果表明，对于左齿面，当砂轮的直径D=750mm、锥底角γ=2.4231°、S_x=2.9869mm、S_z=−16.1073mm 时，计算结果为最优，此时拟合误差的最大值为 0.5512μm；对于右齿面，当砂轮的直径

D=750mm、锥底角γ= 2.3501°、S_x=2.3272mm、S_z=15.6039mm 时，计算结果为最优，此时拟合误差的最大值为 1.1943 μm。

在交错轴情况下，计算结果表明，对于左齿面，当砂轮的直径D=750mm、锥底角γ=0. 5253°、S_x=−1.4267 mm、S_z=−3.4864mm 时，计算结果为最优，此时拟合曲线误差的最大值为 0.1489 μm；对于右齿面，当砂轮的直径D=750mm、锥底角γ=5.9746°、S_x=0.92mm、S_z=39.82mm 时，计算结果为最优，此时拟合误差的最大值为 0.3907 μm。

8.6 本 章 小 结

本章分析了大平面砂轮磨齿机的磨削原理。对大平面砂轮磨齿机进行了技术改进，将砂轮工作面修成了外锥面，以利于加工新型非渐开线变厚齿轮。用双曲线拟合齿向曲线，求出拟合曲线的方程，对齿轮进行了修形。用优化设计方法计算分析了砂轮相对于被磨齿轮的位置参数。编制了优化程序，对相交轴、交错轴非渐开线变厚齿轮的拟合误差进行了计算。

第 9 章　非渐开线变厚齿轮传动接触区分析

本书在前面章节已经分别求得了相交轴和交错轴情况下，能够实现线接触的非渐开线变厚齿轮的齿廓方程及啮合方程，并且通过非渐开线变厚齿轮的误差分析，已经明确了满足线接触要求的齿面形状。本章将分别通过轮齿接触分析（tooth contact analysis，TCA）法和有限元法对非渐开线变厚齿轮的接触区进行计算分析。

9.1　锥面砂轮磨齿坐标系的变换

齿轮 1 与由式（7-21）和式（7-23）联立后所确定的齿轮 2 理论上能够实现线接触的啮合。一般情况下，接触线可以覆盖整个工作齿面。本书因为要考虑非渐开线变厚齿轮的加工及安装误差等因素，用改进的大平面砂轮磨齿机对齿轮 2 修形，由于磨齿机本身的加工精度所限，修形后齿轮 2 的实际齿面与齿轮 1 啮合时不可避免地存在着失配误差。这种情况下，齿轮 1 与齿轮 2 的啮合实质上是接近于线接触的点啮合。为了分析齿轮 1 与实际加工出来的齿轮 2 的接触状况，就必须运用啮合原理对实际接触区进行理论分析。

用锥面砂轮加工齿轮 2 的坐标系选择如图 8-3 所示，其中$\sigma=[O;i,j,k]$为固定坐标系，$\sigma_2=[O_2;i_2,j_2,k_2]$和$\sigma_3=[O_3;i_3,j_3,k_3]$分别为与齿轮 2 和砂轮相固连的坐标系，各坐标系之间的关系参见第 8 章所述。

用锥面砂轮加工非渐开线变厚齿轮 2 的过程如图 9-1 所示。为了以下讨论方便，本书将坐标系$\sigma_1=[O_1;i_1,j_1,k_1]$与砂轮相固连，初始位置时，坐标系$\sigma_1$与$\sigma$重合，坐标系$\sigma_{20}=[O_2;i_{20},j_{20},k_{20}]$为与齿轮 2 相固连的$\sigma_2$的初始坐标系，$\sigma_2$的建立如前所述。设齿轮 2 的角速度为$\omega_2$，当齿轮 2 逆时针转过角度$\varphi_2$后，砂轮左移的距离为$\overline{OO_1}$。

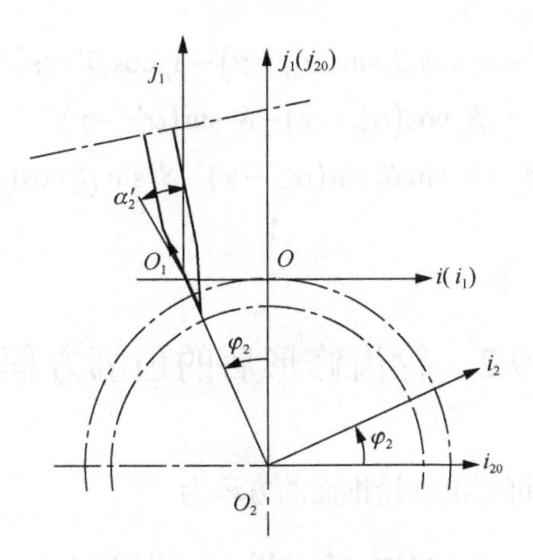

图 9-1　锥面砂轮与齿轮的运动关系

由于 $\sigma \to \sigma_1$ 的坐标变换矩阵为

$$M_{10}=\begin{bmatrix} 1 & 0 & 0 & r_2'\varphi_2 \\ 0 & 1 & 0 & 0 \\ 0 & 0 & 1 & 0 \\ 0 & 0 & 0 & 1 \end{bmatrix} \tag{9-1}$$

式中，r_2'——齿轮 2 的节圆半径。

则得 $\sigma_3 \to \sigma_1$ 的坐标变换矩阵为

$$M_{13}=M_{10}M_{03}=\begin{bmatrix} -\sin\beta_2' & \cos\beta_2'\sin(\alpha_{n2}'-\gamma) & \cos\beta_2'\cos(\alpha_{n2}'-\gamma) \\ 0 & -\cos(\alpha_{n2}'-\lambda) & \sin(\alpha_{n2}'-\chi) \\ \cos\beta_2' & \sin\beta_{n2}'\sin(\alpha_{n2}'-\chi) & \sin\beta_2'\cos(\alpha_{n2}'-\chi) \\ 0 & 0 & 0 \end{bmatrix}$$

$$\left.\begin{matrix} S_x\sin\beta_2'-S_y\cos\beta_2'\sin(\alpha_{n2}'-\chi)-S_z\cos\beta_2'\cos(\alpha_{n2}'-\chi)+r_2'\varphi_2 \\ S_y\cos(\alpha_{n2}'-\chi)-S_z\sin(\alpha_{n2}'-\chi) \\ -S_x\cos\beta'-S_y\sin\beta_2'\sin(\alpha_{n2}'-\chi)-S_z\sin\beta_2'\cos(\alpha_{n2}'-\chi) \\ 1 \end{matrix}\right] \tag{9-2}$$

式中，M_{03}——公式（8-13）所确定的 $\sigma_3 \to \sigma$ 的坐标变换矩阵。

$$M_{03}=\begin{bmatrix} -\sin\beta_2' & \cos\beta_2'\sin(\alpha_{n2}'-\gamma) & \cos\beta_2'\cos(\alpha_{n2}'-\gamma) \\ 0 & -\cos(\alpha_{n2}'-\gamma) & \sin(\alpha_{n2}'-\gamma) \\ \cos\beta_2' & \sin\beta_2'\sin(\alpha_{n2}'-\gamma) & \sin\beta_2'\cos(\alpha_{n2}'-\gamma) \\ 0 & 0 & 0 \end{bmatrix}$$

$$
\begin{bmatrix}
S_x \sin\beta_2' - S_y \cos\beta_2' \sin(\alpha_{n2}' - \gamma) - S_z \cos\beta_2' \cos(\alpha_{n2}' - \gamma) \\
S_y \cos(\alpha_{n2}' - \gamma) - S_z \sin(\alpha_{n2}' - \gamma) \\
-S_x \cos\beta_2' - S_y \sin\beta_2' \sin(\alpha_{n2}' - \gamma) - S_z \sin\beta_2' \cos(\alpha_{n2}' - \gamma) \\
1
\end{bmatrix}
$$

9.2 轮齿修形后的齿廓方程

在坐标系σ_3下，可写出砂轮锥面的方程为

$$r_3 = v\left(\tan\alpha(\cos\theta i_3 + \sin\theta j_3) + k_3\right) \tag{9-3}$$

式中，v,θ——锥面参数；

α——锥面的半顶角，即

$$\alpha=\frac{\pi}{2}-\gamma \tag{9-4}$$

其中，γ——砂轮的锥底角。

将式（9-3）分别对θ,v求导，得

$$r_{3\theta} = \frac{\partial r_\theta}{\partial\theta} = v\tan\alpha(-\sin\theta i_3 + \cos\theta j_3) \tag{9-5}$$

$$r_{3v} = \frac{\partial r_3}{\partial v} = \tan\alpha(\cos\theta i_3 + \sin\theta j_3) + k_3 \tag{9-6}$$

则在σ_3下砂轮锥面的单位法矢为

$$n_3 = \frac{r_{3\theta}\times r_{3v}}{|r_{3\theta}\times r_{3v}|} = \cos\theta\cos\alpha i_3 + \sin\theta\cos\alpha j_3 - \sin\alpha k_3 \tag{9-7}$$

根据式（9-2），得到在坐标系σ_1中砂轮锥面的单位法矢

$$
\begin{aligned}
n_1 = &\left(-\sin\beta_2'\cos\theta\cos\alpha + \cos\alpha\cos\beta_2'\sin\theta\sin(\alpha_{n2}'-\gamma) - \sin\alpha\cos\beta_2'\cos(\alpha_{n2}'-\gamma)\right)i_1 \\
&-\left(\cos\alpha\sin\theta\cos(\alpha_{n2}'-\gamma) + \sin\alpha\sin(\alpha_{n2}'-\gamma)\right)j_1 + \left(\cos\alpha\sin\beta_2'\sin\theta\sin(\alpha_{n2}'-\gamma)\right. \\
&\left.+\cos\alpha\cos\beta_2'\cos\theta - \sin\alpha\sin\beta_2'\cos(\alpha_{n2}'-\gamma)\right)k_1
\end{aligned} \tag{9-8}
$$

设砂轮锥面在σ_1下的矢量方程为

$$r_1 = x_1 i_1 + y_1 j_1 + z_1 k_1 \tag{9-9}$$

则由式（9-2），得

$$\begin{bmatrix} x_1 \\ y_1 \\ z_1 \\ 1 \end{bmatrix} = M_{13} \begin{bmatrix} x_3 \\ y_3 \\ z_3 \\ 1 \end{bmatrix} \tag{9-10}$$

写成分量形式并整理后，得 σ_1 下的砂轮锥面的方程为

$$\begin{cases} x_1 = -v\tan\alpha\cos\theta\sin\beta_2' + v\tan\alpha\sin\theta\cos\beta_2'\sin\left(\alpha_{n2}' - g\right) + v\cos\beta_2'\cos\left(\alpha_{n2}' - \gamma\right) \\ \qquad + S_x\sin\beta_2' - S_y\cos\beta_2'\sin\left(\alpha_2' - \gamma\right) - S_z\cos\beta_2'\cos\left(\alpha_{n2}' - \gamma\right) + r_2\varphi_2 \\ y_1 = -v\tan\alpha\sin\theta\cos\left(\alpha_{n2}' - \gamma\right) + v\sin\left(\alpha_{n2}' - \gamma\right) + S_y\cos\left(\alpha_{n2}' - \gamma\right) - S_z\sin\left(\alpha_{n2}' - \gamma\right) \\ z_1 = v\tan\alpha\cos\theta\cos\beta_2' + v\tan\alpha\sin\theta\sin\beta_2'\sin\left(\alpha_{n2}' - \gamma\right) + v\sin\beta_2'\cos\left(\alpha_{n2}' - \gamma\right) \\ \qquad - S_x\cos\beta_2' - S_y\sin\beta_2'\sin\left(\alpha_{n2}' - \gamma\right) - S_z\sin\beta_2'\cos\left(\alpha_{n2}' - \gamma\right) \end{cases} \tag{9-11}$$

锥面砂轮的角速度矢量为

$$\omega^{(1)} = 0 \tag{9-12}$$

齿轮 2 的角速度矢量为

$$\omega^{(2)} = \omega_2 k_2 = \omega_2 k_1 \tag{9-13}$$

则锥面砂轮与齿轮 2 的相对角速度矢量为

$$\omega^{(12)} = \omega^{(1)} = -\omega^{(2)} = -\omega^{(1)} k_1 \tag{9-14}$$

σ_2 与 σ_1 坐标原点连线的矢量为

$$\xi = \overrightarrow{O_2O_1} = \overrightarrow{O_2O} + \overrightarrow{OO_1} = -r_2'\varphi_2 i + r_2' j = -r_2'\varphi_2 i_1 + r_2' j_1 \tag{9-15}$$

所以有

$$\frac{\mathrm{d}\xi}{\mathrm{d}t} = -r_2'\frac{\mathrm{d}\varphi_2}{\mathrm{d}t} i_1 = -r_2'\omega_2 i_1 \tag{9-16}$$

锥面砂轮与齿轮 2 的相对速度为

$$v^{(12)} = \frac{\mathrm{d}\xi}{\mathrm{d}t} + \omega^{(12)} \times r_1 - \omega^{(2)} \times \xi \tag{9-17}$$

由于

$$\omega^{(12)} \times r_1 = \begin{vmatrix} i_1 & j_1 & k_1 \\ 0 & 0 & -\omega_2 \\ x_1 & y_1 & z_1 \end{vmatrix} = \omega_2\left(y_1 i_1 - x_1 j_1\right) \tag{9-18}$$

$$\omega^{(2)} \times \xi = \begin{vmatrix} i_1 & j_1 & k_1 \\ 0 & 0 & -\omega_2 \\ x_1 & y_1 & z_1 \end{vmatrix} = \omega_2\left(y_1 i_1 - x_1 j_1\right) \tag{9-19}$$

将式（9-16）、式（9-18）和式（9-19）代入式（9-17），整理后得相对速度为

$$v^{(12)}=\omega_2 y_1 i + \omega_2\left(r_2'\varphi_2 - x_1\right) j_1 \tag{9-20}$$

根据啮合方程

$$\phi = n_1 v^{(12)} = 0 \tag{9-21}$$

将式（9-9）和式（9-21）代入啮合方程（9-22）中，得

$$\begin{aligned} & y_1\left(-\sin\beta_2'\cos\theta\cos\alpha + \sin\left(\alpha_{n2}' - \gamma\right)\cos\beta_2'\sin\theta\cos\alpha - \sin\alpha\cos\beta_2'\cos\left(\alpha_{n2}' - \gamma\right)\right) \\ & -\left(r_2'\varphi_2 - x_1\right)\left(\cos\theta\sin\theta\cos\left(\alpha_{n2}' - \gamma\right) + \sin\alpha\sin\left(\alpha_{n2}' - \gamma\right)\right) = 0 \end{aligned} \tag{9-22}$$

将式（9-11）代入式（9-22）中，得啮合方程的最终形式为

$$\begin{aligned} & \left(-v\tan\alpha\sin\theta\cos\left(\alpha_{n2}' - \gamma\right) + v\sin\left(\alpha_{n2}' - \gamma\right) + S_y\cos\left(\alpha_{n2}' - \gamma\right) - S_z\sin\left(r_2'\varphi_2 - x_1\right)\right) \\ & \times\left(\sin\beta_2'\cos\theta\cos\alpha + \sin\left(\alpha_{n2}' - \gamma\right)\cos\beta_2'\sin\theta\cos\alpha - \sin\alpha\cos\beta_2'\cos\left(\alpha_{n2}' - \gamma\right)\right) \\ & +\left(-v\tan\alpha\cos\theta\sin\beta_2' + v\tan\alpha\sin\theta\cos\beta_2'\sin\left(\alpha_{n2}' - \gamma\right) + v\cos\beta_2'\cos\left(\alpha_{n2}' - \gamma\right)\right) \\ & +\left(S_x\sin\beta_2' - S_y\cos\beta_2'\sin\left(\alpha_{n2}' - \gamma\right) - S_z\cos\beta_2'\cos\left(\alpha_{n2}' - \gamma\right)\right)\left(\sin\alpha\sin\left(\alpha_{n2}' - \gamma\right)\right) \\ & +\sin\theta\cos\alpha\cos\left(\alpha_{n2}' - \gamma\right)=0 \end{aligned} \tag{9-23}$$

坐标系 $\sigma_1 \to \sigma_2$ 的变换矩阵为

$$M_{21} = \begin{bmatrix} \cos\varphi_2 & \sin\varphi_2 & 0 & r_2'\left(\sin\varphi_2 - \varphi_2\cos\varphi_2\right) \\ -\sin\varphi_2 & \cos\varphi_2 & 0 & r_2'\left(\cos\varphi_2 - \varphi_2\sin\varphi_2\right) \\ 0 & 0 & 1 & 0 \\ 0 & 0 & 0 & 1 \end{bmatrix} \tag{9-24}$$

将式（9-9）再变换到坐标系 σ_2 下，得

$$r_2 = M_{21} r_1 \tag{9-25}$$

将式（9-9）、式（9-24）代入式（9-25）中，得

$$\begin{aligned} r_2 = & \left(x_1\cos\varphi_2 + y_1\sin\varphi_2 + r_2'\left(\sin\varphi_2 - \varphi_2\cos\varphi_2\right)\right)i_2 + \left(-x_1\sin\varphi_2 + y_1\cos\varphi_2\right. \\ & \left. +r_2'\left(\cos\varphi_2 - \varphi_2\sin\varphi_2\right)\right) j_2 + z_1 k_2 \end{aligned} \tag{9-26}$$

写成分量形式，得

$$\begin{cases} x_2 = x_1\cos\varphi_2 + y_1\sin\varphi_2 + r_2'\left(\sin\varphi_2 - \varphi_2\cos\varphi_2\right) \\ y_2 = y_1\cos\varphi_2 - x_1\sin\varphi_2 + r_2'\left(\cos\varphi_2 - \varphi_2\sin\varphi_2\right) \\ z_2 = z_1 \end{cases} \tag{9-27}$$

将 σ_1 下的砂轮锥面的方程式（9-11）代入式（9-27）中，得

$$
\begin{cases}
x_2 = \cos\varphi_2\left(-v\tan\alpha\cos\theta\sin\beta_2' + v\tan\alpha\sin\theta\cos\beta_2'\sin\left(\alpha_{n2}'-\gamma\right)\right. \\
\quad \left.+v\cos\beta_2'\cos\left(\alpha_{n2}'-\gamma\right)\right) + S_x\sin\beta_2' - S_y\cos\beta_2'\sin\left(\alpha_{n2}'-\gamma\right) \\
\quad -S_z\cos\beta_2'\cos\left(\alpha_{n2}'-\gamma\right) + r_2'\varphi_2\sin\varphi_2\left(-v\tan\alpha\sin\theta\cos\left(\alpha_{n2}'-\gamma\right)\right. \\
\quad \left.+v\sin\left(\alpha_{n2}'-\gamma\right) + S_y\cos\left(\alpha_{n2}'-\gamma\right) - S_z\sin\left(\alpha_{n2}'-\gamma\right)\right) + r_2'\left(\sin\varphi_2 - \varphi_2\cos\varphi_2\right) \\
y_2 = \cos\varphi_2\left(-v\tan\alpha\sin\theta\cos\left(\alpha_{n2}'-\gamma\right) + v\sin\left(\alpha_{n2}'-\gamma\right) + S_y\cos\left(\alpha_{n2}'-\gamma\right)\right. \\
\quad \left.-S_z\sin\left(\alpha_{n2}'-\gamma\right)\right) - \sin\varphi_2\left(-v\tan\alpha\cos\theta\sin\beta' + v\tan\alpha\sin\theta\cos\beta_2'\sin\left(\alpha_{n2}'-\gamma\right)\right. \\
\quad +v\cos\beta_2'\cos\left(\alpha_{n2}'-\gamma\right) + S_x\sin\beta_2' - S_y\cos\beta_2'\sin\left(\alpha_{n2}'-\gamma\right) \\
\quad \left.-S_z\cos\beta_2'\cos\left(\alpha_{n2}'-\gamma\right) + r_2'\varphi_2\right) r'_2\left(\cos\varphi_2 + \varphi_2\sin\varphi_2\right) \\
z_2 = v\tan\alpha\cos\theta\cos\beta_2' + v\tan\alpha\sin\theta\sin\beta_2'\sin\left(\alpha_{n2}'-\gamma\right) + v\sin\beta_2'\cos\left(\alpha_{n2}'-\gamma\right) \\
\quad -S_x\cos\beta_2' - S_y\sin\beta_2'\sin\left(\alpha_{n2}'-\gamma\right) - S_z\sin\beta_2'\cos\left(\alpha_{n2}'-\gamma\right)
\end{cases}
\tag{9-28}
$$

将式（9-23）与式（9-28）联立，就得到了由锥面砂轮加工出来的齿轮 2 的齿廓方程，也就是修形后的齿廓方程。

现在齿轮 1、2 的齿廓方程均已经求出，下面就可以利用 TCA 方法进行接触区的计算了。

9.3　实际接触区计算

将齿轮 1 的齿廓方程及修形后的齿轮 2 的实际齿廓方程均变换到固定坐标系 σ_{20} 中，则在固定坐标系中就可以计算出两齿面的实际接触点的轨迹（以下简称接触迹），进而就可以计算出实际接触区的分布情况。

一般情况下的非渐开线变厚齿轮传动，在考虑安装和加工误差的情况下，每一瞬时虽然只有一个点相互接触，但是由于齿面的弹性变形及着色层的作用，这些接触点在齿面上将形成如图 9-2 所示的瞬时接触椭圆[171]。

理论上分析，齿面上的接触区，就是由许多瞬时接触椭圆集合而成[171,173]。为了确定齿面上的接触区，必须对计算得到的每一个理论接触点，计算出它的瞬时椭圆的长轴、短轴的长度。

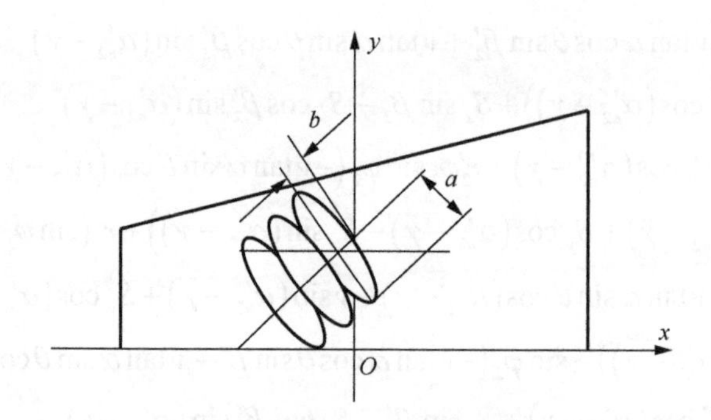

图 9-2　瞬时接触区示意图

9.3.1　两齿轮在固定坐标系中的齿面方程

由第 7 章式（7-23）可知变厚齿轮 1 在动坐标系 σ_2 下的方程为

$$r_1^{(1)}(\mu_1,\theta_1,\varphi_1)=x_2 i_2+y_2 j_2+z_2 k_2 \tag{9-29}$$

式中，x_2, y_2, z_2——由式（7-17）所确定的 3 个坐标分量。

则在固定坐标系 σ_{20} 下齿轮 1 的齿廓方程为

$$r_1^{(20)}(\mu_1,\theta_1,\varphi_1)=M_{202}(\mu_1,\theta_1,\varphi_1) \tag{9-30}$$

根据式（6-16），齿轮 1 在坐标系 σ_1 下的单位法矢为

$$n_1^{(1)}(\mu_1,\theta_1)=\cos\beta_{b1}\sin(\mu_1+\theta_1)i_1-\cos\beta_{b1}\cos(\mu_1+\theta_1)j_1+\sin\beta_{b1}k_1$$

$\sigma_2\to\sigma_{20}$ 的坐标变换矩阵为

$$M_{202}=\begin{bmatrix}\cos\dfrac{\varphi_1}{i_{12}} & \sin\dfrac{\varphi_1}{i_{12}} & 0 & 0\\ -\sin\dfrac{\varphi_1}{i_{12}} & \cos\dfrac{\varphi_1}{i_{12}} & 0 & 0\\ 0 & 0 & 1 & 0\\ 0 & 0 & 0 & 1\end{bmatrix} \tag{9-31}$$

根据式（7-5），坐标系 $\sigma_1\to\sigma_2$ 的变换矩阵为

$$M_{21}=\begin{bmatrix}\cos\varphi_1\cos\dfrac{\varphi_1}{i_{12}}-\cos\sum\sin\varphi_1\sin\dfrac{\varphi_1}{i_{12}} & -\sin\varphi_1\cos\dfrac{\varphi_1}{i_{12}}-\cos\sum\cos\varphi_1\sin\dfrac{\varphi_1}{i_{12}}\\ \cos\varphi_1\sin\dfrac{\varphi_1}{i_{12}}+\cos\sum\sin\varphi_1\cos\dfrac{\varphi_1}{i_{12}} & -\sin\varphi_1\sin\dfrac{\varphi_1}{i_{12}}+\cos\sum\cos\varphi_1\cos\dfrac{\varphi_1}{i_{12}}\\ \sin\sum\sin\varphi_1 & \sin\sum\cos\varphi_1\\ 0 & 0\end{bmatrix}$$

$$
\begin{matrix}
\sin\sum\sin\frac{\varphi_1}{i_{12}} & -\alpha\cos\frac{\varphi_1}{i_{12}} \\
-\sin\sum\cos\frac{\varphi_1}{i_{12}} & -\alpha\sin\frac{\varphi_1}{i_{12}} \\
\cos\sum\sin\varphi_1 & 0 \\
0 & 1
\end{matrix}\Bigg]
$$

在固定坐标系 σ_{20} 下齿轮 1 的单位法矢为

$$
n_1^{(20)}\left(\mu_1,\theta_1,\varphi_1\right)=M_{20\,2}M_{21}n_1^{(1)}\left(\mu_1,\theta_1\right) \tag{9-32}
$$

由式（9-23）与式（9-28）联立所确立的齿轮 2 的齿廓方程在固定坐标系 σ_{20} 下可记为

$$
\begin{cases}
r_1^{(20)}\left(v,\theta_1,\varphi_2,\varphi_2'\right)=M_{20\,2}r_1^{(2)}\left(v,\theta_1,\varphi_2\right) \\
\phi\left(v,\theta_1,\varphi_2\right)=0
\end{cases} \tag{9-33}
$$

式中，v,θ_1——齿轮 2 的齿面参数；

φ_2——齿轮 2 转过的角度；

φ_2'——齿轮 2 相对于固定坐标系 σ_{20} 的角度。

由式（9-8）可得齿轮 2 在固定坐标系 σ_{20} 下的单位法矢为

$$
\begin{aligned}
n_1^{(20)}\left(v,\theta_1,\varphi_2,\varphi_2'\right)=n_1^{(0)}=n_1^{(1)}=&\left(-\sin\beta_2'\cos\theta\cos\alpha+\cos\alpha\cos\beta_2'\sin\theta\sin\left(\alpha_{n2}'-\gamma\right)\right.\\
&\left.-\sin\alpha\cos\beta_2'\cos\left(\alpha_{n2}'-\gamma\right)\right)i-\left(\cos\alpha\sin\theta\cos\left(\alpha_{n2}'-\gamma\right)\right.\\
&\left.+\sin\alpha\sin\left(\alpha_{n2}'-\gamma\right)\right)j+\left(\cos\alpha\sin\beta_2'\sin\theta\sin\left(\alpha_{n2}'-\gamma\right)\right.\\
&\left.+\cos\alpha\cos\beta_2'\cos\theta-\sin\alpha\sin\beta_2'\cos\left(\alpha_{n2}'-\gamma\right)\right)k
\end{aligned} \tag{9-34}
$$

9.3.2　接触迹线的计算

由文献[19]，在固定坐标系 σ_{20} 下，当两齿轮啮合时，接触点应当有相同的位置矢量和公法矢，因此根据式（9-30）、式（9-32）～式（9-34），可写出如下方程组：

$$
\begin{cases}
r_1^{(20)}\left(\mu_1,\theta_1,\varphi_1\right)=r_1^{(20)}\left(v,\theta_1,\varphi_2,\varphi_2'\right) \\
n_1^{(20)}\left(\mu_1,\theta_1,\varphi_1\right)=n_1^{(20)}\left(v,\theta_1,\varphi_2,\varphi_2'\right) \\
\phi\left(v,\theta_1,\varphi_2\right)=0
\end{cases} \tag{9-35}
$$

由于 $n_1^{(20)}\left(\mu_1,\theta_1,\varphi_1\right)$ 和 $n_1^{(20)}\left(v,\theta_1,\varphi_2,\varphi_2'\right)$ 均为单位法矢，因此这两个法矢在三个坐标轴中的分量是相关的，所以改写成分量形式后，式（9-35）则变为

$$\begin{cases} r_{1x}^{(20)}(\mu_1,\theta_1,\phi_1)=r_{2x}^{(20)}(v,\theta,\phi_2,\phi_2') \\ r_{1y}^{(20)}(\mu_1,\theta_1,\phi_1)=r_{2y}^{(20)}(v,\theta,\phi_2,\phi_2') \\ r_{1z}^{(20)}(\mu_1,\theta_1,\phi_1)=r_{2z}^{(20)}(v,\theta,\phi_2,\phi_2') \\ n_{1x}^{(20)}(\mu_1,\theta_1,\phi_1)=n_{2x}^{(20)}(v,\theta,\phi_2,\phi_2') \\ n_{1y}^{(20)}(\mu_1,\theta_1,\phi_1)=n_{2y}^{(20)}(v,\theta,\phi_2,\phi_2') \\ \varPhi(v,\theta,\phi_2)=0 \end{cases} \tag{9-36}$$

式（9-36）中共有6个独立的方程，却有7个未知数$\mu_1,\theta_1,\varphi_1,v,\theta,\varphi_2,\varphi_2'$，当给定$\varphi_1$的值时，就可以求出剩余的六个未知数，从而得到一组解。给出一系列的φ_1值，就可以求出一系列的$\mu_1,\theta_1,\varphi_1,v,\theta,\varphi_2,\varphi_2'$的值，从而可以求出一系列的接触点，这些接触点的集合就构成了齿面上的接触迹线。

9.3.3 接触椭圆的计算

接触迹线求出以后，对于每一个接触点，都可以求出瞬时接触椭圆的长半轴和短半轴及其方向，由这些瞬时接触椭圆的集合构成了实际接触区。

如图9-3所示，对于两齿轮的任意一个接触点M_0，单位法矢n_{M_0}及点M_0处的矢量r_{M_0}在式（9-36）中已经求得，点M_1和M_2分别位于两齿面上，并且矢量$\overrightarrow{M_1M_2}$与点M_0处的法矢n_{M_0}平行。根据文献[95]，当点M_1和M_2之间的距离不大于0.00635mm时，就认为在齿面的弹性变形及着色层的作用下，该两点处于接触椭圆区域内。两齿面上距离为0.00635mm的点有无数个，这些点的集合在切平面上构成了一个瞬时接触椭圆。设点M_0、M_1和M_2在固定坐标系下的坐标分别为$\left(x_{M_0},y_{M_0},z_{M_0}\right)$、$\left(x_{M_1},y_{M_1},z_{M_1}\right)$和$\left(x_{M_2},y_{M_2},z_{M_2}\right)$，由于点$M_0$与$M_1$之间的距离远远小于点$M_1$与$M_2$之间的距离，因此可以认为点$M_0$与$M_1$之间的距离的最大值就是接触椭圆的长半轴$a$，而点$M_0$与$M_1$之间的距离的最小值就是接触椭圆的短半轴$b$。

由文献[88]，点M_1和M_2的坐标可由下式求得：

$$\begin{cases} \dfrac{x_{M_1}-x_{M_2}}{y_{M_1}-y_{M_2}}=\dfrac{n_x}{n_y} \\ \dfrac{x_{M_1}-x_{M_2}}{z_{M_1}-z_{M_2}}=\dfrac{n_x}{n_z} \\ \sqrt{(x_{M_1}-x_{M_2})^2+(y_{M_1}-x_{M_2})^2+(z_{M_1}-z_{M_2})^2}=0.00635 \\ \phi(v,\theta,\phi_2)=0 \end{cases} \tag{9-37}$$

式中，n_x,n_y,n_z——单位法矢n_{M_0}的三个分量。

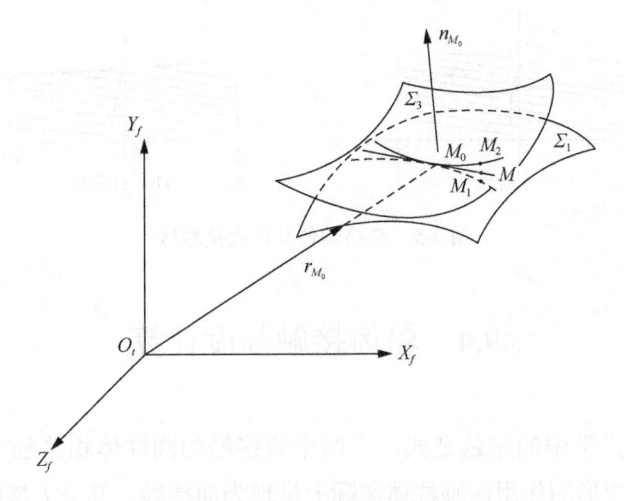

图 9-3　接触点示意图

将式（9-30）和式（9-33）代入式（9-37）中，因为接触点 M_0 处的坐标已经在式（9-36）中求出，并且齿轮 1、2 的转角 φ_1、φ_2' 已经确定，则式（9-37）中共有 5 个未知数 $\mu_1,\theta_1,v,\theta,\varphi_2$，给定一系列的 μ_1 值，就可以求出一系列的 $\theta_1,v,\theta,\varphi_2$ 的值，从而可以分别求出两齿面上距离为 0.00635mm 的一系列的点的坐标。这些点的集合就构成了某一瞬时的一个接触椭圆。进一步可以求出所有这些点与点 M_0 的距离 $\varDelta_i$，则接触椭圆的长短半轴分别为

$$a = \max(\varDelta_i)$$

$$b = \min(\varDelta_i)$$

求得了接触椭圆的长短半轴以后，就可以求出整个齿面上接触区的分布情况。

本节仍以前面的一对相交轴和交错轴非渐开线变厚齿轮副为例，经计算后其接触区的分布情况分别如图 9-4 和图 9-5 所示。从接触区的计算结果可以看出，轮齿修形后所获得的非渐开线变厚齿轮在相交轴和交错轴情况下，接触椭圆的长半轴远远大于短半轴，接触区的分布情况非常接近于线接触。

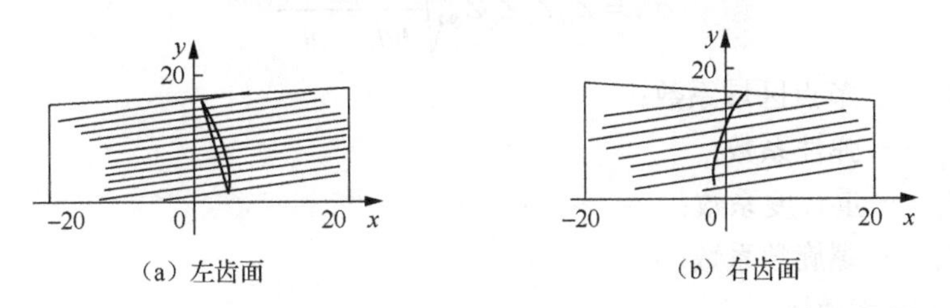

图 9-4　相交轴传动齿面接触区

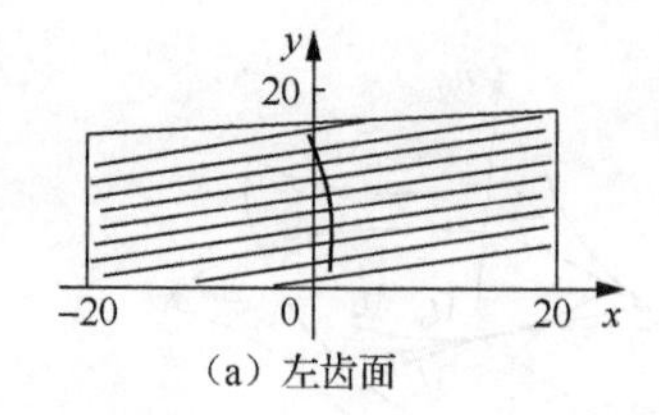

(a) 左齿面

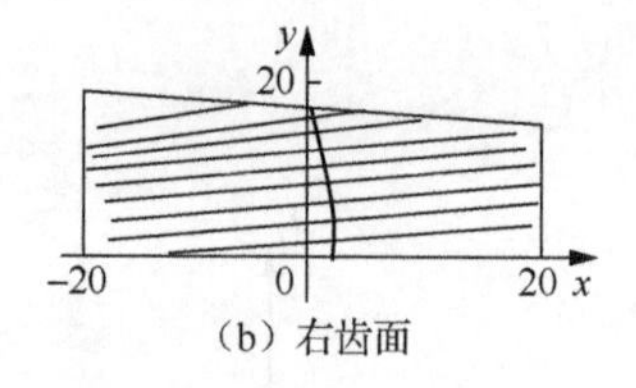

(b) 右齿面

图 9-5　交错轴传动齿面接触区

9.4　轮齿接触强度计算

根据弹性力学中的赫兹公式，当两个线接触的圆柱体相接触并承受载荷 F_n 时，由于弹性变形的作用两圆柱体实际上呈现为面接触，其最大接触应力为

$$\sigma_H = \sqrt{\frac{F_n}{\pi L \rho_\Sigma \left(\frac{1-\nu_1^2}{E_1} + \frac{1-\nu_2^2}{E_2} \right)}} \tag{9-38}$$

式中，F_n——法向总压力；

L——接触线长度；

E_1, E_2——两圆柱体材料的弹性模量；

ν_1, ν_2——两圆柱体材料的泊松比；

ρ_Σ——综合曲率半径，

$$\rho_\Sigma = \frac{\rho_1 \rho_2}{\rho_1 \pm \rho_2}$$

其中，ρ_1, ρ_2——两圆柱体的曲率半径。

对于新型变厚齿轮副的强度校核计算，直接采用上式计算并不方便，实际工程中要综合考虑载荷系数、轮齿倾斜等因素对齿面接触强度的影响，并将其影响因子计算整理后代入式（9-38）中，最后得到

$$\sigma_H = Z_H Z_E Z_\varepsilon Z_\beta \sqrt{\frac{2KT_1}{bd_1^2} \frac{u+1}{u}} \tag{9-39}$$

式中，Z_H——节点区域系数；

Z_E——弹性系数；

Z_ε——重合度系数；

Z_β——螺旋角系数；

u——齿数比。

齿面接触疲劳强度校核条件为

$$\sigma_H = Z_H Z_E Z_\varepsilon Z_\beta \sqrt{\frac{2KT_1}{bd_1^2}\frac{u+1}{u}} \leqslant [\sigma_H] \tag{9-40}$$

式中，$[\sigma_H]$——接触疲劳许用应力，

$$[\sigma_H] = \frac{\sigma_{H\lim}}{S_{H\min}} Z_N Z_W$$

其中，$\sigma_{H\lim}$——齿轮的接触疲劳极限；

$S_{H\min}$——接触强度计算的最小安全系数；

Z_N——齿轮的接触强度计算系数；

Z_W——齿面工作硬化系数。

9.5 非渐开线变厚齿轮三维接触的有限元分析

有限元法是近年来随着高性能计算机的迅速普及而发展起来的。现已广泛应用于结构、热、电磁场、流体等分析领域，成为现代机械产品设计中的一种重要工具。当前，国际上最通用的大型商用有限元分析软件是美国 ANSYS 公司推出的 ANSYS 软件。

要进行有限元分析，首先必须建立被研究对象的实体模型。ANSYS 提供了三种方法创建实体模型：自底向上法建模、自顶向下法建模和从其他 CAD 系统导入模型。

自底向上法是先创建实体模型的关键点，然后利用关键点创建较高级的图元，依次创建相关的线、面和体等。自顶向下法是利用 ANSYS 提供的几何原型直接创建最高级的图元，即几何体素。这些几何原型包括常用的规则面和体，可以满足大多数建模需要。当用户定义了一个体素时，程序会自动定义相关的面、线和关键点。用户可以利用这些高级图元直接构造几何模型。在 ANSYS 建模过程中，更多情况下是将自顶向下的建模方法和自底向上的建模方法混合使用，从而使模型的创建更加方便。

另外，ANSYS 还提供了与其他 CAD 系统的强大接口，用户也可以在比较熟悉的 CAD 系统里建立实体模型，然后把该模型以某一种格式导入 ANSYS 中，一旦模型成功导入，就可以像在 ANSYS 中创建的模型那样对此模型进行网格划分。这些接口程序是由 ANSYS 公司或 CAD 供应商编写的软件。由 ANSYS 公司可以得到下列软件的译码器：AutoCAD、CADAM、CADKEY 和 Pro/ENGINEER。其中值得注意的是 ANSYS-Pro/ENGINEER 接口，因为它提供了以执行部件为基础的参数化优化设计的功能。该功能允许由部件为基础的参数化 Pro/ENGINEER 模

型开始，用 ANSYS 程序对其进行优化，并以一个优化的 Pro/ENGINEER 模型结束，且仍是以部件为基础的参数化模型。

在 ANSYS 中轮齿的三维接触问题是高度非线性问题，需要占用大量的计算机资源来求解。其中明确所研究问题的物理实质和建立合理的有限元模型是成功求得有限元解的关键。大部分接触问题一般包括两个方面的难点：一方面无法事先确定具体的接触点所在的区域，或者由于载荷、边界条件、材料性能及其他因素的存在，两个接触面之间接触点可能以无法预知的或者非常突然的方式进入接触或者脱开接触；另一方面，大多数接触问题需要考虑摩擦，考虑摩擦就要涉及适用于分析对象的摩擦定律的具体选择及摩擦模型的建立与简化，而这些问题均是高度非线性的。

ANSYS 支持刚体与刚体之间和柔体与柔体之间的接触。由于变厚齿轮的建模非常复杂，本书用大型三维实体造型软件 Pro/ENGINEER 的强大三维实体造型功能首先建立了新型变厚齿轮的三维实体齿轮仿真模型。然后将其以 IGES 格式导入 ANSYS 中，再调用 ANSYS LS-DYNA 模块进行有限元分析。从现有的文献资料来看，目前利用有限元法进行齿轮的三维动力学接触分析还没有较为稳定的方法。本书为了解决这一技术难题，采用了如下的独创性方法：

（1）三维实体模型的建立。本书利用大型三维实体造型软件 Pro/ENGINEER 系统建立了非渐开线变厚齿轮副的三维实体模型，然后将其以 IGES 格式导入 ANSYS 系统中。

（2）单元划分及前处理。对于新型非渐开线变厚齿轮，由于其三维实体模型非常复杂，轮齿的左右齿廓具有不同的分度圆压力角和基圆半径，因而其左右齿廓不仅形状不同，而且齿厚沿着轴向是变化的，因此无法对该模型进行简化处理，必须采用三维实体单元进行网格划分。由于非渐开线变厚齿轮的齿面是一个空间超越曲面，分网后单元信息和节点信息的数据量呈几何级数增长，一般计算机难以提供足够的内存。而且由于轮齿接触是高度非线性问题，当轮齿啮合时，必须对接触区相啮齿面的网格进行细化，这样一来对计算机的内存消耗非常大。因此，如何在保证计算精度的同时减少计算资源的消耗就成为解决齿轮接触问题有限元的一个关键技巧。为了保证计算精度，本书将参与啮合的齿面定义为接触对，并对参与啮合接触的齿面部分进行了网格加密。而对于不参与啮合的齿轮其他部分，则直接采用 ANSYS 中的映射网格进行单元划分。

（3）加载。长期以来，利用有限元方法分析齿轮的接触问题时，齿轮副的加载是个难题，本章为了解决这一技术难题，在有限元的加载过程中，创建若干个类似于轮辐的辅助平面，然后对其采用 Shell163 单元划分网格。加载时在辅助平面上施加面压力，由于面压力始终垂直作用于辅助平面上，且大小不随齿轮的转动而改变，所以它是一种跟随力。经过这样的处理以后，就成功实现了在齿轮副啮合过程中所施加的外载荷始终保持不变的目的。最后本章利用 ANSYS 提供的大型显式动力分析程序 LS-DYNA 模块对非渐开线变厚齿轮副的接触问题进行了有限元求解，获得了非常理想的结果。

9.5.1　非渐开线变厚齿轮三维实体模型的建立

非渐开线变厚齿轮由于左右齿廓的基圆半径并不相同，因此左右齿廓的分度圆上的螺旋角、端面压力角也均不相等，因而为了建立齿轮的三维实体仿真模型，就必须对其左右齿廓分别建模。非渐开线变厚齿轮由于左右齿廓形状不同，并且需要计算的参数繁多，其三维实体仿真模型的建立是一个十分复杂的过程。虽然 ANSYS 在有限元分析方面技术领先，但其在三维实体建模方面并没有专业的 CAD 系统方便，对于复杂的三维实体模型一般要借助第三方软件才能完成。由于非渐开线变厚齿轮的实体特征较复杂，故考虑采用第三方软件来完成建模。

工程上比较通用的三维实体建模软件主要有 Pro/ENGINEER、Ideas、UG 等。其中美国 PTC 公司开发的 Pro/ENGINEER 是世界上第一个基于特征的参数化实体建模软件，其在三维建模尤其是复杂曲面的造型方面处于领先水平。所以本章采用 Pro/ENGINEER 进行建模。Pro/ENGINEER 系统作为当今最流行的三维实体建模软件，内容丰富，功能强大，在工业设计中的应用日益广泛。

本书利用 Pro/ENGINEER 系统建立了非渐开线变厚齿轮的三维实体模型，具体建模过程如图 9-6 所示。

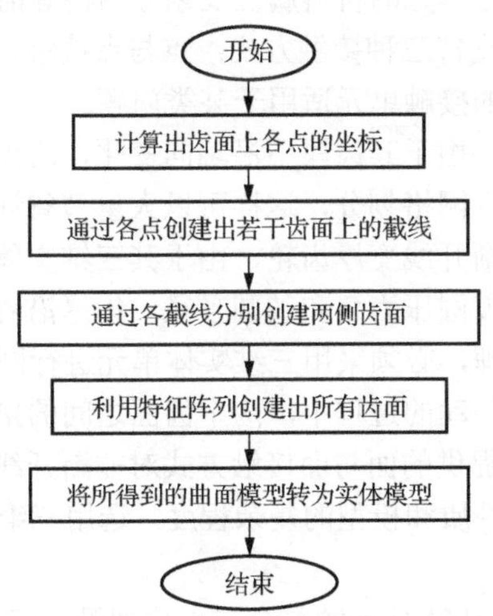

图 9-6　非渐开线变厚齿轮的三维实体建模框图

按照上面的建模过程，利用大型三维实体造型软件 Pro/ENGINEER 系统建立的新型非渐开线变厚齿轮副的三维实体仿真模型分别如图 9-7、图 9-8 所示。

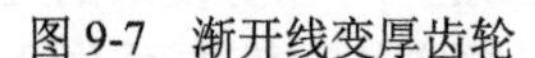

图 9-7 渐开线变厚齿轮

图 9-8 非渐开线变厚齿轮

9.5.2 单元划分及前处理

一旦在 Pro/ENGINEER 系统中创建了齿轮的三维实体模型，就可以将其以 IGES 格式保存，然后利用 ANSYS 提供的文件导入功能将其重新以 IGES 格式读入 ANSYS 系统中，对其进行适当的拓扑修改后，就完成了预处理中实体模型的建立。然后利用 ANSYS 提供的大型显式动力分析程序 LS-DYNA 模块进行有限元的接触分析。

在 ANSYS 系统中成功导入新型非渐开线变厚齿轮模型以后，首先要对其进行单元类型的定义，指定单元的材料属性及划分网格等前处理工作。

在 ANSYS 系统中支持三种接触方式：点与点接触、点与面接触和面与面接触。每种接触方式使用的接触单元适用于某类问题。

对于直齿圆柱齿轮，由于其齿厚不沿轴向变化，所以在进行有限元分析时往往采用二维平面单元进行网格划分，这样可以大量节省计算机内存并减少计算资源的消耗。对于新型非渐开线变厚齿轮，由于其三维实体模型非常复杂，轮齿的左右齿廓具有不同的分度圆压力角和基圆半径，齿厚沿着轴向是变化的，因此无法对该模型进行简化处理，必须采用三维实体单元进行网格划分。

由于齿轮副在啮合传动的过程中，两个齿面之间的接触属于面与面的接触，因此这里采用 ANSYS 提供的面与面接触方式对非渐开线变厚齿轮的接触进行有限元分析。根据问题的性质和模型的复杂程度，选用三维实体单元 Solid164 划分网格。

如图 9-9 所示，Solid164 单元的每个节点分别沿节点坐标系 x、y、z 方向有 3 个位移自由度、3 个速度自由度和 3 个加速度自由度。该单元支持三维实体模型的 LS-DYNA 有限元分析。

为了提高计算精度，在 ANSYS 系统中对齿轮进行网格划分时，对齿面的接触部分进行了网格加密，如图 9-10 所示。

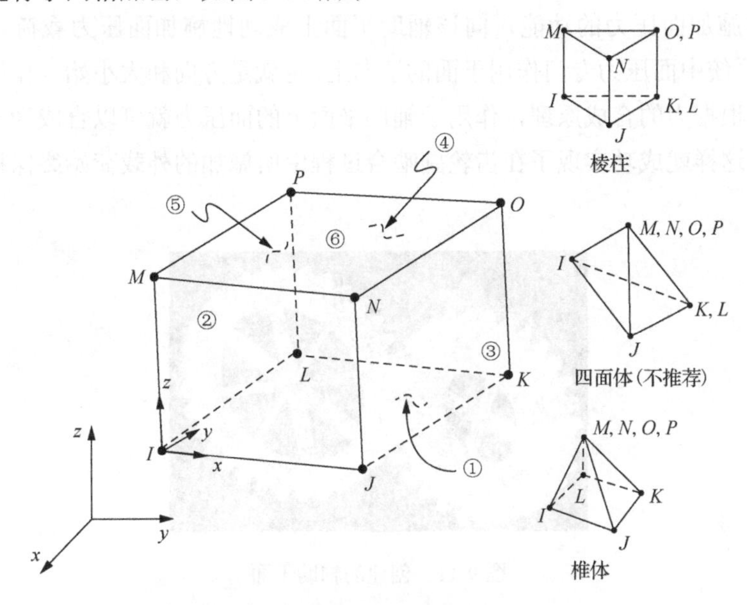

图 9-9　Solid164 单元

图 9-10　齿轮副的网格划分

9.5.3　施加载荷

为了利用 ANSYS LS-DYNA 进行非渐开线变厚齿轮接触的有限元分析，必须对齿轮副进行加载。直接向齿轮的轮齿部分施加固定载荷是行不通的，因为齿轮在啮合的过程中还在不停地转动，当啮合的轮齿转过一定角度后，原来施加于该轮齿上的固定载荷方向并不随着轮齿的转动而发生改变，这显然是与实际情况不符的。

本书为了解决利用 ANSYS LS-DYNA 模块对齿轮副的加载这一技术难题，在有限元的加载过程中，创建若干个类似于轮辐的辅助平面，如图 9-11 所示，然后对其采用 Shell163 单元划分网格。经过这样的处理以后，就可以利用 ANSYS 系统提供的施加面压力的功能，向该辅助平面上成功地施加面压力载荷。由于在 ANSYS 系统中面压力专门作用于面的法向上，也就是方向和大小始终作用于辅助平面上，根据力的合成原理，作用于辅助平面上的面压力就可以合成为一个恒定的扭矩。这样就成功实现了在齿轮副啮合过程中所施加的外载荷始终保持不变的目的。

图 9-11　创建的辅助平面

如图 9-12 所示，Shell163 单元是具有 4 个节点（I,J,K,L）的三维实体壳单元，该单元具有支持弯曲的能力并允许施加面载荷。该单元的每个节点有 12 个自由度，即分别沿节点坐标系 x、y、z 方向有 3 个位移自由度、3 个速度自由度和 3 个加速度自由度，此外还有绕 x 轴、y 轴、z 轴的 3 个旋转自由度。该单元支持显式动力分析程序 LS-DYNA。

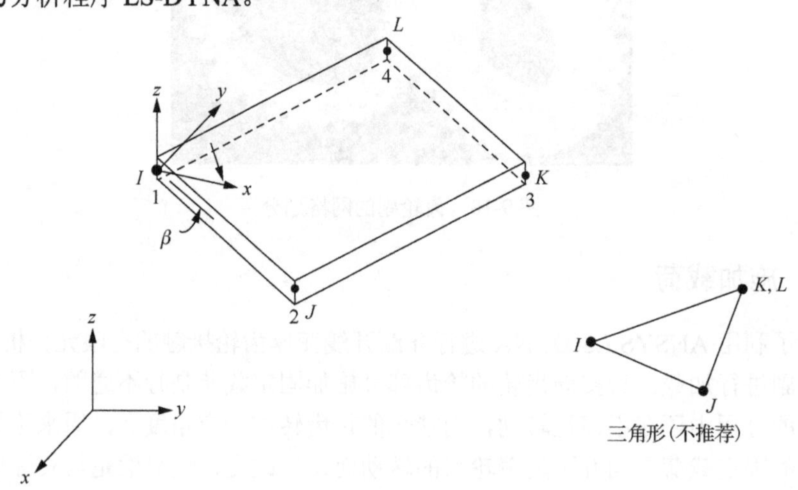

图 9-12　Shell163 单元

x 和 y 在元素的平面中

实际上任何齿轮副的加载都是从输入轴开始的。向输入轴施加一定的输入扭矩后，安装在输入轴上的齿轮就会通过键的作用受到一定的扭矩，而作用于该齿轮上的扭矩在齿轮的转动过程中是恒定不变的。这恰好与施加于辅助平面上的面压力的作用结果完全相同。可见本章的加载方法可以成功地解决向转动中的齿轮施加固定载荷的难题。

9.5.4　轮齿接触分析的有限元求解

在成功加载后，就可以调用 LS-DYNA 模块进行齿轮的接触分析了。在涉及两个边界的接触问题中，ANSYS 把一个边界作为“目标”面而把另一个作为“接触”面，这两个面合起来构成一个“接触对”。由于齿轮每一个轮齿都参加啮合传动，因此必须分别指定两齿轮的相啮齿面作为接触面和目标面，然后将相应的接触面和目标面定义为一个接触对。这样 ANSYS 就会自动通过目标单元和接触单元来跟踪轮齿接触变形阶段的运动。

由于在本书中两齿轮的齿数分别为 29 和 32，因此在理论上可以定义 32 个接触对。但是由于 ANSYS 采用了三维实体单元进行网格划分，而且非渐开线变厚齿轮的齿面是一个空间超越曲面，分网后单元信息和节点信息的数据量非常巨大，一般计算机难以提供足够的内存。为了保证计算精度，必须在相啮齿面上进行网格加密，而这将大大增加计算机资源的消耗和求解时间。事实上由于新型非渐开线变厚齿轮每个轮齿的形状完全一样，为了既要分析非渐开线变厚齿轮的接触情况，又要保证一定的求解精度，这里只要定义 5 个接触对就足够分析轮齿参与啮合过程中的接触状态了。

利用 ANSYS 进行新型非渐开线变厚齿轮的接触分析的具体步骤如下。

步骤 1：以 IGES 格式向 ANSYS 中导入模型，并划分网格；

步骤 2：定义接触单元；

步骤 3：定义目标单元；

步骤 4：定义接触对；

步骤 5：设置单元关键字和实常数；

步骤 6：定义控制刚性目标面的运动；

步骤 7：给定必需的边界条件；

步骤 8：定义求解选项和载荷步；

步骤 9：求解接触问题。

综上所述，利用 ANSYS LS-DYNA 模块进行非渐开线变厚齿轮接触分析的有限元计算框图如图 9-13 所示。

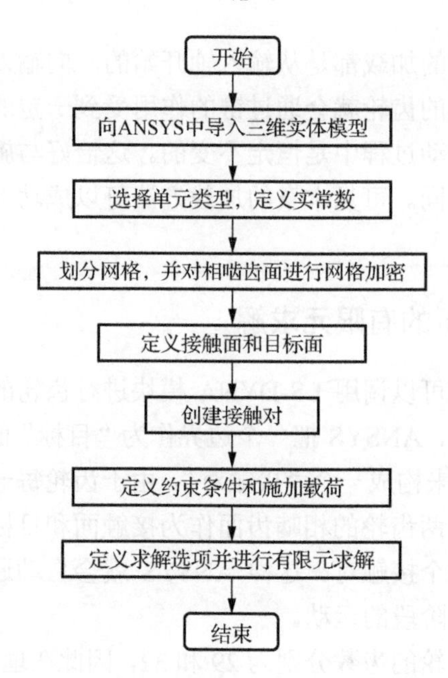

图 9-13　齿轮接触分析的有限元计算框图

9.5.5　轮齿接触分析的有限元实例

仍以第 6 章实例中介绍的一对相交轴非渐开线变厚齿轮副的传动为例，利用 ANSYS LS-DYNA 模块经过有限元的求解后，其轮齿的接触应力分布如图 9-14 所示。可以看出其接触应力的分布与经典的赫兹理论是完全相符的，从而也验证了本书提出的有限元模型的精度与正确性。在任何时刻轮齿的最大接触应力发生在轮齿的相啮位置处，并且在轮齿根部产生了相应的应力集中。

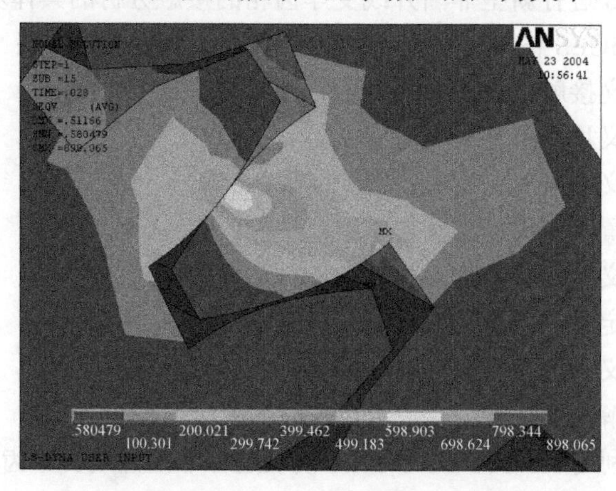

图 9-14　非渐开线变厚齿轮副的接触应力

单个齿面上某一瞬时的接触应力的分布情况如图9-15所示。在两齿轮相互啮合的接触线处，由于有弹性变形的作用，所以两齿面只要有相互接触的地方就会有接触应力的产生。从图9-15中可以看出，应力分布呈现出均匀的直线轨迹，表明两齿轮可以实现线接触。

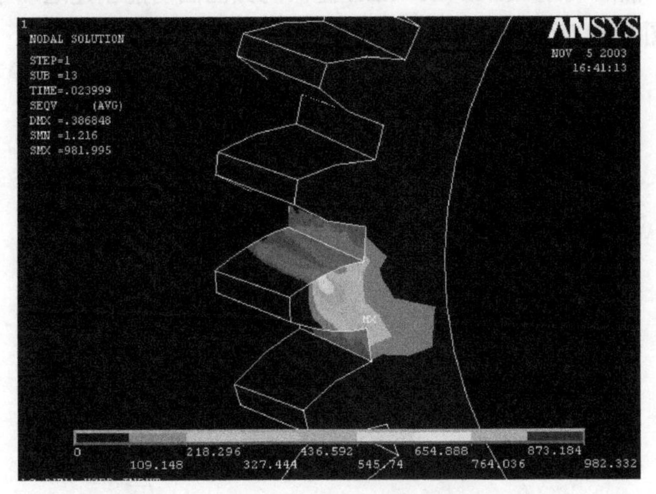

图9-15 非渐开线变厚齿轮的接触应力

9.6 利用Pro/ENGINEER的截面图功能检查接触状态

本书利用Pro/ENGINEER提供的截面图功能，如图9-16所示，在Pro/ENGINEER中的装配模块中专门建立了相交轴情况下的一对线接触非渐开线变厚齿轮副的装配模型。

图9-16 非渐开线变厚齿轮副

为了在 Pro/ENGINEER 中考察相互啮合的齿对在轴向的每一个不同截面位置处是否接触，我们可以对如图 9-17 所示的处于相互啮合状态的一个齿对，沿着轴向分别创建若干个截面，此处创建了 4 个截面，每个截面的距离为齿宽的五分之一（10mm），然后利用 Pro/ENGINEER 提供的截面图功能创建这 4 个截面处的剖切视图，如图 9-18 所示。

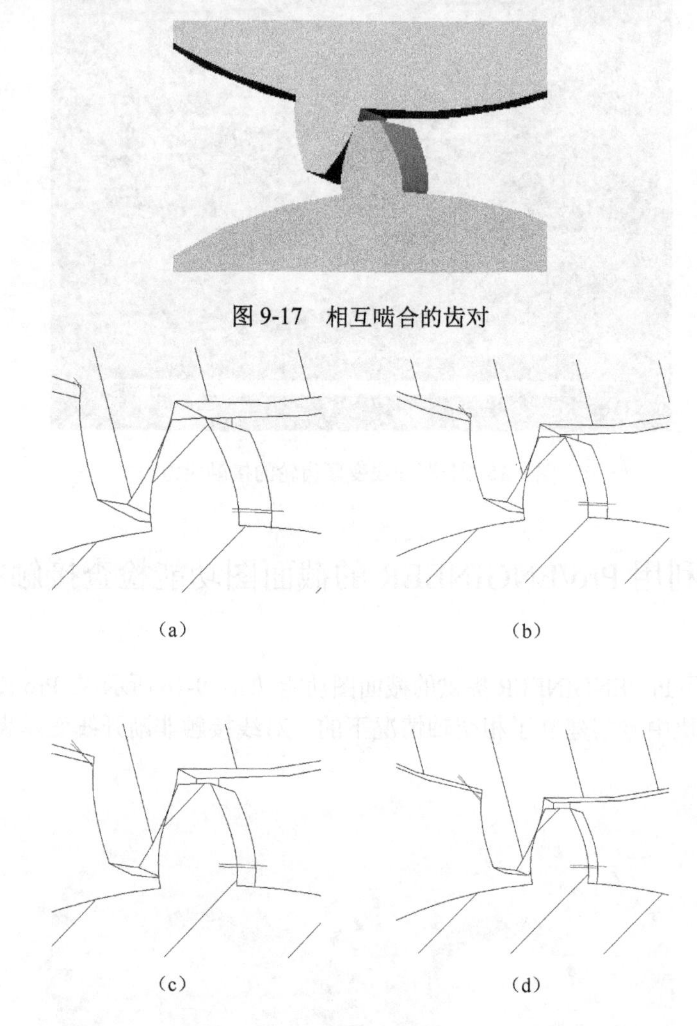

图 9-17　相互啮合的齿对

（a）　（b）

（c）　（d）

图 9-18　相互啮合齿对的截面剖切视图

从各个截面处的剖视图可以看出两齿面在每一个截面处均已接触，即两齿面确实是线接触的。

9.7 本章小结

本章推导出了锥面砂轮磨齿坐标系的变换矩阵。推导出由锥面砂轮加工出来的齿轮 2 的实际齿廓方程，也就是修形后的齿廓方程，为接触区的计算奠定基础。推导出两齿轮在固定坐标系中的齿廓方程，并在固定坐标下用 TCA 方法计算出接触迹线和接触区的分布情况。通过调用 ANSYS LS-DYNA 模块，利用有限元法对非渐开线变厚齿轮进行了轮齿接触分析。再次证明了非渐开线变厚齿轮可以实现线接触。利用 Pro/ENGINEER 的截面图功能，对相互啮合的轮齿生成了沿轴向不同位置处的剖切视图，证明了理论分析结果的正确性。

第 10 章　微小型减速装置的制造及试验研究

微小型减速装置是为适应航空航天特种工作环境的需要而自主研发的一种微小型减速装置。目的是替代进口的精密传动装置，实现该类产品的更新换代和国产化，推动我国航空业的发展。任务就是研制出一台具有回差小、刚度大、效率高、振动低、噪声小、价格低和输出轴抗大弯矩等优点的新型减速装置。在进行结构设计时，我们根据实际需要，按照实际结构尺寸进行了样机的设计，以便保证在样机研制成功后能直接应用于生产实际中。由于某型导弹调整装置要求的传动装置径向尺寸较小，因此在结构设计时应尽可能采取措施减小其径向和轴向尺寸。在前人研究的基础上，本书设计了一种微小型 RV 减速器从而使得结构更为紧凑，使之更适于航空航天特种工作环境的需要。

10.1　微小型减速装置样机的设计与制造

经过方案比较、强度及动力学特性分析等一系列理论研究，本书对微小型减速装置进行了多目标优化设计，最终研制出一台最大外径为100mm 、传动比为110、输出扭矩为 150N·m 和输出轴抗大弯矩的微小型 RV 减速装置样机。

在完成结构设计后，通过与中国第一汽车制造厂、东安发动机有限责任公司以及哈尔滨工业大学机械设计系精加工实验室等单位的合作，加工制造出了一台微小型 RV 减速装置样机，并于哈尔滨工业大学机械实验室进行的效率和振动等性能指标的样机测试验收试验。

1. 基本参数

根据前文所述的微小型减速装置的优化设计理论，确定该减速装置的基本参数如表 10-1 所示。

表 10-1　微小型减速装置基本参数

参数名称	参数值
传动比 i	110
大弧齿锥齿轮齿数	92
弧齿锥齿轮模数 m/mm	0.9
弧齿锥齿轮螺旋角 β /（°）	35
变厚外齿轮齿数 z_3	43
变厚内齿轮齿数 z_4	44
齿顶高系数 h_a^*	0.65
啮合角 α	54.62
偏心距/mm	1
额定输出扭矩/（N·m）	150

2. 关键零部件制造

限于篇幅，以下仅讨论微小型 RV 减速器样机关键零部件的设计与制造。

1）弧齿锥齿轮

为了提高微小型减速装置动态性能，我们在第一级采用弧齿锥齿轮传动，并且将小锥齿轮及输入轴部分加工成小锥齿轮轴形式。图 10-1 为样机中弧齿锥齿轮。

图 10-1　样机中的弧齿锥齿轮

2）偏心轴

为避免减速装置的正常运转中出现偏心轴扭曲、断裂等现象的出现，通过前文的分析，制定偏心轴的偏心误差为±0.008mm。偏心轴的材料采用 20CrMnTi，经渗碳淬火加低温回火处理。图 10-2 为偏心轴的实物图。

3）壳体

虽然铸造箱体的减振和降噪性能更佳，但由于是单件生产及生产周期限制，微小型 RV 减速装置的样机采用机械加工的箱体。图 10-3 为箱体的实物图。

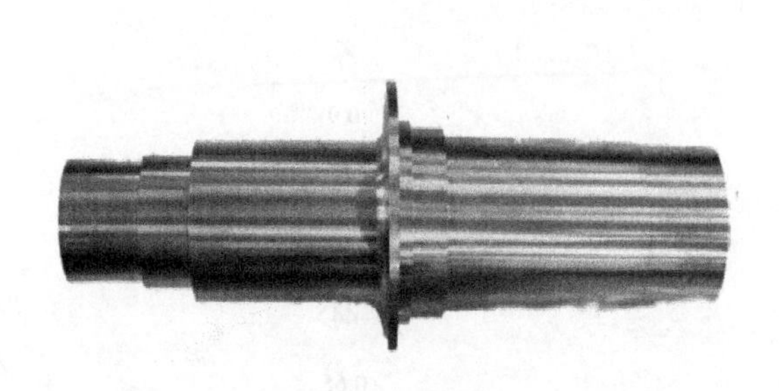

图 10-2 偏心轴

图 10-3 箱体

4）样机装配

装配后的微小型 RV 减速器的样机如图 10-4 所示。

图 10-4 微小型 RV 减速器样机

10.2 微小型减速装置的试验研究

机械传动件的性能是工程界十分重视的一个问题，它直接影响产品成本及能源消耗，每个设计师都希望自己设计的机器效率高、噪声低、振动小、温升低。为此，本章对微小型 RV 减速装置样机进行了传动效率和振动性能试验研究，本章中对微小型减速装置的试验是在哈尔滨工业大学机械传动实验室进行的。

10.2.1　试验准备

1. 减速装置的安装

将试验样机安装在实验台上，用手分别正、反转动输入轴联轴器，直到两个方向均能灵活转动、无明显卡滞现象为止，然后按减速装置的连接顺序在实验台上逐一连接并准确定位。用手转动电机输出轴的联轴器来检查各回转副转动是否灵活，若有异常，予以调整，直至无任何异常，方可进行跑合试验。

2. 样机空载跑合

加润滑油至规定高度，在空载状态下以1200r/min的速度正反转各跑合30min，使传动装置温度恒定。

3. 样机加载跑合

在 1200r/min 的速度下，分别以额定功率扭矩的 25%、50%、75%、100%各跑合 10min。跑合完成后，放出润滑油，清理好箱体底部，再重新注入润滑油。为测得准确试验数据，必须对扭矩转速测量仪进行常数输入和扭矩调零设置，一切准备完毕后，开始对传动装置进行试验测试。

4. 承载能力与效率测试

清洗样机，再次加注润滑油至合适高度。额定输入转速下实际功率约为额定功率，分别测试额定功率扭矩的 25%、50%、75%、100%时减速器输入轴和输出轴的扭矩。

10.2.2　微小型 RV 减速装置样机的传动效率试验

由于机器结构等因素的影响，实际机器很难达到理想的计算效率及其他设计参数。实际机器效率受加工精度、装配精度及使用条件等因素影响将低于计算效率，这就需要进行试验研究，以测量实际机器的效率值和与其相关的参数，给减速装置的选择及改进设计提供数据。为此，本章对微小型 RV 减速装置样机进行了传动效率试验研究，原理如图 10-5 所示。传动效率试验装置的实物照片如图 10-6 所示。

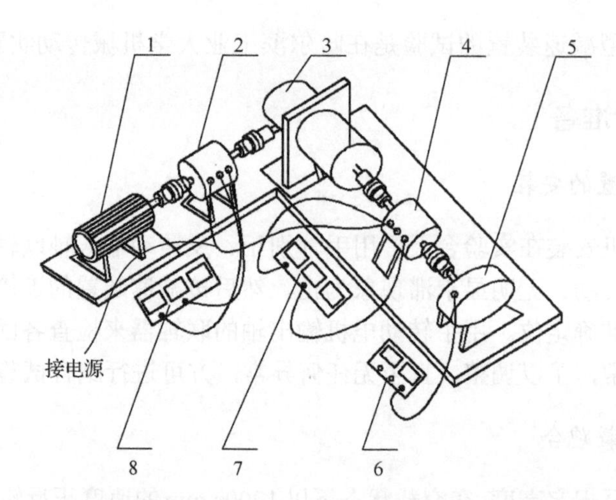

1-电机；2-扭矩转速信号输入传感器；3-微小型减速装置；4-扭矩转速信号输出传感器；
5-磁粉离合器；6-加载电源；7-输出扭矩转速测量仪；8-输入扭矩转速测量仪

图 10-5　传动效率测试原理图

图10-6　传动效率试验装置

微小型 RV 减速装置样机的传动效率试验采用分级、逐步加载，分别测量实际功率约为额定功率 25%、50%、75%、100%时传动装置输入轴和输出轴的扭矩。

试验台采用直流电动机驱动，磁粉制动器作为加载装置，电动机通过调节稳流电源电流控制磁粉制动器加载扭矩的大小。为了方便准确地测定传动装置的传动效率，在试验台的输入端与输出端各安装一台磁电式扭矩转速传感器，传感器将输入输出轴上的扭矩和转速变成电信号，并由扭矩转速测量仪显示出输入轴扭矩 M_1、转速 n_1、功率 P_1 及输出轴的扭矩 M_2、转速 n_2、功率 P_2 的测量值。则被测传动装置的传动效率为

$$\eta = \frac{P_2}{P_1 \eta_{联}} \tag{10-1}$$

式中，P_i——输入、输出功率 $P_i = \frac{M_i n_i}{9550} (i = 1,2)$；

$\eta_{联}$——样机输入、输出轴端联轴器的效率，取 $\eta_{联}=0.99 \times 0.99$；

η——试验样机的效率。

由表 10-2 可知，随着减速装置额定功率的增大，系统的转动效率逐步增加。按式（10-1）计算的实测效率曲线如图 10-7 所示。

表 10-2　额定输入转速下微小型 RV 减速装置样机的传动效率

功率效率/%	输入扭矩/（N·m）	输出扭矩/（N·m）	传动效率/%	平均效率/%
25	0.35	22.01	58.32	58.67
	0.33	21.09	59.29	
	0.34	20.86	56.91	
	0.33	20.96	58.91	
	0.34	21.66	59.91	
50	0.64	42.30	61.31	60.65
	0.66	42.89	60.27	
	0.63	42.06	61.93	
	0.67	44.46	61.55	
	0.65	44.31	63.21	
75	0.98	68.59	64.92	65.09
	0.97	68.38	65.39	
	0.99	72.76	66.81	
	0.96	67.77	65.48	
	0.96	65.05	62.85	
100	1.32	99.70	70.06	70.23
	1.31	102.76	72.76	
	1.32	100.91	70.91	
	1.30	94.48	67.41	
	1.31	98.88	70.01	

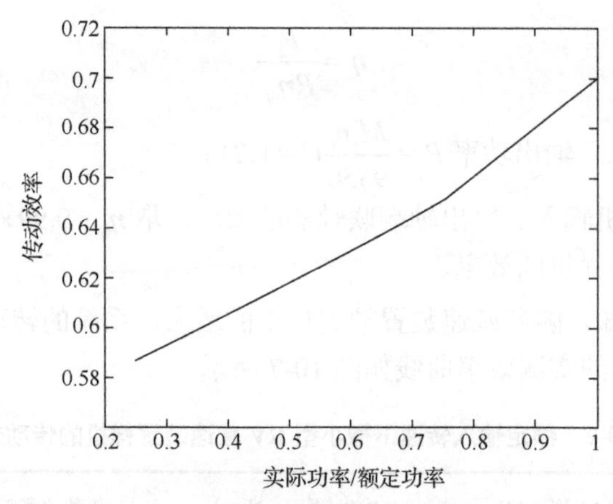

图 10-7　微小型 RV 减速装置样机效率曲线

尽管额定工况下系统的传动效率仅为 70.23%，但考虑到减速装置样机的制造、安装误差和试验条件的局限等因素，上述结果是可以接受的。若能提高减速装置的制造、安装精度，并采取其他辅助措施，如改善润滑条件、增加均载装置等，应能从一定程度上提高该减速装置的传动效率。

10.2.3　微小型 RV 减速装置样机的动力学性能试验

本节的试验主要是测试微小型 RV 减速装置样机的振动，其目的是在不同工况下测试减速装置的振动的响应，通过对振动信号的分析，找出系统振动的原因、部位及随载荷、转速变化的规律等，为微小型减速装置的动态设计理论提供试验支撑。

1. 试验布局和试验装置

振动测试是在传动效率试验所用仪器的基础上增加美国 ZonicBook/616 便携式实时状态监测分析系统、电荷放大器、压电式加速度传感器和微机处理系统。测试参照《齿轮装置的验收规范　第 2 部分　验收试验中齿轮装置机械振动的测定》(GB/T　6404.2—2005)，振动测试系统布局方案如图 10-8 所示。振动信号的采集和处理软件的性能直接影响测试结果的准确性，本章采用美国 ZonicBook 开发的振动测试软件 Iotech 专业版进行测试。

2. 振动测试原理

微小型 RV 减速装置样机的振动测试原理：当传动系统运转时，系统所产生的激振力作用在加速度传感器上，传感器将机械振动量（加速度）的变化转换成电量的变化，然后输至电荷放大器，放大器将传感器输出的很微弱的电信号放大到 A/D 转换器需要的量程范围后送至 A/D 转换器，信号通过 A/D 转换器后，已由模拟量变成了离散的数字量，这些数字信号传到计算机后，应用振动分析软件对这些数字信号进行分析和处理，以获得需要的信息[155]。

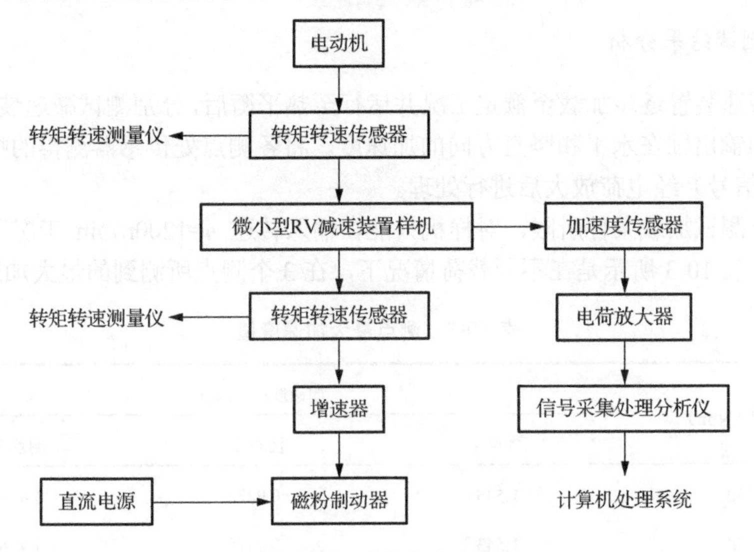

图 10-8　试验方案布局

测试系统由 IBM 笔记本、IOtech-Daq/216B 的 PCMCIA 总线 A/D 卡、IOtech-DBK4 的信号调理卡、IOtech-DBK10 的扩展箱、振动传感器等部分组成。测试系统实物见图 10-9。

图 10-9　测试系统

微小型减速装置是由轴、齿轮和轴承等部件组成的一种减速装置，在工作过程中轴的弯曲变形、齿轮的加工制造误差、安装误差、啮合刚度的变化、啮合力的变化和惯性力的变化，将引起振动的产生，并传递到箱体上。

测试开始前，需对所有的加速度传感器、电荷放大器及信号采集处理分析仪进行校准，并对减速装置上规定的测点处进行打磨，以便将传感器的磁性底座安放在相应的测点处。对壳体的振动测试，测点布置方案是关系到测量结果的重要工作，一般选择信号传递路线最短、机器工作状态的信号反应敏感的部位作为测点。依据试验条件，本书在减速装置选择合适的测点，分别测试各测点处的振动加速度信号。

3. 测试结果分析

将减速装置逐步加载至额定工况并运行至热平衡后，分别测试减速装置端盖、输入轴和输出轴在水平和竖直方向的加速度。将各测点处传感器测得的振动信号（加速度信号）经电荷放大后进行处理。

由于测试加载条件所限，对样机只能在输入转速 n=1200r/min 工况下进行振动测试。表 10-3 所示是在不同载荷情况下，在 3 个测点所测到的最大加速度值。

表 10-3 测点最大加速度值

载荷/（N·m）	加速度/（m/s^2）		
	测点 1	测点 2	测点 3
50	1.545	−0.9225	1.428
80	1.543	−0.9075	1.426
100	−1.315	0.8965	1.390

由表 10-3 看出，在转速恒定时，随着负载的增加，各个测点的振动基本呈减小趋势，这符合一般减速装置的振动规律。另外，各测点的最大加速度值较低，表明整个减速器的振动水平较低，也证明了惯性力和惯性力矩基本达到了平衡，与设计相符合。

当输入转速 n=1200r/min、输出扭矩 T = 50N·m 时的各测点振动加速度图谱如图 10-10 所示。其中横坐标为信号采集的时间，纵坐标为测点加速度的值。图中可以看出，各曲线总体上随时间表现出一定的周期性，这与减速装置传动的结构及工作原理相吻合。如果能在制造和安装过程中严格控制偏心轴的偏心误差，提高齿轮的制造精度和安装精度，则能有效地降低系统的振动和噪声，同时提高系统的传动效率。

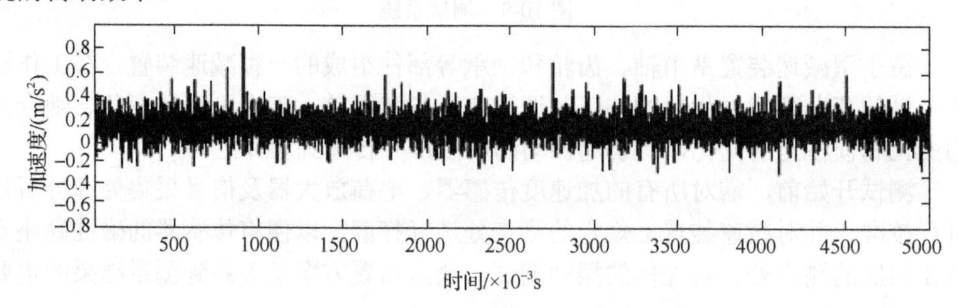

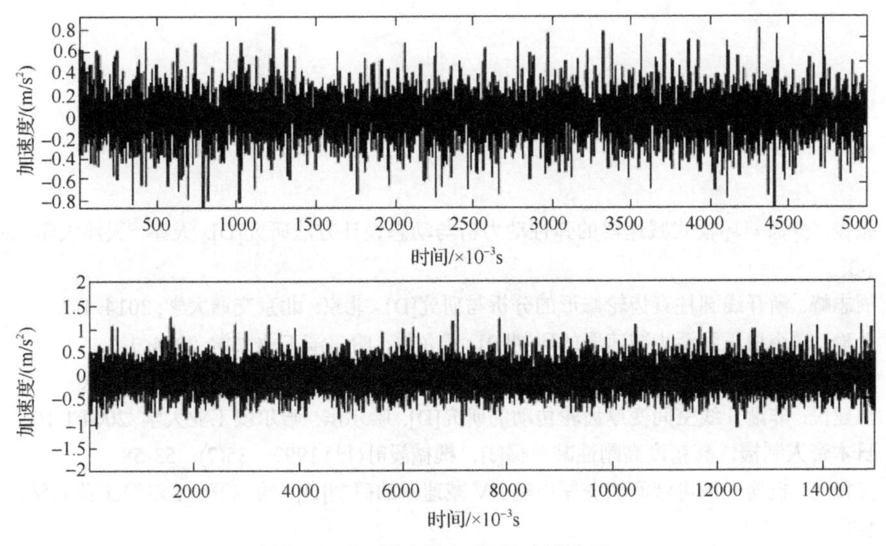

图 10-10　测点的加速度时域波形

10.3　本 章 小 结

（1）在方案比较、理论分析以及基于双群体差分文化粒子群优化算法的多目标优化设计的基础上，最终确定减速装置的结构参数，并绘制出该减速装置的装配图和零部件图。在中国第一汽车制造厂、东安发动机有限责任公司以及哈尔滨工业大学机械设计系精加工实验室合作加工制造出一台样机。

（2）为了验证新研制的微小型减速装置是否能满足设计的需要，设计了试验方案，设计、加工了与该减速装置配套的试验辅助装置，组装了试验台，进行了振动特性和效率性能指标的试验研究。

（3）效率试验的测试结果表明，微小型 RV 减速装置样机的传动效率基本上随着负载的增加而增加，其额定工况下的传动效率超过了 70%，考虑到各种误差，该测试结果基本上达到了设计的要求。

（4）结合后续的振动性能测试试验结果，推测微小型 RV 减速装置样机整机效率偏低的原因可能为：①微小型 RV 减速装置中的多个齿轮的制造和安装误差较大，特别是内、外齿轮的加工精度不高导致齿轮啮合不十分理想，降低了传动效率；②内啮合齿轮副的两个偏心轴的制造、安装误差较大，导致偏心轴上的轴承载荷上升较多，轴承发热严重，产生一定的功率损耗；③微小型 RV 减速装置样机中采用的多数是滑动轴承，这也产生了一定的功率损耗。如果能提高齿轮的加工精度、减少安装误差，同时采用全部滚动轴承等措施，应能从一定程度上提高微小型减速装置的效率。

参 考 文 献

[1] 张俊. 少齿差环板式减速器的弹性动力析与动态设计方法研究[D]. 天津: 天津大学, 2007: 1-3.

[2] 周志峰. 渐开线圆柱直齿轮修形的分析与研究[D]. 北京: 北京交通大学, 2014: 1-3.

[3] 孙瑜. 微小型正弦活齿减速器的研制[D]. 哈尔滨: 哈尔滨工业大学, 2004: 1-3.

[4] 李华敏, 李瑰贤. 齿轮机构设计与应用[M]. 北京: 机械工业出版社, 2007: 86-98.

[5] 温建民. 非渐开线空间变厚齿轮传动的研究[D]. 哈尔滨: 哈尔滨工业大学, 2004:1-10.

[6] 日本帝人制機. 高精度高剛性减速機[J]. 機械設計(日),1991，35(7)：53-58.

[7] 吴俊飞. 机器人用可调间隙变厚齿轮 RV 减速器的研制[D]. 哈尔滨: 哈尔滨工业大学, 2000: 1-3.

[8] 付军锋. 谐波齿轮传动中柔轮应力的有限元分析[D]. 西安: 西北工业大学, 2007: 1-5.

[9] 向国齐. 谐波齿轮传动柔轮有限元分析研究[D]. 成都: 四川大学, 2005: 1-5.

[10] 成大先. 机械设计手册 2——齿轮传动[M]. 5 版. 北京: 化学工业出版社, 2007: 465-494.

[11] Shu X L. Determination of load sharing factor for planetary gearing with small tooth number difference[J].Mechanism and Machine Theory, 1995, 30(2): 313-321.

[12] 张锁怀, 张江峰, 李磊. 少齿差内齿行星齿轮传动的研究现状[J]. 机械科学与技术, 2007, 12(26): 1560-1566.

[13] 刘鸣熙. 摆线针轮传动与小型 RV 二级减速器的研究[D]. 北京: 北京交通大学, 2008: 1-8.

[14] 李宝田, 周永玲. 摆线针轮行星减速机在日本的发展动态[J]. 机械设计, 1993, 2(1): 5-6.

[15] 张博宇. 多点啮合柔性传动装置的设计及性能研究[D]. 哈尔滨: 哈尔滨工业大学, 2011: 5-10.

[16] 戴红娟, 周红良, 曾励. 少齿差行星齿轮传动技术现状及发展[J]. 机械工程师, 2005, 12(1): 32-33.

[17] 松本和幸. RV 减速機とヒのロボットへの適用[J]. 自動化技術, 1987, 19(8): 87-90.

[18] 曾悟. 减速装置の技術, 制品開發の動向と設計, 選定のポイソト[J]. 機械設計(日), 1988, 32(7): 9-27.

[19] 李瑰贤. 空间几何建模及工程应用[M]. 北京: 高等教育出版社, 2007: 34-40.

[20] Umezawa K, Sato T, Ishikawa J. Simulation of rotational vibration of spur gears[J]. JSME, 1984, 27(2): 102-109.

[21] Umezawa K, Suzuki T, Houjoh H. Estimation of vibration of power transmission helical gears by means of performance diagrams on vibration[J]. JSME, 1988, 84(1): 150-159.

[22] Tsuta T. Excitation force analysis of helical gear pair tolerance in their tooth shape and pitch, mounted on flexible shaft[C].Proceedings of International Conference on Motion and Power Transmission, Hiroshima, 1991:72-77.

[23] Neriya S V, Bhat R B, Sankar T S. On the dynamic response of a helical geared system subjected to a static transmission error in the form of deterministic and filtered white noise inputs[J]. Journal of Vibration, Acoustics, Stress, and Reliability in Design, 1988,110:501-506.

[24] Neriya S V, Bhat R B, Sankar T S. On the dynamic response of a helical geared system subjected to a static transmission error in the form of deterministic and filtered white noise inputs[J]. Journal of Vibration Acoustics Stress and Reliability in Design, 1988, 110(2): 260-268.

[25] Iida H. Coupled torsional-flexural of a shaft in a geared system[J]. JSME, 1985, 28(245): 2694-2701.

[26] Kahraman A, Singh R. Non-linear dynamic of a geared rotor-bearing system with multiple clearances[J]. Journal of Sound and Vibration, 1991, 144(3): 469-506.

[27] Raghothama A, Narayanan S. Bifurcation and chaos in geared rotor-bearing system by incremental harmonic balance method[J]. Journal of Sound and Vibration, 1991, 226(3): 469-492.

[28] 董金城, 王三民, 林何, 等. 参数对二分支斜齿轮传动动载和均载特性影响[J]. 航空动力学报, 2015, 30(5): 1260-1266.

[29] 李润方, 王建军. 齿轮系统动力学[M]. 北京: 科学出版社, 1997: 20-25.

[30] 孙涛, 沈允文, 孙智民, 等. 行星齿轮传动非线性动力学模型与方程[J]. 机械工程学报, 2002, 38(3): 6-10.

[31] 王三民, 沈允文, 董海军. 含间隙和时变啮合刚度的弧齿锥齿轮传动系统非线性振动特性研究[J]. 机械工程学报, 2003, 39(2):28-32.

[32] 王立华, 黄亚宇, 李润方. 弧齿锥齿轮传动系统的非线性振动特性研究[J]. 中国机械工程, 2007, 18(3): 260-265.

[33] 杨宏斌, 高建平, 邓晓忠, 等. 弧齿锥齿轮和准双曲面齿轮非线性动力学研究[J]. 航空动力学报, 2004, 19(1): 54-57.

[34] 李世德. 基于神经网络的结构可靠性灵敏度分析[D]. 长春: 吉林大学, 2006: 2-4.

[35] Moses F. System reliability developments in structural engineering[J]. Struct Safety, 1982, 1(1): 3-13.

[36] Melchers R E, Tang L K. Dominant failure models in stochastic structural systems[J]. Struct Safety, 1984, 2(2): 189-201.

[37] 拓耀飞, 陈建军, 陈永琴. 区间参数弹性连杆机构的非概率可靠性分析[J]. 中国机械工程, 2007, 18(5): 528-531.

[38] 张义民, 王顺, 刘巧伶, 等. 具有相关失效模式的多自由度非线性随机结构振动系统的可靠性分析[J]. 中国科学(E 辑), 2003, 33(9): 804-812.

[39] Meculloeh W, Pitts W. A logical calculus of the ideas immanent in nervous activity[J]. Bulletin of Mathematical Biophysics, 1943, 5(5): 115-133.

[40] Hebb D O. The Organization of Behavior[M]. New York: Lawrence Erlbaum Associates, 1949.

[41] Rosenblatt F. The perceptron: A probabilistic model for information storage and organization in the brain[J]. Psychological Review, 1958, 65(6): 386-408.

[42] Widrow B, Hoff M E. Adaptive switching circuits[C]. IRE WESCON Convertion Record: Part 4. Computers: Man-Machine Systems, Los Angeles, 1960: 96-104.
[43] Minsky M, Papert S. Perceptrons: An Introduction to Computational Geometry[M]. Cambridge: The MIT Press, 1969: 78-83.
[44] Fukushima K. Neocognitron: A self-organizing neural network model for a mechanism of pattern recognition unaffected by shift in position[J]. Biological Cybernetics, 1980, 36(4): 193-202.
[45] Kohonen T. Self-organized formation of topologically correct feature maps[J]. Biological Cybernetics, 1982, 43(1): 59-69.
[46] Hopfield J J. Neural networks and physical systems with emergent collective computational abilities[J]. Proceedings of the National Academy of Sciences, 1982, 79(8): 2554-2558.
[47] Ackley D H, Hinton G E, Sejnowski T J. A learning algorithm Boltzmann machines[J]. Cognitive Science, 1985, 9(1): 147-169.
[48] Ackley D H, Hinton G E, Williams R J. Learning representations by back-propagating errors[J]. Nature, 1986, 323(6088): 533-538.
[49] 于广滨，丁刚，姚威，等. 基于支持过程向量机的航空发动机排气温度预测[J]. 电机与控制学报, 2013, 17(8): 30-36.
[50] 丁刚. 面向状态预报的过程神经网络模型及其应用研究[D]. 哈尔滨：哈尔滨工业大学, 2006: 8-12.
[51] He X G, Liang J Z. Procedure neural networks[C]. The 16th World Computer Congress, Proceedings of the Conference on Intelligent Information Processing, Beijing, 2000: 143-146.
[52] 于广滨，李瑰贤，金向阳，等. 改进的粒子群动态过程神经网络及其应用[J]. 吉林大学学报(工学版) , 2008, 38(5): 1141-1145.
[53] Papadrakakis M, Papadpoulos V, Lagas N D. Structural reliability analysis of elasto-plastic structures using neural networks and monte carlo simulation[J]. Computer Methods in Applied Mechanics & Engineering, 1996, 163(1): 145-163.
[54] 梁艳春. 计算智能与力学反问题中的若干问题[J]. 力学进展, 2000, 30(3): 321-331.
[55] 周仙通, 王柏生. 用神经网络和优化方法进行结构参数识别[J]. 计算力学学报, 2001, 18(2): 235-238.
[56] 于广滨，丁刚，戴冰. 卫星污染传输仿真模型及其应用研究[J]. 电机与控制学报，2013, 17(6): 94-98.
[57] Pareto V. Cours D'Economie Politique[M]. Lausanne: Rouge,1896: 23-96.
[58] Neumann J V, Morgenstern J. Theory of Games and Economic Behavior[M]. Princeton: Princeton University Press, 1953: 271-272.
[59] Koopmans T C. Analysis of production as efficient combination of activities[J]. Activity Analysis of Production and Allocation, 1951, 13(1): 33-96.
[60] Zadeh L A. Fuzzy sets[J]. Information and Control, 1965, 8(1): 338-353.
[61] 吕占美. 吴方法在多目标规划问题中的应用[D]. 长沙：中南大学, 2010: 1-10.
[62] 唐贤伦. 混沌粒子群优化算法理论及应用[D]. 重庆：重庆大学, 2007: 32-34.

[63] Rosenberg R S. Stimulation of genetic populations with biochemical properties:I[J]. Mathematical Biosciences, 1970, 8(1): 1-2.

[64] Schaffer J D. Multi-objective optimization with vector evaluated genetic algorithms[C]. Proceedings of the 1st International Conference on Genetic Algorithms, Lawrence Erlbaum, 1985: 93-100.

[65] Srinivas S, Deb K. Multi-objective optimization using non-dominated sorting in genetic algorithms[J]. Evolutionary Computation, 1994, 2(3): 221-248.

[66] Knowles J, Corne D. The Pareto archived evolution strategy: A new baseline algorithm for multi-objective optimization[C]. IEEE Congress on Evolutionary Computation,Washington, D.C., 1999: 98-105.

[67] Zitzler E, Thiele L. Multi-objective optimization using evolutionary algorithms a comparative case study[J]. Parallel Problem Solving From Nature, 1998, 3(4): 292-301.

[68] Deb K, Agrawal S, Pratab A, et al. A fast elitist non-dominated sorting genetic algorithm for multi-objective optimization: NSGA-II[C]. International Conference on Parallel Problem Solving from Nature, Leiden, Netherlands, 2000.

[69] Montes E M, Coello C A C. A simple multimembered evolution strategy to solve constrained optimization problems[J]. Evolutionary Computation, 2005, 9(1) : 1-17.

[70] Coello C A C, Lechuga M S. MOPSO: A proposal for multi-objective particle swarm optimization[C]. The IEEE Congress on Evolutionary Computation, Honolulu, 2002: 1051-1056.

[71] Zou Y Y，Zhang Y D, Li Y D, et al. Improved multi-objective genetic algorithm based on parallel hybrid evolutionary theory[J]. International Journal of Hybrid Information Technology, 2015, 8(1): 133-140.

[72] 夏伟，程慕鑫，刘漫丹. 基于高斯变异的智能单粒子算法[J]. 计算机应用研究, 2012, 30(4): 986-992.

[73] Coello C A C, Pulido G T, Lechuga M S. Handing multiple objectives with particle swarm optimization[C]. IEEE Transactions on Evolutionary Computation, 2004: 256-279.

[74] Shi X H, Liang Y C, Lee H P, et al. Particle swarm optimization-based algorithms for TSP and generalized TSP[J]. Information Processing Letters, 2007, 103(5): 169-176.

[75] Shi X H, Liang Y C, Lee H P, et al. An improved GA and a novel PSO-GA-based hybrid algorithm[J]. Information Processing Letters, 2005, 93(5): 255-261.

[76] 金欣磊. 基于 PSO 的多目标优化算法研究及应用[D]. 杭州: 浙江大学, 2006: 6-10.

[77] Jiao B, Lian Z, Gu X. A dynamic inertia weight particle swarm optimization algorithm[J]. Chaos, Solitons & Fractals, 2008, 37(3): 698-705.

[78] Pan Q K, Tasgetiren M F, Liang Y C. A discrete particle swarm optimization algorithm for the no-wait flowshop scheduling problem[J]. Computer & Optimizations Research, 2008, 35(9): 2807-2839.

[79] Chatterjee A, Siarry P. Nonlinear inertia weight variation for dynamic adaptation in particle swarm optimization[J]. Computers and Operations Research, 2006, 33(3): 859-871.

[80] Hu X X, Eberhart R. Multi-objective optimization using dynamic neighborhood particle swarm optimization[C]. IEEE Proceedings of the 2002 Congress on Evolutionary Computation, 2002.

[81] Mostaghim S, Teich J. Strategies for finding good local guides in multi-objective particle swarm optimization[C]. IEEE Swarm Intelligence Symposium, Indianapolis, 2003: 26-33.

[82] 张利彪, 周春光, 马铭, 等. 基于粒子群算法求解多目标优化问题[J]. 计算机研究与发展, 2004, 41(7): 1286-1291.

[83] Reynolds R G. An introduction to cultural algorithms[C]. Proceedings of the Third Annual Conference on Evolutionary Programming, New Jersey, 1994: 131-139.

[84] Umezawa K. The performance diagrams for the vibration of helical gears[C]. Proceeding of the International Power Transmission and Gearing Conference, Chicago, 1989: 399-408.

[85] 毛建忠, 李华敏, 吴智铭. 斜向插削变齿厚内齿轮加工方法的研究[J]. 机械工程学报, 1996, 32(2): 82-89.

[86] 毛建忠. RV 传动的变齿厚内齿轮加工方法的研究[D]. 哈尔滨: 哈尔滨工业大学, 1993:1-3.

[87] Laiu D, Zhao L, Yu G B, et al. The dynamics model and dynamic characteristics analysis of face gear transmission system involving tooth flank's temperature[J]. International Journal of Control and Automation, 2015, 8(4): 347-358.

[88] 吴俊飞, 李瑰贤, 李华敏. 内啮合变厚齿轮副斜向插削工艺的研究[J]. 南京航空航天大学学报, 1999, 31(5): 516-521.

[89] 李瑰贤, 吴俊飞, 祁勇. 平行轴内啮合渐开线变厚齿轮的设计与计算[J]. 中国机械工程, 2000, 11(8): 886-889.

[90] Zhang J H, Mitome K, Tatsuya O. Development of center-ball measurement of helical concave conical gear[J]. JSME, 2000, 11(1): 3705-3710.

[91] Beam A S. Beveloid gearing[J]. Machine Design, 1954, 26(12): 220-238.

[92] Безруков В И. О зубчатой эвольвентной передаче, составленной из конический колес с произвольным расположением и хосей[J]. Машиностроение, 1963, 6(1): 1-49.

[93] Безруков В И. Элеметы геомегрцческой теорий пространственных зубчатых передач, составленных из эвольвентно-конических колес[J]. Теория передач в машинах, 1966, 1(2): 1-61.

[94] Mitome K. Conical involute gear, Part 3: Tooth action of a pair of gears[J]. JSME, 1985, 28(245): 2757-2764.

[95] Mitome K. Design of miter conical involute gears based on tooth bearing[J]. JSME, 1995, 38(2): 307-311.

[96] Mitome K. Conical involute gear(Design of nonintersecting-nonparallel-axis conical involute gear) [J]. JSME, 1991, 34(2): 265-270.

[97] Mitome K. Design and calculation system of straight conical involute gear[C]. Proceedings of International Symposium on Machine Elements, Beijing, 1993: 206-211.

[98] 李瑰贤，林彰炎，李华敏. RV 传动机构发展概述及设计新思想[J]. 机械工程师, 1991, 5(1): 18-20.

[99] 孙桓, 陈作模, 葛文. 机械原理[M]. 7 版. 北京: 高等教育出版社, 1999: 136-151.

[100] 罗建勤, 曾韬. 用差曲面确定螺旋锥齿轮的齿面接触区[J]. 机械传动, 1999, 23(1): 26-28.

[101] 刘志峰, 陈良玉, 孙志礼, 等. Klingelnberg 摆线锥齿轮接触分析与预报仿真[J]. 东北大学学报, 1999, 20(6): 594-597.

[102] 张国平, 杨基洲, 张润孝, 等. 修形修缘插齿刀的砂轮截形探讨[J]. 机械传动, 1998, 22(2): 48-50.

[103] Oswald F B. Tooth modification and spur gear tooth strain[J]. Gear Technology, 1996, 133(5): 20-24.

[104] 吴雪梅, 于广滨, 赵永强, 等. 算法改进的自组织神经网络曲面重构[J]. 哈尔滨工业大学学报, 2012, 44(5): 63-66.

[105] 邓效忠, 方宗德, 杨宏斌. 准双曲面齿轮齿面接触应力过程计算[J]. 中国机械工程, 2001, 12(12): 1362-1364.

[106] 方宗德. 修形斜齿轮的轮齿接触分析[J]. 航空动力学报, 1997, 12(3): 247-250.

[107] 方宗德. 齿轮轮齿承载接触分析(LTCA)的模型和方法[J]. 机械传动, 1998, 22(2): 1-3.

[108] 高建平, 方宗德, 杨宏斌. 螺旋锥齿轮边缘接触分析航空[J]. 动力学报, 1998, 13(3): 289-292.

[109] 郑昌启, 黄昌华, 吕传贵.螺旋锥齿轮轮齿加载接触分析计算原理[J]. 机械工程学报, 1993, 29(4): 50-54.

[110] 郑昌启. 弧齿锥齿轮和准双曲面齿轮[M]. 北京: 机械工业出版社, 1988: 312-373.

[111] 霍荆平, 毛世民, 吴序堂. 用全成形加工的内啮合弧齿锥齿轮的齿面接触分析[J]. 机械传动, 1994, 18(2): 4-13.

[112] Litvin F L. Gear geometry and applied theory[J]. PTR Prentice Hall, 1994: 258-281.

[113] Litvin F L, Zhang Y, Kieffer J, et al. Identification and minimization of deviations of real gear tooth surfaces[J]. Journal of Mechanical Design, 1991, 113(1): 55-62.

[114] Zhang Y, Litvin F L, Maruyama N, et al. Computerized analysis of meshing and contact of gear real tooth surfaces[J]. Journal of Mechanical Design, 1994, 116(3): 677-682.

[115] 张伟华, 巩云鹏, 蔡春源, 等. 基圆锥齿轮的瞬时接触区和接触区应力分布[J]. 机械传动, 1997, 21(4): 1-3.

[116] Litvin F L, Kuan C, Wang J C. Minimization of deviations of gear real tooth surfaces determined by coordinate measurements[J]. Journal of Mechanical Design, 1993, 115(4): 995-1001.

[117] 张永红, 苏华, 刘志全, 等. 基于热分析的二次曲面弧齿锥齿轮接触分析[J]. 机械科学与技术, 1999, 18(6): 940-942.

[118] 姚南珣, 王殿龙, 康德纯. 一种分析渐开线齿轮交叉轴啮合的新方法及其应用——异形的渐开线斜齿轮造型原理研究[J]. 机械工程学报, 1995, 31(3): 15-21.

[119] 白少先, 李进宝, 许恒伟. 双圆弧齿轮接触区瞬时接触区的简化计算[J]. 太原理工大学学报, 2001, 32(1): 51-53.

[120] 段振云, 单光坤, 郑鹏, 等. 交错轴斜齿轮副接触迹的研究与应用[J]. 组合机床与自动化加工技术, 2000, 9(1): 13-14.

[121] 刘更，吴立言．内啮合直齿轮的三维接触应力分析[J]．计算结构力学及其应用，1994, 11(1): 63-67.
[122] 陈启林．渐开线内啮合变厚齿轮传动设计与啮合特性研究[D]．重庆：重庆大学, 2017: 1-3.
[123] 曾英，朱如鹏，鲁文龙．正交面齿轮啮合点的计算机仿真[J]．南京航空航天大学学报, 1999, 31(6): 644-649.
[124] 雷呈意，王树国．双圆弧齿圆柱蜗杆传动齿形参数的优化设计[J]．机械工程学报，1992, 28(2): 94-97.
[125] 孙大乐，杨文通，蔡春源．双圆弧齿轮跑合的计算机仿真[J]．机械工程学报，1997, 33(1): 9-14.
[126] 高芳．智能粒子群优化算法研究[D]．哈尔滨：哈尔滨工业大学, 2008: 1-5.
[127] Sawaragi Y, Nakayama H, Tanino T. Theory of Multiobjective Optimzation[M]. London: Academic Press, 1985.
[128] Parsonpoulos K E, Vrahatis M N. Particle swarm optimization method in multiobjective problems[C]. Proceedings of the 2002 ACM Symposium on Applied Computing (SAC202), New Orleans, 2002: 603-607.
[129] Hu X, Eberhart R C.Multiobjective optimization using dynamic neighborhood particle swarm optimization[C]. Proceedings of the IEEE World Congress on Computational Intelligence, Hawaii, 2002: 1666-1670.
[130] 陈国初．基于文化微粒群算法的丙烯腈收率软测量模型[J]．计算机与应用化学，2010, 27(2): 187-192.
[131] Nguyen T T, Yao X. Hybridizing cultural algorithms and local search[J]. Lecture Notes in Computer Science, 2006, 42(24) : 586-594.
[132] Reynolds R G, Peng B. Knowledge learning and social swarms in culture algorithms[J]. Journal of Mathematical Sociology, 2005, 29 (2) : 115-132.
[133] Gao F, Cui G, Liu H W. Integration of genetic algorithm and cultural algorithms for constrained optimization[J]. Lecture Notes in Computer Science, 2006, 42(34): 817-825.
[134] Durham W. Coevolution: Genes, culture, and human diversity[J]. American Journal of Human Genetics, 1992, 51(4): 913.
[135] Renfrew A C. Dynamic Modeling in Archaeology: What, When, and Where? Dynamical Modeling and the Study of Chang in Archaeology[M]. Edinburgh: Edinburgh University Press, 1994.
[136] 齐仲纪，刘漫丹．文化算法研究[J]．计算机技术与发展, 2008, 18(5): 126-130.
[137] Becerra R L, Coello C A C. A cultural algorithm with differential evolution to solve constrained optimization problems[J]. Lecture Notes in Computer Science, 2004, 33(15): 881-891.
[138] Yuan X H, Yuan Y B. Application of culture algorithm to generation scheduling of hydrothermal systems[J] . Energy Conversion and Management , 2006, 47(1): 2192-2201.
[139] 张涤，杨燕．文化算法研究进展[J]．计算机工程与科学, 2007, 29(10): 29-31.

[140] 黄海燕，顾幸生. 基于文化算法的神经网络及其在建模中的应用[J]. 控制与决策，2008, 28(4): 477-480.

[141] 黄海燕，柳桂国，顾幸生. 基于文化算法的 KPCA 特征提取方法[J]. 华东理工大学学报(自然科学版), 2008, 34(2): 256-260.

[142] Jin X, Reynolds R G. Using knowledge-based evolutionary computation to solve nonlinear constraint optimization problems: A cultural algorithm approach[C]. Proceedings of 1999 Congress on Evolutionary Computation, Washington, D. C., 1999: 1672-1678.

[143] Lin Y C, Hwang K S,Wang F S. Hybrid differential evolution with multiplier updating method for nonlinear const rained optimization problems[C]. Proceedings of the CEC 2002, New Jersey, 2002: 872-877.

[144] 李炳宇，萧蕴诗，吴启迪. 一种基于粒子群算法求解约束优化问题的混合算法[J]. 控制与决策, 2004, 19(7): 804-807.

[145] 孟红云，张小华，刘三阳. 用于约束多目标优化问题的双群体差分进化算法[J]. 计算机学报, 2008, 31(2): 228-235.

[146] He Q, Wang L. A hybrid particle swarm optimization with a feasibility-based rule for constrained optimization[J]. Applied Mathematics and Computation, 2007, 186(2): 1407-1422.

[147] 李绍彬. 高速重载齿轮传动热弹变形及非线性耦合动力学研究[D]. 重庆：重庆大学, 2003: 37-39.

[148] Nie J F, Yu G B, Song Y, et al. Dynamic characteristic simulation of helicopter tail drive shaft system[J]. International Journal of Smart Home, 2016, 10(6): 95-106.

[149] Theodossiades S, Natsiavas S. Nonlinear dynamics of gear pair system with periodic stiffness and backlash[J]. Journal of Sound and Vibration, 2000, 229(2): 287-310.

[150] You B D，Wen J M, Zheng T J, et al. Study on mechanics performance of flexible spacecraft cables combined with complicated working conditions[J]. International Journal of Hybrid Information Technology, 2014, 7(2): 375-384.

[151] 郭伟超. 某航空发动机中心轴弧齿锥齿轮传动系统的动力学特性研究[D]. 西安：西北工业大学, 2006: 34-36.

[152] 张宝珠. 齿轮加工速查手册[M]. 北京：机械工业出版社, 2010: 112-128.

[153] 李润方，王建军. 齿轮系统动力学——振动·冲击·噪声[M]. 北京：科学出版社，1997: 22-41.

[154] Yu G B, Huang L, Dai B, et al. Reducer vibration denoising signal research based on wavelet transform[J]. Applied Mechanics and Materials, 2003, 274(1): 225-228.

[155] Yu G B, Wu X M, Liu D,et al. Special transmission gear invalidation analysis coupled with finite element method based on meshless local petrov-galerkin method[J]. Transactions of the ASME, International Journal of Control and Automation, 2015, 8(1): 361-372.

[156] 孙涛. 行星齿轮系统非线性动力学研究[D]. 西安：西北工业大学, 2000: 20-30.

[157] 丁刚，钟诗胜. 基于过程神经网络的时间序列预测及其应用研究[J]. 控制与决策，2006, 21(9): 1037-1041.

[158] 许少华，何新贵. 基于函数正交基展开的过程神经网络学习算法[J]. 计算机学报，2004,

27(5): 645-650.

[159] Leung F H F, Lam H K, Ling S H, et al. Tuning of the structure and parameters of a neural network using an improved genetic algorithm[C]. IEEE Transactions on Neural Networks, 2007: 79-88.

[160] 丁刚，钟诗胜. 基于时变阈值过程神经网络的太阳黑子数预测[J]. 物理学报, 2007, 56(2): 1224-1230.

[161] 郝杰. 基于改进小波神经网络的上证指数预测研究[D]. 广州：华南理工大学, 2014: 30-35.

[162] He X G, Liang J Z. Process neural network[C]. World Computer Congress, Beijing, 2000: 143-146.

[163] Kennedy J, Eberhart R C. Particle swarm optimization[C]. IEEE International Conference on Neural Networks, Perth, 1995: 1942-1948.

[164] Shi Y H, Eberhart R C. Empirical study of particle swarm optimization[C]. Proceedings of the 1999 Congress on Evolutionary Computation, Washington D C, 1999: 1945-1950.

[165] Nie J F，Yu G B, Song Y, et al. Research on nonlinear vibration characteristics of spiral bevel gear[J]. International Journal of Multimedia and Ubiquitous Engineering, 2016, 11(2): 277-286.

[166] 唐贤伦，李洋，李鹏，等. 多智能体粒子群优化的 SVR 模型预测控制[J]. 控制与决策, 2014, 29(4): 593-598.

[167] 夏立荣，李润学，刘启玉，等. 基于动态层次分析的自适应多目标粒子群优化算法及其应用[J]. 控制与决策, 2015, 30(2): 215-221.

[168] Shi Y, Eberhart R C. Particle swarm optimization[C]. IEEE International Conference of Evolutionary Computation, Anchorage, 1998: 69-73.

[169] Trelea I C. The particle swarm optimization algorithm: Convergence analysis and parameter selection[J]. Information Processing Letters, 2003, 85(1): 317-325.

[170] Naka S, Genji T, Yura T, et al. A hybrid particle swarm optimization for distribution state estimation[C]. IEEE Trans Power System,Toronto, 2003, 18(1): 60-68.

[171] Huang L, Yu G B, Chen J H, et al. Research on nonlinear vibration characteristics of non-orthogonal face gear transmission[J]. Information Technology Journal, 2013, 12(24): 8102-8108.

[172] 李华敏，韩元莹，王知行. 渐开线齿轮的几何原理与计算[M]. 北京：机械工业出版社, 1985: 245-300.

[173] 吴洪业. 齿轮啮合原理[M]. 哈尔滨：哈尔滨工业大学出版社, 1979: 12-45.